全国中等职业技术学校园林绿化专业教材

植物基础知识

（第二版）

马建伟　主编

中国劳动社会保障出版社

图书在版编目（CIP）数据

植物基础知识 / 马建伟主编．—2 版．—北京：中国劳动社会保障出版社，2013
ISBN 978-7-5167-0518-6

Ⅰ．①植…　Ⅱ．①马…　Ⅲ．①植物学-基本知识　Ⅳ．① Q94

中国版本图书馆 CIP 数据核字（2013）第 315977 号

中国劳动社会保障出版社出版发行
（北京市惠新东街 1 号　邮政编码：100029）
*
中青印刷厂印刷装订　　新华书店经销
787 毫米 ×1092 毫米　16 开本　15 印张　213 千字
2014 年 1 月第 2 版　　2019 年 7 月第 6 次印刷
定价：36.00 元

读者服务部电话：（010）64929211/84209101/64921644
营销中心电话：（010）64962347
出版社网址：http://www.class.com.cn
http://zyjy.class.com.cn

简介

本教材为全国中等职业技术学校园林绿化专业教材，由人力资源和社会保障部教材办公室组织编写。

教材分为植物形态解剖知识、植物生理知识、植物生态知识和植物分类知识四篇。植物形态解剖知识部分着重从细胞、组织和器官三个层面详细讲解了植物（以种子植物为主）的外部形态特征和内部解剖构造；植物生理知识部分介绍了植物的新陈代谢过程及环境条件对植物新陈代谢的影响；植物生态知识部分介绍了植物种群及植物多样性在园林绿化中的应用；植物分类知识部分讲解了植物分类的常用方法，并按自然分类法介绍了园林中常见或具有重要地位的植物。教材在各章章首列出的“学习目标”明确了本章所要掌握的知识点，章后的“思考练习题”用以帮助学生进一步巩固所学知识和技能。教材配有电子课件，可登录www.class.com.cn在相应的书目下载。

本教材由马建伟任主编，章丽微、吕先忠参加编写，卜复鸣审稿。

目录
CONTENTS

绪论

一、植物界的多样性和意义

随着地球的历史发展，植物由原始的生物不断地演化，经历30多亿年的漫长过程，形成了到目前已知的近50万种的多姿多彩的植物世界。从个体大小来看，它们当中最小的只有几微米，而高大的可达百米以上，如我国南部地区的望天树。从结构上看，最简单的只有1个细胞，而最发达的具有根、茎、叶的分化。从营养方式来看，绝大多数植物的细胞内含有叶绿素及类似色素，能够进行光合作用，它们属于自养植物，通称为绿色植物；只有少数以现成的有机物为营养，为寄生或腐生植物，属于异养植物，通称为非绿色植物。从寿命来看，不少木本多年生植物寿命可长达几百年至上千年，而少数植物如生长于沙漠里的植物生命周期只有几个星期。从生活环境来看，植物在水中起源后，发展成为能在水体中、陆地上生活的各种不同生活类型，其中陆生环境又有旱生、中生、湿生等不同类型。

植物在地球上的出现，伴随着地球的历史发展，也推动了生物界的进化，整个动物界都是直接和间接地依靠植物界才得以生存和发展的。绿色植物通过光合作用合成有机物和储存了能量，植物的新陈代谢保证了大气层中的氧气、二氧化碳的平衡，因此植物在生物圈的物质循环和能量流动中起着不可替代的作用。

人类生活的衣食住行中，无论是粮食、蔬菜、水果，还是纺织、建筑、交通都离不开植物。从工业生产上看，制糖、淀粉、纤维、橡胶、油脂、油漆等生产原料离不开植物；从医药生产上看，大量的药品是以植物为重要原料的，国药在疾病防治中的作用越来越被世界看好；另外，从环境保护上看，植物在吸收有毒气体、防尘、防风、保持水土等方面也发挥着不可替代的重要作用。

二、植物学的研究目的、任务及其分科

具体来说，研究植物学的目的与任务是：掌握物种形成与系统发育的规律；研究个体构造、生长发育与生殖的规律；研究生命活动现象及生命活动的规律；研究植物与环境之间的关系。总之，植物学的研究目的与任务是用观察和实验的方法，去掌握植物体的生长发育及植物界的进化发展规律，从而认识植物，掌握植物生长发育规律，了解植物的生态作用，指导园林植物的生产和应用。

植物学发展至今，已经形成了庞大的学科分支体系。本教材作为中等职业技术教育的教材，针对园林专业的特点，以知识为技能服务为原则，选择植物学四个分支学科的有关知识作为主要内容，即植物形态解剖知识、植物生理知识、植物生态知识和植物分类知识。

三、植物基础知识在园林绿化专业中的地位和作用

园林绿化的素材有植物、建筑、山石、地形、水体等，其中植物是最重要的素材。植物在城市园林绿化中能起到改善环境、美化环境的作用。因此，在学习专业课前，必须掌握植物基础知识。植物基础知识是学习“园林植物生产技术”和“园林绿地施工与养护”等专业课的重要专业基础课。

总体来说，园林专业对园林植物的学习有生产和应用两大环节。就生产环节而言，包括植物的繁殖、抚育和起掘等；就应用环节而言，包括植物的种植、养护等。而无论是哪个环节，正确的生产措施都需要有植物知识作为理论基础。在生产方面，如插穗为什么能生根、嫁接为什么能成活；在园林植物生产和养护方面，如修剪为什么要掌握好季节，起掘苗木为什么在春季最好等；在应用方面，如碱性土壤中香樟为什么难以生长，在环境污染严重地区为什么一些植物能正常生长而另一些却不能正常生长，为什么在华北地区大多数常绿阔叶树不能应用等。以上问题都能通过对本课程的学习得到充分解释。

四、学习植物基础知识的方法与目的

植物基础知识是学习和从事园林工作的重要理论基础，学生在学习中一定要认真学习、切实掌握。如果缺乏植物基础知识及其他相关知识，学习和从事园林工作就会成为在沙漠中筑起高楼大厦，无论是在学习阶段还是在将来的工作中，对进一步提高自己的业务能力和技能水平都会造成一定的困难。所以，一定要明确学习植物基础知识的目的性，理解其重要性。

植物基础知识的特点首先是其描述性，学生在学习中要切实加以理解和记忆；其次是其具有很强的实验性，学生在学习中要重视实验环节，通过实验来验证相应的知识；最后是观察的重要作用，很多现象是要通过观察才能了解和掌握的。所以，学习植物基础知识要充分运用各种学习手段，切实掌握园林绿化基本技能的基础知识——植物基础知识。

第一篇 植物形态解剖知识

学习目标

◆了解植物细胞的形态、结构、功能和繁殖
◆了解植物的组织及其种类和功能
◆掌握植物器官的形态特征和必要的解剖构造
◆通过显微镜观察实验，验证植物细胞、组织和根、茎、叶的结构

所谓植物形态是指植物的细胞、组织和器官的外部形状，而植物解剖是指植物细胞、组织和器官的内部构造。植物的外部形态和内部构造是与其生理功能相适应的，也就是说，特定的形态构造是植物长期适应环境的产物。

植物进化至今，最高等的是种子植物，其植物体虽然庞大，但它们的组成都可以分为细胞、组织和器官三个层面。

第一章 植物的细胞

人类对细胞的认识以及认识的不断深化是与科学技术的发展密切相关的。从第一架简单显微镜开始到光学显微镜，再到电子显微镜的诞生，人们对细胞的结构及其功能间的关系，以及细胞的发育有了更深入的理解，细胞学说为生物科学的发展奠定了坚实的基础。

第一节 植物细胞的结构与功能

一、植物细胞的概念

细胞是植物体结构和功能的基本单位。植物的种类很多，形态千差万别，但就植物体的构造来讲，它们都是由细胞构成的。从单细胞低等植物到复杂的高等植物，就是由一个细胞完成整个生命活动，进化到由无数个细胞分工协作共同完成生命活动的过程。在植物生命起源与进化的历史过程中，细胞的出现是一座重要的里程碑。

二、植物细胞的结构与功能

植物的细胞大小差异很大，一般必须在显微镜下才能看到，通常直径在10～100 μm，但也有些植物的细胞很大，如西红柿果肉、西瓜瓤细胞，直径可达1 mm，而苎麻的纤维细胞长达500 mm以上。植物细胞的形状也非常多样，常见的植物细胞形状有球形、椭圆形、多面体形、纺锤形和柱状等。植物细胞形态的多样性，反映了细胞形态、结构与功能相适应的规律，如叶片中的栅栏组织细胞多为长柱形，而输导组织细胞则多为管状。

虽然植物体内各类细胞的大小、形状、功能各不相同，但它们的内部结构却基本相同，都是由细胞壁、原生质体和液泡三部分组成。细胞壁位于细胞最外层，是细胞的骨架；原生质体是细胞内具有生命特征的部分；随着细胞的生长和发育，细胞内就会出现液泡，即细胞内储存代谢产物的结构。

1. 细胞壁

细胞壁是植物细胞区别于动物细胞的特有构造。它由原生质向外分泌的物质形成，并包在原生质体的外面，起保护细胞的作用，基本决定了细胞的形态和功能。细胞壁大体可分为胞间层、初生壁和次生壁三层（见图1—1）。

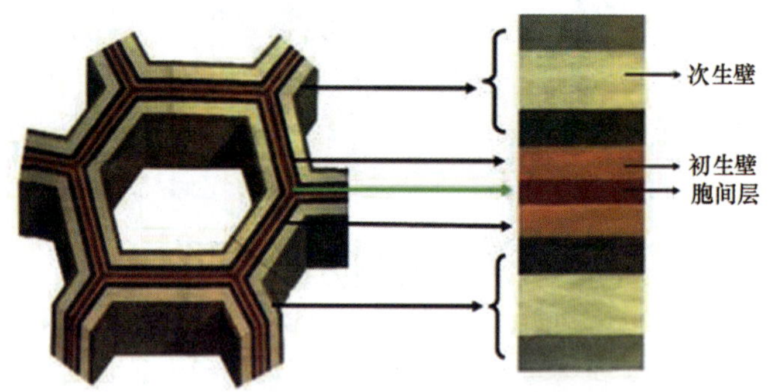

图1—1　细胞壁结构示意图

（1）胞间层

胞间层是细胞分裂产生新细胞时形成的，是相邻细胞共有的一层薄膜。它的主要化学成分是果胶质，这是一种无定形胶质，有很强的亲水性和可塑性，可使相邻细胞黏着在一起，又可缓冲细胞间的挤压而不致影响细胞的生长。许多果实成熟后变软及沤麻的过程都是利用果胶酶分解胞间层而使细胞间相互分离。

（2）初生壁

初生壁是细胞生长增大体积时形成的细胞壁层，位于胞间层内侧。它的主要成分是纤维素、半纤维素和少量果胶质。初生壁薄而柔软，有较大的可塑性，能随细胞的生长而延展。

（3）次生壁

次生壁是细胞停止生长后，在初生壁内侧继续积累的细胞壁层。它的主要成分由纤维素和半纤维素组成，但常常含有木质。

细胞在生长分化过程中，由于原生质体分泌一些物质渗入细胞壁的次生壁中，改变了细胞壁的性质，使细胞壁具有一定的特殊功能。这些物质中常见的有角质、栓质、木质、矿质等，它们渗入细胞壁的过程分别称为角质化、栓质化、木质化和矿质化。角质化和栓质化的壁不易透水，具有减少蒸腾和免于雨水浸渍的作用；木质化的壁硬度增加，加强了机械支持作用，又能透水；矿质化的壁也具有较大的硬度，增强了支持力。

细胞壁增厚时，次生壁并不是均匀地附加于初生壁上，有些部分仍保持很薄，这部分没有次生壁，只有胞间层和初生壁，将这种比较薄的区域称为纹孔。纹孔有利于细胞间的沟通和水分的运输，相邻两细胞的纹孔常常成对存在，称为纹孔对。

在相连的生活细胞之间，细胞质常以极细的细胞质丝穿过细胞壁而互相联系，这种穿过胞间层和初生壁的细胞质丝称为胞间连丝。胞间连丝的存在有利于细胞之间的物质运输和信息传递，使植物体内的生活细胞连成一个统一的整体，实现了有机体本身与外界环境的统一。

2. 原生质体

原生质体是细胞具有生命特征的部分，细胞的一切代谢活动都在这里进行。

原生质体由原生质组成。原生质是生命活动的物质基础，它的化学成分很复杂。由于原生质是生活物质，能不断地进行新陈代谢，所以其组成成分也是不断变化的。水是原生质中极为重要的成分，原生质一般含水量为80%～90%。植物体所需营养物质绝大部分以溶解状态进入细胞，一切生命活动的重要化学反应都在水溶液中进行。生活细胞中除去水分后的物质称为干物质，干物质中约有90%是蛋白质、核酸、糖类和脂类大分子化合物。

在生活的植物细胞中，原生质不仅不断地进行新陈代谢，还进一步分化成细胞膜、细胞质、细胞器和细胞核。

（1）细胞膜

细胞膜是原生质体与外界的分隔膜，紧贴于细胞壁内侧。细胞膜由磷脂双分子层和蛋白质组成，蛋白质镶嵌在双分子层中（见图1—2）。

细胞膜是防止细胞外物质自由进入细胞的屏障，它保证了细胞内环境的相对稳定，使各种代谢活动能够有序地运行。细胞膜最重要的特性是半透性，或称选择透过性，即细胞膜对进出细胞的物质有很强的选择透过性。

（2）细胞质

细胞质是细胞膜内除核区外的一切半透明、胶状物质的总称。含水量约为80%，含有多种可溶性酶、糖和无机盐。在幼嫩的生活细胞中，细胞质充满整个细胞腔；在成熟的细胞中，由于液泡形成与增大，细胞质逐渐成为紧贴细胞壁的薄层，介于细胞壁和液泡之间。细胞质是部分代谢活动的场所，也为各种细胞器提供存在的环境。

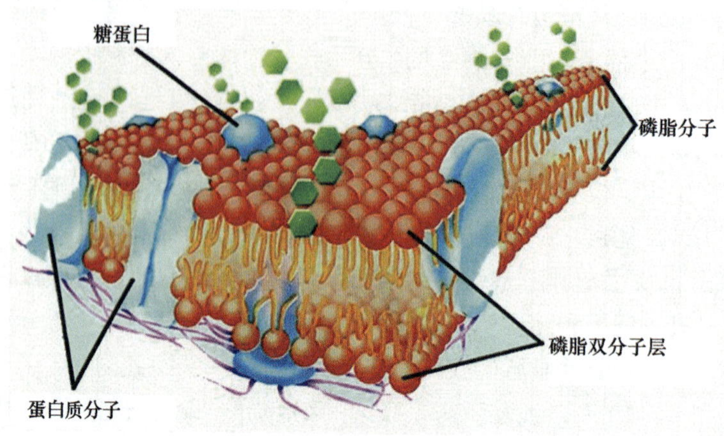

图1—2　细胞膜结构示意图

细胞质能进行环流运动，细胞质运动是生活细胞的标志之一，它可以促进细胞中物质的交换与运输，有利于细胞的新陈代谢和细胞的生长。一旦细胞死亡，细胞质运动也随之停止。

（3）细胞器

细胞器是细胞内执行不同生理功能的“小器官”，散布于细胞质中，具有一定的形态结构和功能。

1）质体。质体是绿色植物特有的结构，它对碳水化合物的代谢起重要作用。质体的形状、大小及其中所含的色素，随植物种类、器官和外界条件不同而有所不同。由于所含色素不同，质体的生理功能也不一致。根据色素的不同，可将质体分成叶绿体、有色体和白色体三种类型。

①叶绿体。叶绿体存在于植物绿色部分的细胞中，如叶肉细胞和幼茎的皮层细胞。高等植物的叶绿体，形状大小比较近似，呈卵形而略扁，其直径为4～10 μm，厚度为1～2 μm。在低等植物（如藻类）中，叶绿体有各种形状，如杯状、带状以及各种不规则形状。高等植物叶绿体所含色素有叶绿素A、叶绿素B、叶黄素和胡萝卜素。其中：叶绿素是主要的光合色素，它能吸收和利用光能，直接参与光合作用；其他两类色素不能直接参与光合作用，只能将吸收的光能传递给叶绿素，起辅助光合作用的功能。植物叶片的颜色与细胞内叶绿体中这四种色素的比例有关。通常，叶绿素占绝对优势，叶片呈绿色；但当营养不良、气温降低或叶片衰老时，叶绿素含量降低，叶片便出现黄色或橙黄色。叶绿体有精致的内部结构，最外为一双层膜包围，里面充满无色的基质，基质中含许多由圆盘状的类囊体叠合而成的基粒，在基粒之间有基质片层相联系（见图1—3），在基粒的膜上或基质中有光合作用所需的各种酶类，用以完成光合作用。

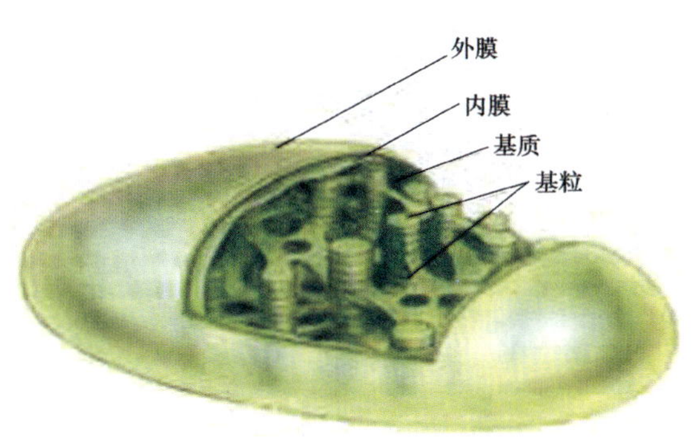

图1—3　叶绿体结构示意图

②有色体。有色体存在于植物花瓣、果实和根中。有色体所含的色素是胡萝卜素和叶黄素，由于两者比例不同，可分别呈黄色、橙色和橙红色。有色体所含的色素，尤其是胡萝卜素易形成结晶，使有色体的形状呈多角形或不整齐的颗粒和针形。有色体能积累淀粉和脂类，在花和果实中具有吸引昆虫和其他动物传粉及传播种子的作用。

③白色体。白色体是不含色素的质体，呈颗粒状，多见于幼嫩或不见光的组织的细胞中，特别在储藏组织的细胞中较多。有些白色体在细胞生长过程中能积累淀粉，称为造粉体；有些白色体能参与油脂的形成，称为造油体。

质体之间可随着外界条件和细胞生理功能的不同而发生转变。白色体在见光的情况下可转化成叶绿体，如子房逐渐发育为果实时，白色体转变为叶绿体。果实成熟时，叶绿体便转变为有色体，最后使果实呈红色。

2）线粒体。线粒体普遍存在于生活的真核细胞中，直径一般为0.2～1 μm，长度为1～2 μm，呈粒状、棒状或线状。线粒体由双层膜构成，内膜在不同的部位向内折叠，形成许多隔板状或管状突起，称为嵴，嵴之间充满基质（见图1—4）。在嵴的表面和基质中有100多种酶，其中绝大部分是与呼吸作用有关的酶。

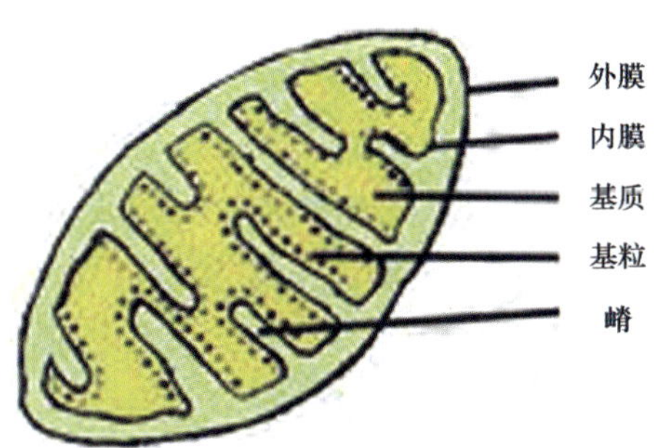

图1—4　线粒体结构示意图

线粒体是细胞进行呼吸作用的重要场所，其呼吸释放出大量的能量，能透过膜转运到细胞的其他部位，提供各种代谢活动所需的能量。细胞生活所需的总能量中约有90%来自线粒体。因此，线粒体被人们喻为细胞的“动力工厂”。

3）其他细胞器。除以上细胞器外，细胞内还存在与细胞壁形成、物质代谢等有关的细胞器，如高尔基体、内质网、核糖体、溶酶体、圆球体、微体等。它们同样具有一定的形态结构和功能。

①高尔基体。高尔基体由一叠扁圆形的泡囊所组成。高尔基体能合成纤维素、半纤维素等多糖类物质，参与细胞壁的形成。

②内质网。内质网是由单层膜围成的管状或片状结构，在细胞基质中呈立体网状结构。内质网有两种类型：一类在膜的外侧附有许多核糖体颗粒，称为粗糙内质网，与蛋白质合成有关；另一类在膜的外侧无核糖体，称为光滑内质网，与糖类、脂类合成有关。内质网的形状、数量、类型、组成成分以及在细胞内的分布位置，随细胞类型、发育时期和生理状况的不同而相应地变化。

③核糖体。核糖体也称为核糖核蛋白体，常呈长圆形或球形，直径为15～25 nm。它的主要成分是RNA和蛋白质。核糖体是细胞中蛋白质合成的中心，被誉为“生命活动的基本粒子”，在生长旺盛、代谢活跃的细胞中特别多。

④溶酶体。溶酶体是真核细胞中的一种细胞器。溶酶体只有一单层外膜，没有内部结构。膜内充满多种水解酶类，在溶酶体的外膜没有破裂或损坏时，溶酶体内存在的酶是不活化的；当膜破裂时，酶被释放并活化，使细胞的各种化合物遭受侵袭，结果整个细胞被破坏，这种现象被称为细胞的自溶。

⑤圆球体。在生活的植物细胞中可看到一些随细胞质运动的小圆颗粒，直径为0.1～1 μm，称为圆球体。圆球体为单层膜所包围，是一种储藏细胞器，是脂肪积累的场所。

⑥微体。微体是在细胞质中存在的一些直径为0.5～1.5 μm的球状颗粒，外面都有一单层膜。根据微体内所含酶系统的不同，将其分为过氧化物酶体和乙醛酸循环体。过氧化物酶体普遍存在于高等植物的叶肉细胞内，常与叶绿体、线粒体相配合，参与乙醇酸循环，将光合作用过程中产生的乙醇酸转化成己糖；乙醛酸循环体主要在油料种子萌发时，与圆球体和线粒体配合，把储藏脂肪转化成糖类。

（4）细胞核

植物中除最低等的类群——细菌和蓝藻外，所有生活细胞都具有细胞核。通常一个细胞只有一个核，但也有具双核或多核的。细胞核的形状和位置随细胞的生长而变化。在幼嫩细胞中，细胞核呈圆球形，位于细胞中央；在成熟的细胞中，由于中央液泡的形成，细胞核随着细胞质转移到紧贴细胞壁的部位，形状也变成扁球形，也有一些成熟细胞中的细胞核被许多线状的细胞质悬吊在细胞的中央。

细胞核由核膜、核质和核仁三部分组成（见图1—5）。核膜是一双层膜，由外膜与内膜组成。在核膜上均匀或不均匀分布的小孔，称为核孔。核内有一到几个折光性很强的小球体，称为核仁，它是细胞核内合成和储存RNA的场所，其大小随细胞生理状态而

变化。代谢旺盛的细胞，如分生区的细胞，有较大的核仁，而代谢较慢的细胞，核仁较小。核膜以内、除核仁以外的胶状物质称为核质，它包括一种极易被碱性染料着色的染色质和另一种不易被染色或染色很浅的核液。染色质是细胞中遗传物质存在的主要形式，主要成分是DNA和蛋白质。

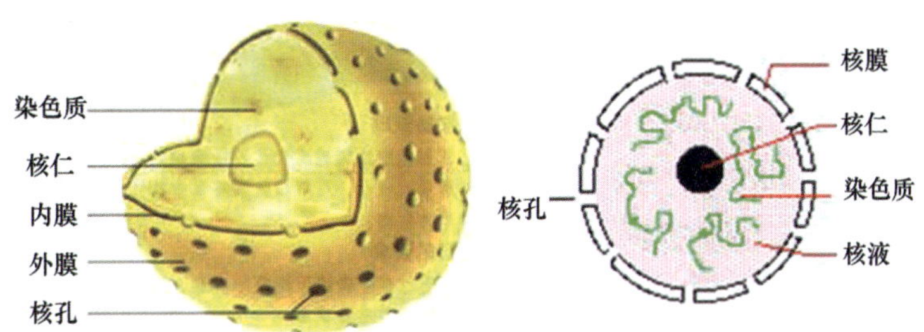

图1—5　细胞核的结构

细胞核的主要功能是控制细胞的遗传和调节细胞内物质的代谢途径，对细胞的生长、发育、有机物的合成等都具有重要作用。

3. 液泡

液泡是植物细胞区别于动物细胞的显著特征之一，具有储藏代谢产物和维持细胞形态等功能。

（1）液泡的形成与功能

幼小的分生组织细胞中具有很小的液泡，随着细胞的生长，代谢产物的增多，细胞从外界吸收大量水分，于是小液泡增大，彼此合并，最后在细胞中央形成一个大的中央液泡，占据整个细胞体积的90%以上。此时，细胞质连同细胞核等细胞器被中央液泡推挤而紧贴细胞壁（见图1—6）。中央液泡的形成，标志着细胞已发育到成熟阶段。

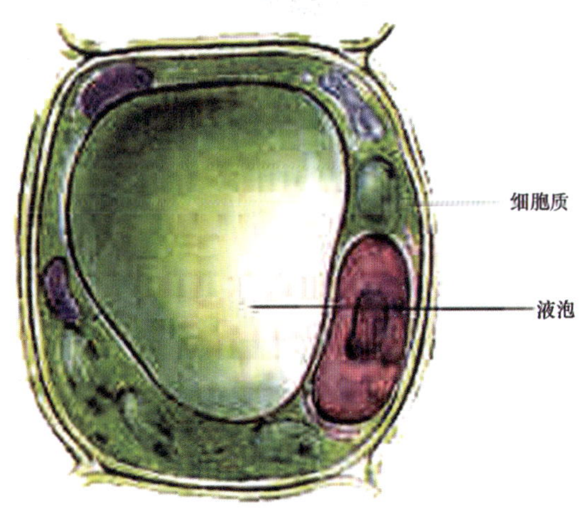

图1—6　液泡示意图

液泡被一层液泡膜包被，膜内充满细胞液。它是很复杂的溶液，主要成分是水及溶于水的细胞生命活动过程中的各种代谢产物，如碳水化合物、脂肪、蛋白质、无机盐、有机酸、植物碱、花青素等。细胞液的成分随着植物种类、发育时期以及不同的代谢过程而异。由于细胞液中富集各类物质，使细胞液保持相当的浓度，以维持细胞的渗透压和膨压，有利于细胞保持一定的形状和进行正常的活动。此外，高浓度的细胞液对植物抗旱、抗寒、抗盐碱能力的提高具有一定的作用。

（2）细胞内含物

细胞内含物通常是指细胞中原生质体代谢的产物，这些物质有的是一些废物，有的是一些可能再被利用的储藏物质。内含物的种类多种多样，并可因植物的种类和各种细胞、组织的不同而不同。许多内含物对人类具有重要的经济价值，它们大致可分成淀粉、蛋白质、脂类和结晶等几大类。

1）淀粉。淀粉是高等植物中仅次于纤维素的一种丰富的碳水化合物。在进行光合作用时，在叶绿体中合成了淀粉；后来它被水解成小分子的糖类，运输到植物的其他部位，再在那些部位由造粉体重新合成储藏淀粉。一个造粉体内可能含有一个或几个淀粉粒（见图1—7），淀粉遇碘呈蓝—紫色。

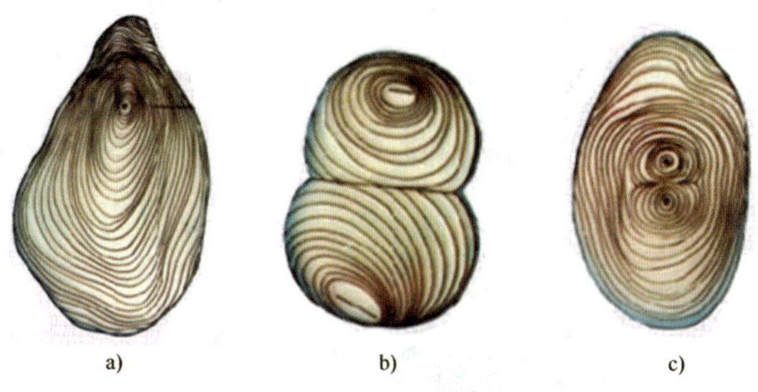

图1—7　淀粉粒类型

a）单粒　b）复粒　c）半复粒

2）蛋白质。细胞内储藏的蛋白质呈固体状态，是无生命的，其生理活性稳定，没有积极的新陈代谢意义，与原生质体中呈胶体状态的有生命的蛋白质在性质上完全不同。

储藏蛋白质多存在于液泡内，称为糊粉粒。形成糊粉粒时，大液泡可分解为小液泡，由于液泡水分逐渐减少，储藏蛋白质成为无定形的固体颗粒，液泡膜作为界膜而形成糊粉粒。储藏的蛋白质遇碘呈黄色。

3）脂类。脂肪和油类广泛分布在植物细胞内，它们的化学结构十分相似。在常温下，固体的称为脂肪，液体的称为油类。细胞壁和壁内的蜡质、角质和木栓质也都是一

些脂肪性物质。脂类物质常存在于胚、胚乳、子叶、花粉及一些储藏器官中，它们呈小滴分散在细胞质里。脂类含热量高，是最经济的营养储存形式。脂肪遇苏丹Ⅲ呈橙红色。

4）结晶。在许多植物细胞中，无机盐常形成各种结晶，其中大多数是草酸钙结晶，少数为碳酸钙结晶。一般认为，结晶是由细胞中代谢废物沉积而成的。草酸钙形成结晶后，成为不溶于水的物质，对原生质体没有毒害（见图1—8）。

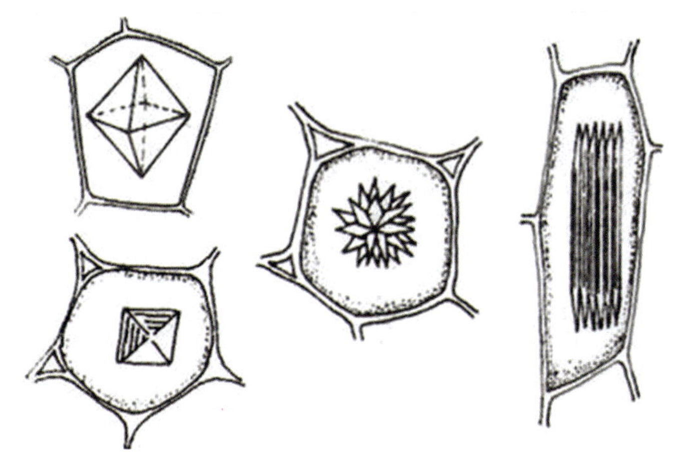

图1—8　晶体

除上述几类物质外，在细胞质中还有含量微小的生理活性物质，如维生素、生长素等物质，这类物质与植物的生长发育有着密切的关系。此外，还有单宁、色素等物质。

液泡中的细胞内含物和生理活性物质与人类生活的关系密切，如淀粉和蛋白质是植物性食物的主要营养成分，食用油与医药、工业用油是从植物种子中榨取的，单宁是制革工业中重要的化学原料等。

植物细胞的基本结构如图1—9所示。

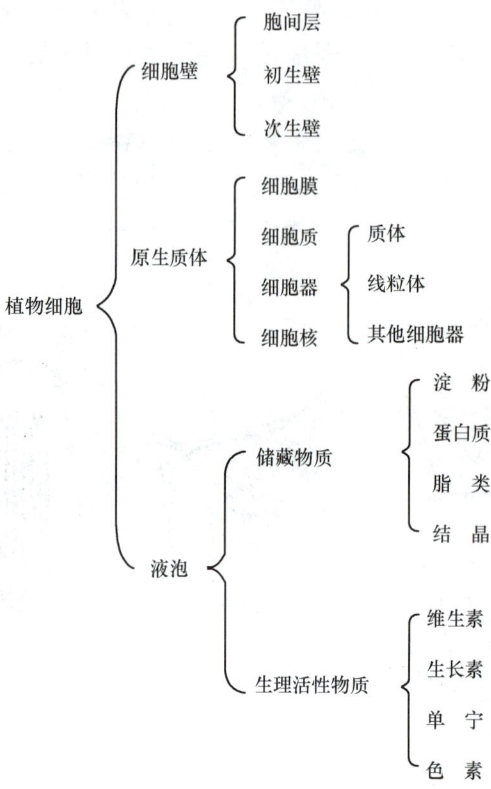

图1—9 植物细胞的基本结构

第二节 植物细胞的繁殖

植物个体的生长和繁衍都是由于细胞数目增加、细胞体积增大以及功能分化的结果。细胞数目的增加是通过细胞分裂来实现的，细胞分裂是生命特征之一。细胞分裂主要有无丝分裂、有丝分裂和减数分裂三种方式。

一、无丝分裂

无丝分裂又称直接分裂，分裂过程比较简单，分裂时，核内不出现染色体等一系列复杂的变化。无丝分裂有多种形式，最常见的是横缢，即细胞核先延长，然后在中间缢缩、变细，最后断裂成两个子核。另外，还有纵缢、出芽、碎裂等多种形式。而且，在同一组织中可以出现不同形式的分裂（见图1—10）。

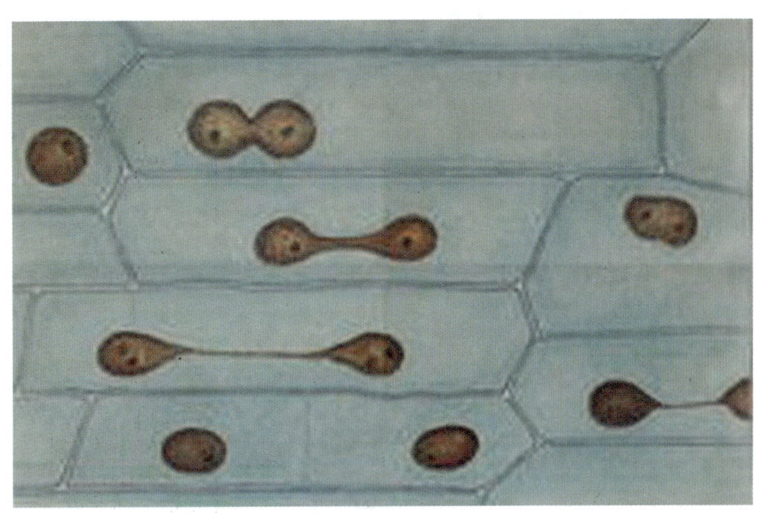

图1—10　无丝分裂示意图

过去人们认为无丝分裂在低等植物中比较常见，在高等植物中仅见于衰老和病态的细胞。但现在研究发现，高等植物中也普遍存在着无丝分裂。例如，在胚乳发育过程中和愈伤组织的形成、不定根产生时，常频繁出现；即使在一些正常组织中，如薄壁组织、表皮、顶端分生组织、花药绒毡层细胞等，也都有发生。

二、有丝分裂

有丝分裂又称间接分裂，是高等植物细胞增殖最为普遍的一种细胞分裂方式。根、茎顶端的分生细胞，以及根、茎内的形成层细胞都是以有丝分裂的方式进行繁殖的。由于在这种分裂过程中有纺锤丝出现，因此叫作有丝分裂。

有丝分裂比较复杂，并且要经过一个连续的过程。为了叙述的方便，可将有丝分裂过程划分为间期、前期、中期、后期和末期五个阶段（见图1—11）。

1. 间期

间期是细胞进行分裂的准备时期。处于这个时期的细胞，从外形看没有什么变化，但这个时期细胞核较大，细胞质较浓，细胞壁较薄，液泡无或较分散。也就是说，在细胞内部正进行着为分裂做准备的复杂的生命过程，储存大量细胞分裂所必需的物质与能量，并完成了DNA的复制工作。

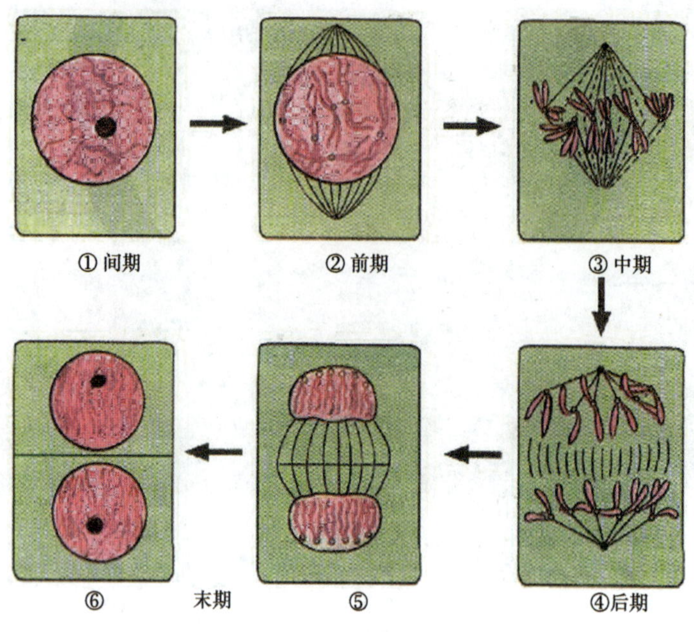

图1—11　有丝分裂示意图

2. 前期

在该时期，细胞核内出现了染色质粒，染色质粒逐渐形成染色质丝，而染色质丝进行螺旋卷曲，并逐渐缩短、变粗，形成染色体。每条染色体纵裂为对等的两条染色单体，但没有分开，仅在一点上相连，这个连接点叫作着丝点。在染色体形成的同时，核仁、核膜逐渐消失，并开始从两极出现纺锤丝。

3. 中期

在该时期，染色体聚集到细胞中部的“赤道”上。同时，由两极伸出的纺锤丝伸向中央与染色体上的着丝点相连，形成纺锤体。此时，染色体最粗、最短而且彼此分开，是观察染色体形状与数目的最好时期。

4. 后期

在该时期，染色体的着丝点分开，每一个染色单体形成一个新的染色体。同时，由于纺锤丝的收缩，把两个新染色体分别拉向两极，从而使两极各有一套与母细胞染色体数目相同的子细胞的染色体组。

5. 末期

在该时期，已经到达两极的染色体又开始恢复成丝状和颗粒状，并越变越细、越小、越扩散。同时，新的核仁、核膜重新出现，形成了两个细胞核。这时，纺锤丝集结在赤道板上逐渐形成新的细胞壁，并将细胞质也一分为二。于是就由原来的一个母细胞形成了两个新的子细胞。

经过一次有丝分裂后，不仅使一个母细胞分裂成两个子细胞，而且每个子细胞内染色体的数目也与母细胞相同，从而保证了子细胞与母细胞遗传特性的一致性。

三、减数分裂

减数分裂只发生在植物的生殖过程中，是与生殖细胞或性细胞形成有关的一种细胞分裂方式。高等植物在大、小孢子形成时必须经过减数分裂。

减数分裂全过程进行两次连续的分裂，即减数第一次分裂（简称分裂Ⅰ）和减数第二次分裂（简称分裂Ⅱ），但只进行一次DNA复制，结果形成四个子细胞后，每个子细胞核内染色体数目减为母细胞染色体数目的一半，因此叫减数分裂（见图1—12）。

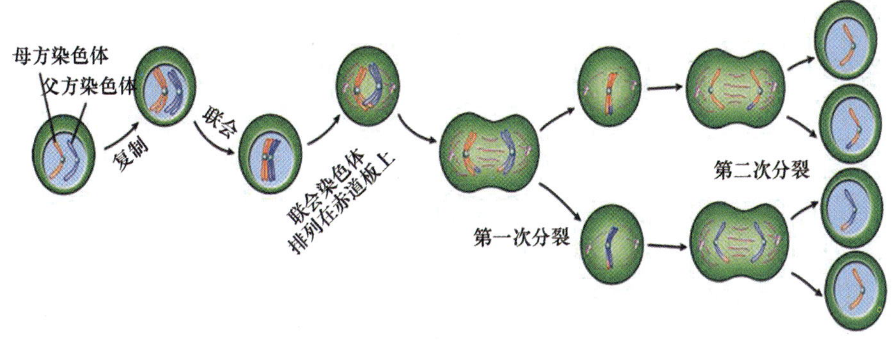

图1—12　减数分裂示意图

减数分裂具有重要的生物学意义：通过减数分裂导致有性生殖细胞（配子）的染色体数目减半，而在以后发生有性生殖时，两个配子相结合形成合子。合子的染色体重新恢复到亲本的数目，使细胞的遗传性基本不变，成为保持物种稳定性的基础；同时，在减数分裂过程中，由于同源染色体发生联合、交叉和片段互换，使同源染色体上父母本的基因发生重组，因而使后代的基因多样化。

思考练习题

1. 什么是细胞？它由哪几部分组成？
2. 细胞壁大体可分为哪几层？各层的特点有哪些？
3. 简述原生质体的结构和功能。
4. 什么是液泡？其功能是什么？
5. 细胞内含物包括哪几大类物质？各有什么特点？
6. 植物细胞有哪几种分裂方式？它们各自在植物的哪些部位进行？
7. 叙述有丝分裂的过程，并说明减数分裂与有丝分裂的不同点。
8. 什么是减数分裂？它有什么特点？
9. 减数分裂的生物学意义是什么？

第二章　植物的组织

植物个体发生发育中，种子中的胚细胞是具有分裂能力的细胞，随着植物的生长，在茎尖和根尖一直保留着由胚细胞衍生而来的具有细胞分裂能力的细胞，这些细胞通过不断的分裂来增加细胞数量。新产生的细胞逐渐丧失细胞分裂的能力并在形态和结构上发生变化，相同类型的细胞执行共同的功能，细胞的这种形态、结构和功能发生变化的过程称为细胞分化。通过细胞分化，有相同来源、形态结构一致、行使共同生理功能的细胞群称为组织。

植物组织细胞的形态结构和它们的生理功能具有一致性。例如，叶片内的同化组织，其细胞壁薄，细胞内含叶绿体，能进行光合作用，细胞之间排列疏松，胞间隙较大，有利于气体的交换。高等植物的细胞分化成各种组织并承担不同的生理机能，使植物在生活过程中能够适应环境条件，顺利地进行生长和发育。

高等植物有分生组织、薄壁组织、保护组织、机械组织、输导组织和分泌组织六类组织，后五种组织由分生组织经细胞分裂、分化产生，统称为成熟组织。除了分生组织具有单一分裂功能外，其他组织皆具有一种以上的功能。如输导组织既有输导功能又兼有支持功能；保护组织兼具保护、吸收、分泌等多种功能。

一、分生组织

分生组织具有分生新细胞的特性，是产生和分化其他组织的基础。

1. 根据分生组织的来源与性质分类

根据分生组织的来源与性质不同，分生组织可分为原分生组织、初生分生组织和次生分生组织。

（1）原分生组织

原分生组织位于根、茎分枝顶端的最前端，是由胚细胞衍生的胚性细胞构成的，通常具有持久而强烈的分生能力，是其他组织的来源。

（2）初生分生组织

初生分生组织由原分生组织衍生而来，紧接于原分生组织，有较短期的分生能力，其分裂产生的细胞随即进入细胞分化期，逐步分化为原表皮、原形成层和基本分生组织，进一步向成熟组织过渡。

（3）次生分生组织

次生分生组织是由已成熟的薄壁细胞重新恢复分裂能力而形成的分生组织，如维管形成层和木栓形成层等。

2. 根据分生组织的分布位置分类

若按分生组织的分布位置不同，又可将分生组织分为顶端分生组织、侧生分生组织和居间分生组织。

（1）顶端分生组织

顶端分生组织位于根、茎各级分枝的顶端，包括原分生组织和其衍生的初生分生组织。顶端分生组织与根、茎的伸长有关，茎的顶端分生组织还产生叶和腋芽，种子植物茎顶端分生组织到一定发育阶段还可分化形成花或花序（见图1—13）。

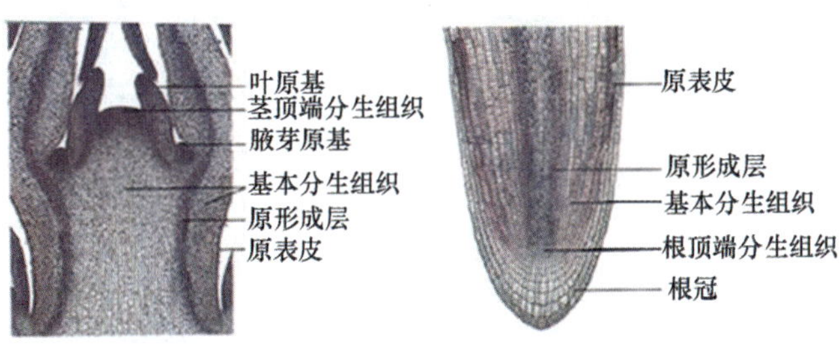

图1—13　顶端分生组织

（2）侧生分生组织

侧生分生组织位于裸子植物和双子叶植物根、茎侧方的周围，靠近器官的边缘，包括维管形成层和木栓形成层（见图1—14）。

（3）居间分生组织

居间分生组织穿插于已分化成熟组织区域之间，是顶端分生组织衍生、遗留在某些器官局部区域的分生组织。如小麦、水稻的拔节、抽穗以及倒伏后的复立；韭菜、葱叶割后再生；花生子房入土结实等都是居间分生组织活动的结果（见图1—15）。

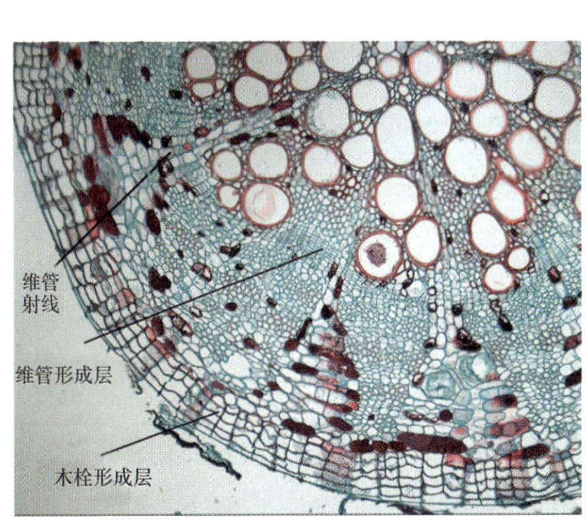

图1—14　侧生分生组织

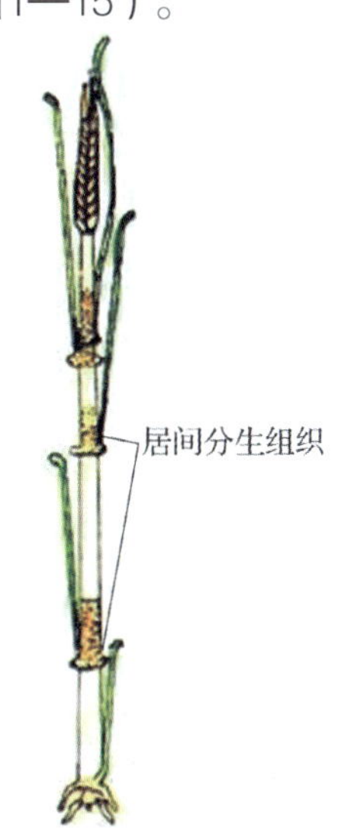

图1—15　居间分生组织

二、成熟组织

成熟组织又称永久组织，由分生组织分裂、分化形成，组成成熟组织的细胞的形态、结构因执行不同功能的需要而有差异。

1. 薄壁组织

薄壁组织是植物体内分布很广的一类组织，它遍布植物体的各处而与其他组织结合在一起，成为植物体的基本组成部分，所以又被称为基本组织。

薄壁组织由生活的薄壁细胞组成，细胞一般较大，通常近于等径，但也有的呈长柱形，甚至分枝等形状。细胞壁薄而软，主要由纤维素和果胶质组成；原生质体中有大的液泡；细胞排列疏松，具有明显的胞间隙。

薄壁组织是分化程度较低的一类组织，在一定条件下可恢复分生能力，转变为具有细胞分裂功能的次生分生组织，参与侧生分生组织的发生。薄壁组织还有能形成愈伤组织的再生作用，因而与扦插、嫁接的成活关系密切。分离的薄壁组织细胞团或单个细胞通过离体培养，具有发育为整个植株的全能性（见图1—16）。

a)

b)

c)

d)
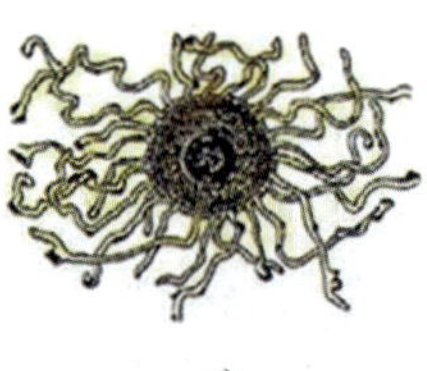
e)

图1—16　薄壁组织

a）同化组织　b）储藏组织　c）储水组织　d）通气组织　e）吸收组织

薄壁组织因功能不同可分成不同的类型，它们在形态上也具有不同的特点。

（1）同化组织

同化组织是薄壁组织中最主要的一类组织，它分布在植物体的一切绿色部分，如幼茎的皮层、发育中的果实和种子中，尤其是叶片的叶肉中。其主要特点是原生质体中发育出大量的叶绿体，含叶绿素，具有光合作用的功能。

（2）储藏组织

储藏组织主要存在于各类储藏器官中，如块根、块茎、球茎、鳞茎、果实和种子中；根、茎的皮层和髓以及其他薄壁组织也都有储藏功能。储藏的物质有淀粉、蛋白质和油类等。

（3）储水组织

储水组织细胞较大，壁薄，有很大的液泡，里面充满黏性汁液，如芦荟、仙人掌、景天等。

（4）通气组织

通气组织是指具有大量细胞间隙的薄壁组织，在水生植物和湿生植物中特别发达，如凤眼莲、莲、睡莲等的根、茎和叶中薄壁组织有大的间隙，在体内形成一个相互贯通的通气系统。通气组织还与在水中的浮力和支持作用有关。

（5）吸收组织

初生根的表皮组织是个例外，它不担负保护作用，而是承担从土壤中吸收水分和矿物质的作用，将这种组织称为吸收组织。

2. 保护组织

保护组织是覆盖在植物体表面起保护作用的组织。根据来源和形态特征的不同，保护组织可以分为表皮和周皮两种类型。

（1）表皮

表皮由初生分生组织衍生而来，是一种初生保护组织，是一层连续的组织，通常由一层细胞组成，但它不只由一类细胞组成，常含有多种不同特征和功能的细胞，其中表皮细胞是最基本的成分，其他细胞分散于表皮细胞之间。

表皮细胞是生活细胞，一般不含叶绿体。叶的表皮细胞常呈扁平的形态，细胞排列紧密，侧壁常呈波状或齿状，彼此嵌合，除气孔外，没有间隙。根、茎的表皮细胞则呈长柱形，它们的横切面多呈方形或长方形。

气孔常在气生表皮上，是植物与外界进行气体交换的通道。广义的气孔由两个保卫细胞和它们之间的开口共同组成（亦称气孔器）。保卫细胞是具叶绿体的生活细胞，一般呈肾形或哑铃形，并有特殊的、不均匀增厚的细胞壁，使保卫细胞形状改变时能导致孔口的开放或关闭，从而调节气体的出入和水分的蒸腾（见图1—17）。

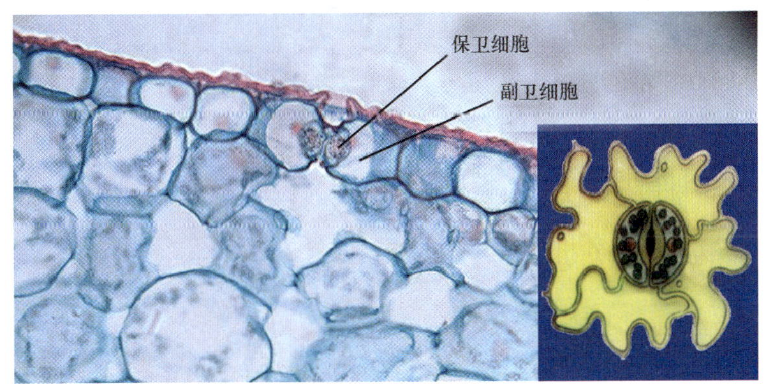

图1—17　气孔器

表皮还可以具有各种单细胞和多细胞的毛状附属物，表皮毛具有保护和防止水分丧失的作用。有些植物还具有分泌功能的表皮毛，可以分泌出芳香油、黏液等物质（见图1—18）。

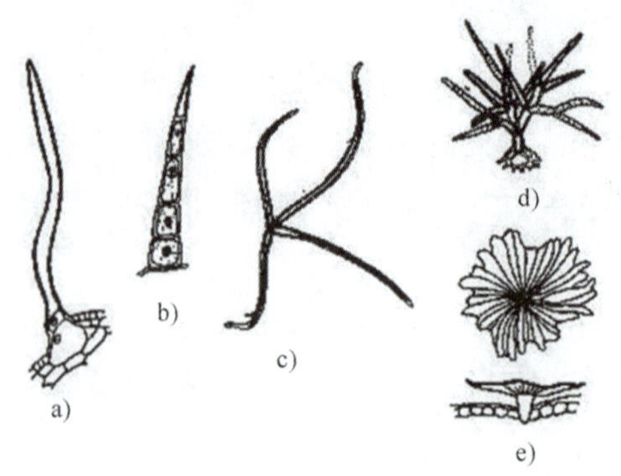

图1—18　表皮毛状体

a）单细胞毛　b）多细胞毛　c）星状毛　d）分枝毛　e）鳞片状毛

例外的是，根的表皮不是保护组织，而是具有吸收水分和无机盐能力的吸收组织。根的表皮细胞具有薄的壁和角质层，部分细胞外壁突起形成根毛，有效地扩大了表面积，有利于实现根的吸收作用。

（2）周皮

木本植物的根、茎由于多年生长不断增粗，表皮会因器官的增粗而被破坏、脱落。周皮就是代替表皮起保护作用的组织。它由次生分生组织——木栓形成层产生，属于次生保护组织。

木栓形成层细胞分裂产生的细胞，位于木栓形成层外侧的称为木栓层，内侧的称为栓内层。木栓层、木栓形成层和栓内层三者合称为周皮（见图1—19）。

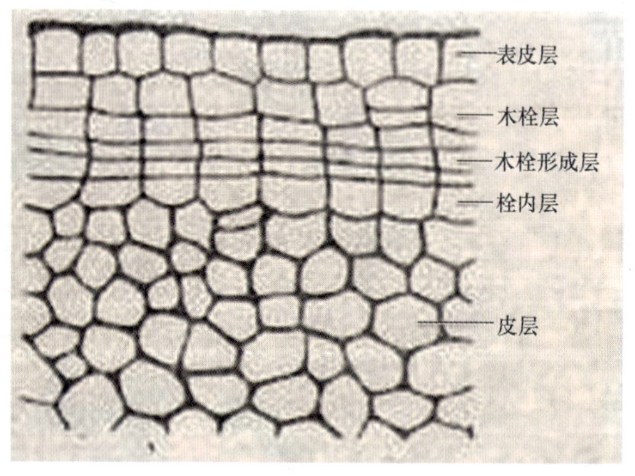

图1—19　周皮

木栓层是由多层细胞组成的，细胞排列紧密且无胞间隙。细胞壁较厚，并且强烈栓质化，细胞成熟时原生质体死亡解体，细胞腔常充满空气，因而木栓具有高度不透水

性，并有抗压、绝缘、隔热、质地轻、具弹性、抗有机溶剂等特性，能对植物体起到有效的保护作用，也使它在商业上有相当的重要性。栓皮栎、栓皮槠和黄檗是商用木栓的主要来源。

栓内层是薄壁的生活细胞，细胞壁不木栓化，通常只有一层细胞。

通常在已形成周皮的茎上，肉眼可以看到一些褐色或白色的圆形、椭圆形、方形或菱形等各种形状的突起的斑点，称为皮孔。这是在原来表皮气孔的下方，由木栓形成层产生大量疏松的细胞组成的补充细胞突破周皮而形成的。皮孔是周皮形成后，植物体内与外界环境进行气体交换的通道。

3. 机械组织

机械组织在植物体内主要起机械支持作用。机械组织的主要特征是细胞的次生壁强烈加厚。根据细胞形态和加厚方式的不同，可以把机械组织分为厚角组织和厚壁组织两类。

（1）厚角组织

厚角组织由长形的生活细胞组成，常具叶绿体。它最明显的特征是细胞壁会不均匀地增厚，主要由纤维素组成，具有初生壁的性质，因此壁的硬度不高，但具有弹性。壁的这种性质使它能随周围细胞的延伸而扩展，所以，厚角组织既有支持作用，又不妨碍幼嫩器官的生长。厚角组织一般分布于植物幼茎和叶柄、花柄等部位（见图1—20）。

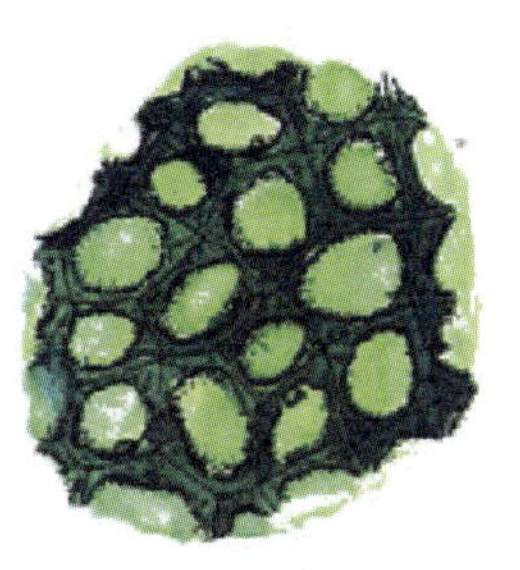

图1—20　厚角组织

（2）厚壁组织

厚壁组织细胞具有均匀增厚的次生壁，并且常常木质化。细胞成熟时，原生质体通常死亡分解，成为只留有细胞壁的死细胞。根据形态的不同，厚壁组织细胞又可分为石细胞和纤维细胞两类。

1）石细胞。石细胞通常有极度增厚和强烈木质化的次生壁。石细胞广泛分布于植物的茎、叶、果实和种子中，可提高器官的硬度并起支持作用。它们常单个散生或数个群集而生，有时也可以连续成片地分布。梨的果肉中石细胞普遍存在，在劣质的品种中尤为发达。在茶叶、桂花的叶片中，常有单个分枝状的石细胞散布于叶肉细胞间，提高了叶的硬度（见图1—21）。

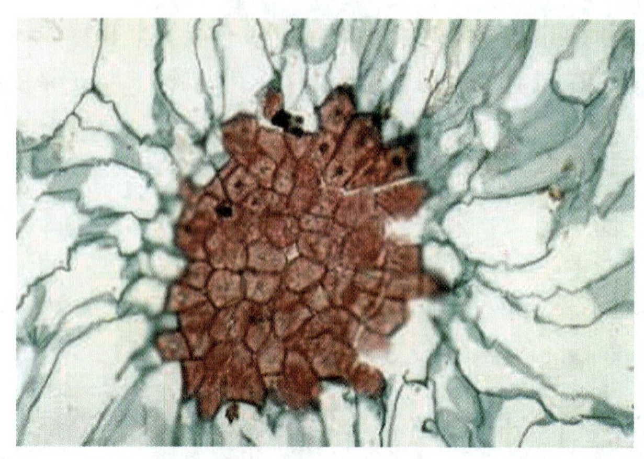

图1—21　石细胞

2）纤维细胞。如图1—22所示，纤维细胞狭长，两端尖细，略呈纺锤形。细胞壁明显次生增厚，细胞腔极小，纹孔很小，大多呈缝隙状。成熟时，原生质体一般都消失，成为死细胞。根据存在部位和细胞壁特化程度的不同，纤维可分为韧皮纤维和木纤维。韧皮纤维主要存在于植物的韧皮部中，这种纤维韧性很强，长度可达几毫米至几百毫米，是重要的纺织工业原料，如亚麻、苎麻的韧皮纤维长度分别为9～70 mm和250～620 mm。木纤维主要存在于双子叶植物的次生木质部中，长度比韧皮纤维短，一般长约1 mm；细胞壁常木质化，因而细胞硬度高，抗压力强，可增强树干的支持力和坚固性。

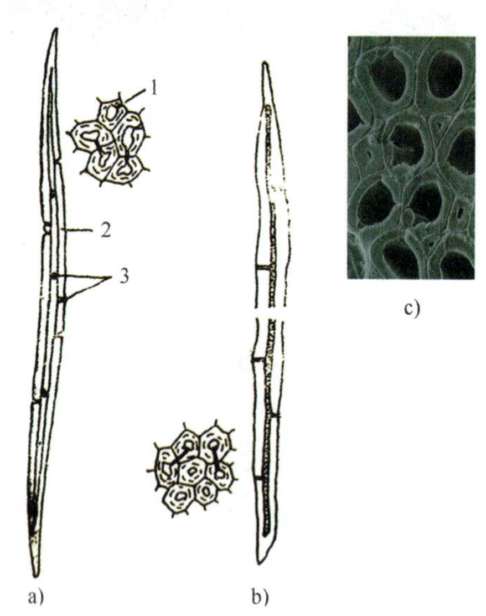

图1—22　纤维细胞

a）木纤维　b）韧皮纤维　c）纤维细胞横切面

1、3—纹孔　2—木化次生壁

4. 输导组织

输导组织的机能是长距离运输植物体内的水分和营养物质，即把根部吸收的水分和无机盐以及叶中制造的有机物质输送到植物体的其他部位。输导组织贯穿植物体的各种器官中，彼此联系形成一个复杂而完善的运输系统。

根据运输物质的不同，输导组织可分为两类：一类是输送水分和溶于其中的无机盐的导管与管胞；另一类是输送有机养分的筛管与筛胞。

（1）导管与管胞

1）导管。导管普遍存在于被子植物的木质部中，由许多管状的死细胞以端壁连接而成。组成导管的每一个细胞称为导管分子。

导管分子幼时管径比较狭小，是生活细胞，含有原生质体。在细胞成熟过程中，导管分子直径显著增大，细胞内出现大液泡，并逐渐形成各种花纹状的次生壁。不久，导管分子发生胞溶现象，原生质体被分解，细胞间的横壁逐渐溶解，最后横壁消失，形成穿孔。穿孔的形成使导管中的横壁打通，成为彼此贯通的长管。导管的长度通常为几厘米至1 m不等。在一些藤本植物中，导管可长达数米，如紫藤的导管可长达5 m多。

根据导管的发育先后和侧壁木质化增厚的方式不同，可将导管分为环纹导管、螺纹导管、梯纹导管、网纹导管和孔纹导管五种（见图1—23）。

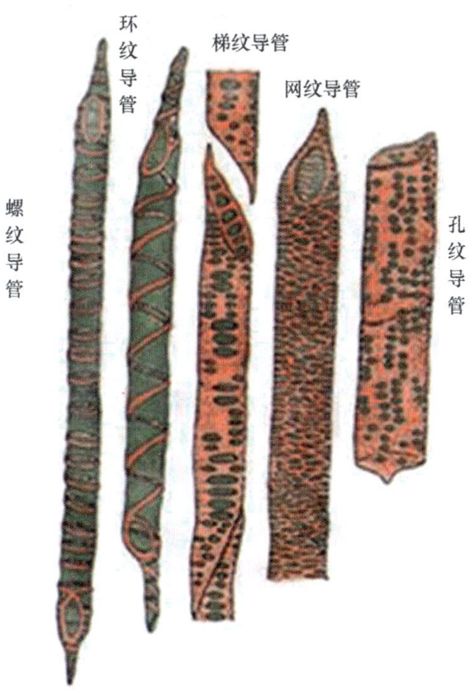

图1—23　导管

2）管胞。管胞是蕨类植物和裸子植物的输导组织。在大多数被子植物中，管胞与导管同时存在于木质部中。每一个管胞是一个细胞，细胞狭长，两端呈楔形。在器官中纵向连接时，上下两细胞的末端紧密地重叠，未形成端壁穿孔，水分通过管胞壁上的纹孔从一个细胞流向相邻的细胞，因此，管胞输导水分的能力比导管小得多。在蕨类植物和裸子植物中，管胞大多具有厚的壁，且有重叠的排列方式，并无另外的机械组织，其担负输导和支持的双重作用。管胞细胞壁增厚，分为环纹管胞、螺纹管胞、梯纹管胞、网纹管胞和孔纹管胞五种，与导管的差别在于细胞两端更尖，横壁不打通，输导能力不及导管。

（2）筛管与筛胞

1）筛管。筛管是被子植物韧皮部中输导有机养料的管状结构（见图1—24）。它由一列长筒形的、端壁形成筛板的生活细胞连接而成，每一组成细胞称为筛管分子。筛管分子的细胞壁为初生性质，端壁及部分侧壁上有许多小孔，称为筛孔。筛孔常成群聚集于稍凹的区域形成筛域，分布有筛域的端壁称为筛板。相邻两个筛管分子的原生质形成的联络索通过筛孔彼此相连，使纵接的筛管分子相互贯通，形成运输同化产物的通道。

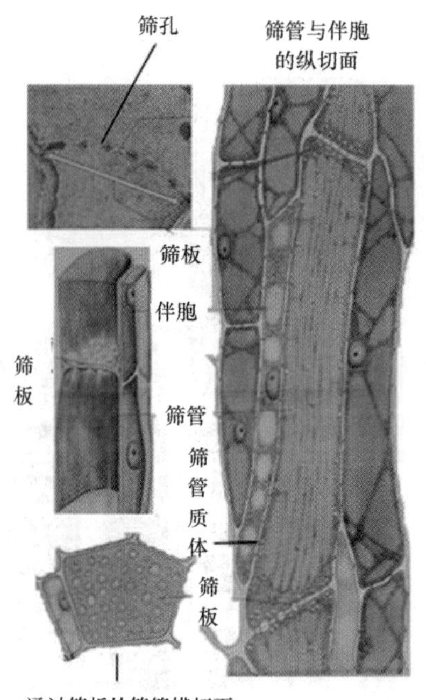

图1—24　筛管

在筛管分子的旁侧有一个至数个狭长的薄壁细胞，称为伴胞，伴胞与筛管分子是由同一母细胞经过不均等纵裂而来的，其中较小的一个子细胞形成伴胞，伴胞有时还进行横分裂，以至在筛管分子的一侧出现一纵列伴胞。伴胞与筛管分子的侧壁之间存在许多的胞间连丝，当筛管分子衰老死亡时，伴胞也随之失去功能而死亡。

2）筛胞。筛胞是裸子植物和蕨类植物输送养分的细胞，它不像筛管那样由许多细胞连成纵行的长管，而是单个的细胞聚集成群，以斜壁或侧壁相接。筛胞壁的筛域特化程度不大，也不聚生在一定范围的壁上，不形成筛板。筛胞的旁边没有与其同源的伴胞。

5. 分泌组织

植物体内有些细胞可以产生一些特殊的物质，如树脂、蜜汁、乳汁、精油、黏液等，这些细胞称为分泌细胞。由分泌细胞所组成的组织称为分泌组织（见图1—25）。

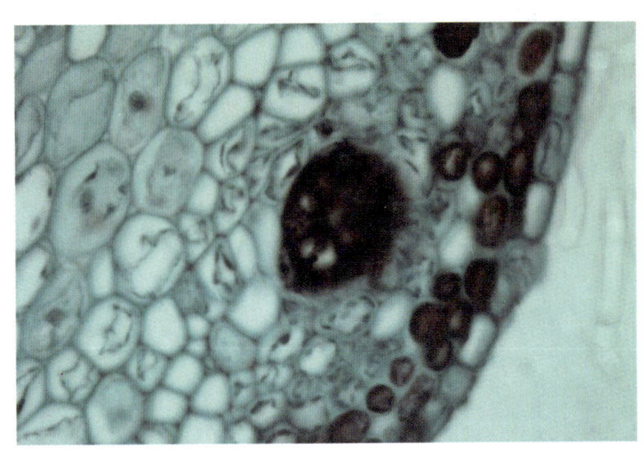

图1—25　分泌组织

植物分泌物在植物生活中起多种作用。有的分泌物能引诱昆虫传播花粉；有的能泌溢出过多的盐分，使植物免受高盐毒害；有的对某些病菌及其他生物起抑制或杀死作用；也有的能够促进植物的生长。许多分泌物是重要的药物、香料或其他工业原料，对人类生活有重要的经济价值。

根据分泌物是保存在植物体内还是分泌到体外，分泌组织可分为外部的分泌结构和内部的分泌结构两类。

（1）外部的分泌结构

外部的分泌结构比较简单，大多位于植物器官的表面，其分泌物能直接分泌到植物体外。常见的外部分泌结构有腺毛、蜜腺和排水器等。

1）腺毛。腺毛是表皮上有分泌作用的毛状附属物。腺毛一般由头部和柄部构成。头部由单个或多个具有分泌作用的细胞组成，柄部是不具分泌功能的细胞，如薄荷、烟草、棉花、泡桐、女贞等植物的茎和叶上的腺毛。腺毛的有无及其形态类型对鉴定植物有一定参考价值。

2）蜜腺。蜜腺是一种分泌糖液的外部分泌结构。如虫媒植物的花部通常具有蜜腺。

3）排水器。排水器是植物将体内过多的水分排出体表的结构。排水器由水孔和通水组织组成。如旱金莲、番茄、草莓、睡莲等许多植物上可见到吐水现象。

（2）内部的分泌结构

内部的分泌结构埋藏在植物体的薄壁组织中，分泌物积聚在细胞腔内或细胞间隙中。常见的内部分泌结构有分泌细胞、分泌腔、分泌道和乳汁管。

1）分泌细胞。分泌细胞分散于其他组织的细胞间，分泌物直接储藏于细胞内，如橘皮上的油细胞。

2）分泌腔和分泌道。分泌腔和分泌道是由毗连的细胞构成的腔状或管道状结构，在伞形科、菊科和漆树科植物中有裂生的分泌腔；在松柏类和一些木本双子叶植物中有裂生的树脂道。树脂的产生增强了木材的耐腐性。漆树茎上的裂生分泌道特称为漆汁道，其中积聚漆汁。漆汁是优良的天然涂料，耐腐蚀性强，是木材和金属材料外表的理想保护剂。

3）乳汁管。有很多被子植物体内具有乳汁管。乳汁管大多分布于韧皮部中，如三叶橡胶乳汁管。三叶橡胶的乳汁含有橡胶，是重要的工业原料。此外，在有些植物中，乳汁管还出现于表皮、皮层、木质部以及髓部等。

植物组织的分类如图1—26所示。

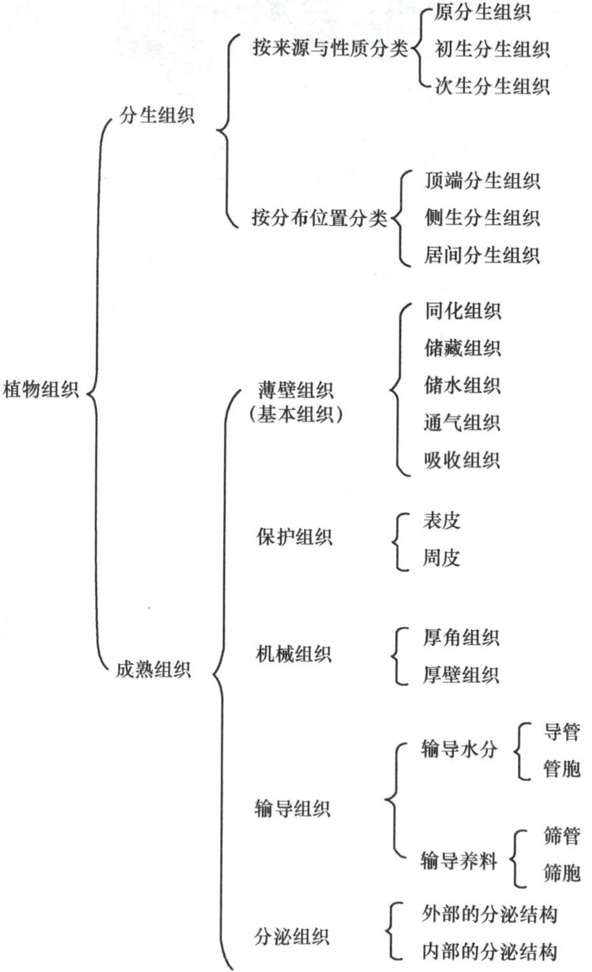

图1—26　植物组织分类

思考练习题

1. 什么是组织？植物体具有哪些组织？

2. 以所处的位置不同，分生组织分为哪几种？分布在植物体的哪些部位？各有什么功能？

3. 薄壁组织为什么又叫基本组织？它的细胞结构有哪些特点？又分为哪几种类型？

4. 保护组织分为哪两类？什么是周皮？

5. 输导组织有哪些类型？各有什么功能？

6. 什么是分泌组织？它有哪些类型？

第三章　植物的器官

植物的器官是由若干个不同的组织构成，具有一定形态构造和执行某种生理功能的一部分植物体。被子植物是植物界中进化最高级的类群，它不但具有各种组织，而且有完善的器官。典型的被子植物具有根、茎、叶、花、果实、种子六类器官，它们分别执行着不同的生理功能。其中，根、茎、叶执行养分、水分的吸收、运输、转化、合成等营养功能，称为营养器官；而花、果实、种子完成开花结果至种子成熟的全部生殖过程，称为繁殖器官。这些器官在生理上有明显的分工，并有与所执行的功能相适应的形态结构，表现出形态结构与机能的统一性。各器官间彼此有密切的联系，相互协调，有机地结合为一个整体，共同完成植物的新陈代谢及生长发育过程；它们的形态结构特征又是在长期对环境条件的适应及相互作用的过程中形成的，并不断地趋于完善。个体发育过程在一定程度上也反映出植物与环境的相互作用，即表现出植物对环境的适应性。

第一节　植物的根

根是植物的营养器官之一，通常位于土壤中，也可暴露于空气中。根的外形通常为圆柱形，除单子叶植物的同种植物的根从基部到先端几无粗细变化外，裸子植物和双子叶植物的根均为从基部到先端逐渐变细。由于其功能之一为吸收，所以其表皮组织为薄壁组织。

一、根的功能与形态

根是植物长期演化过程中适应陆地生活而发展起来的器官。

1. 根的功能

根作为植物的营养器官之一，具有吸收、输导与储藏，支持与固着，合成与分泌以及繁殖等功能。

（1）吸收、输导与储藏功能

植物一生需要大量的水，其中绝大部分是由根部吸收的。根还吸收土壤中的矿质元素，如N、P、K、Ca、S等以及溶于水中的CO_2和O_2，吸收是根的基本功能。根所吸收的物质通过输导组织运输到地上部分；同样，茎、叶系统合成的物质也运输到根的各个部分。所以，根也有输导作用。此外，运送到根的物质除用于代谢和生长外，多余部分就储藏于根的基本组织中，所以，根还是储藏营养物质的场所。

（2）支持与固着功能

植物从种子萌芽起即形成了根，将植物的生活场所牢牢地固定下来，行固着生长。根在植物的一生中于地下不断延伸形成庞大的根系，支撑着植物的地上部分，使其茎、叶得以伸展，形成植物的地上部分。

（3）合成与分泌功能

根还能分泌黏液和多种物质。如根中能合成许多重要的氨基酸，合成的氨基酸运到生长的部位构成蛋白质。此外，在根系中还能形成某些激素或植物碱，这些物质对植物的生长、发育有着很大的影响。

（4）繁殖功能

有些植物的根具有营养繁殖的能力，可自根上产生不定芽形成新茎，如白杨与刺槐；有的根受伤后，更易形成不定芽，如蔷薇。根的营养繁殖能力，在园艺和造林中的森林更新上常加以利用。

2. 根的一般形态

植物的根由胚根衍生而成，多为圆柱形，除单子叶植物的根几乎不分枝外，其他植物的根均产生分枝。

（1）根的类型

植物的根有主根和侧根之分，以及定根和不定根之分，并形成庞大的根系，用以支撑植物的地上部分并伸展到土壤各处吸收水分和矿质营养。

1）主根和侧根

种子萌发时首先胚根突破种皮伸入土中。由胚根发育形成的根称为主根，主根在向地下生长的同时，产生的分枝称为侧根，侧根又能产生各级分枝。侧根与主根成锐角，有利于吸收、支持与固着作用。

2）定根与不定根。由胚根衍生形成的主根与侧根称为定根。从茎、叶、老根和胚轴上形成的根，称为不定根。

不定根具有与定根同样的构造和生理功能，同样能产生侧根。但也有少数植物的不定根具有特殊的功能，如榕树由侧枝产生下垂的不定根，具有吸收和支撑的功能；生长在海边的红树具有伸出地面的呼吸根；扶芳藤茎上产生的不定根具有攀缘功能；玉米茎节基部所生的支持根等。农、林、园艺生产上，利用茎、叶能产生不定根的特性进行扦插、压条等营养繁殖。

（2）根系的类型

根系是一株植物地下部分所有根的总称。根系有直根系和须根系两类（见图1—27）。

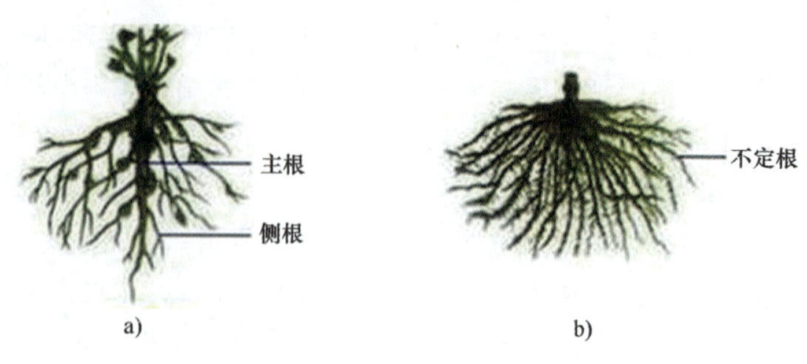

图1—27 根的种类与根系的类型

a）直根系 b）须根系

1）直根系。直根系由胚根发育产生的主根和各级侧根组成。构成直根系的主根发达，较粗长。该根系具有分枝的特点，其各级侧根下一级分枝明显比上一级分枝长得细。大多数双子叶植物和裸子植物的根系都属此种类型，如麻栎、枫香、山茶花、菊花、黑松、龙柏等根系。

2）须根系。胚根衍生的主根不发达或早期停止生长，由胚轴及茎基部产生许多粗细相近的不定根，组成丛生状的根系，这种根系称为须根系。例如，禾本科的草坪草、竹类、棕榈、沿阶草、石蒜、百合等大部分单子叶植物和某些双子叶植物（如车前草）的根系。

3. 根的变态

植物的营养器官——根、茎、叶都具有一定的形态、结构和生理功能。但是，有些植物在长期的演化发展进程中，为了适应已经改变了的生活环境，一部分营养器官的形态、结构和生理功能发生了变化，并能遗传给后代，将营养器官的这种变化称为变态。常见的有根变态、茎变态和叶变态。

植物的根为了适应已经改变了的生活环境，其根的形态、结构和生理功能发生可遗传的变化，这种变化叫作根变态。根变态有以下几种类型：

（1）储藏根

储藏根常见于一两年生或多年生的草本植物。其主根、侧根或不定根肥厚粗大成肉质，其内储藏大量营养物质供次年萌芽和开花之用，将这种变态根称为储藏根，如大丽花、天门冬、萝卜等。不同植物种类其储藏根的来源是不同的。如萝卜的储藏根是由主根和下胚轴肥大形成的，叫作肥大直根（见图1—28）。大丽花和天门冬的储藏根则是由侧根和不定根肥大形成的，因其呈块状故叫作块根（见图1—29）。

（2）支柱根

在一些浅根植物中，由茎基部或侧枝上产生不定根伸入土壤中，帮助主根起支撑作用，将这种变态根称为支柱根。如玉米茎近基部节上产生的不定根（见图1—30），榕树在侧枝上下垂并扎入地面的不定根等，都属支柱根。支柱根的作用除了起支持作用外，也具有吸收水分和营养的功能。

（3）板根

有些大型乔木树干的基部发生不匀称的生长，呈板壁状，将这种变态根称为板根（见图1—31）。它能增加树木的固着作用，如朴树、榔榆、木棉等。

图1—28　肥大直根

图1—29　块根

图1—30　支柱根

图1—31　板根

（4）气生根

茎上产生的不定根悬垂在空气中的称为气生根，如附生兰、龟背竹和榕树等（见图1—32）。这些植物的气生根具有从空气中吸收水分和养分、呼吸氧气的功能。当气生根生长到地面并扎入土中就转变为支柱根，具有一定的支持功能。在热带雨林中，具有气生根的植物种类很多，植物利用气生根的呼吸作用来适应高温、高湿的生活环境。

图1—32　气生根

（5）寄生根

有些植物的根发育成为吸器，伸入寄主植物体内，吸收寄主植物体内的水分和养分供自身的生活需要，这样的变态根称为寄生根（见图1—33），如桑寄生和菟丝子等。

（6）攀缘根

有些植物的茎细长、较柔软，茎上生有许多不定根，以便将植物体固着在其他植物的茎干上或岩石、墙壁上并向上生长，将这种变态根称为攀缘根（见图1—34），如常春藤、络石、凌霄等。

（7）呼吸根

生活在沼泽、多水环境中的植物，由于根系在土壤中处于缺氧状态，所以常有根的一部分拱出土面（或水面），裸露于空气中吸收氧气，将这种变态根称为呼吸根（见图1—35），如池杉、水杉和红树等。

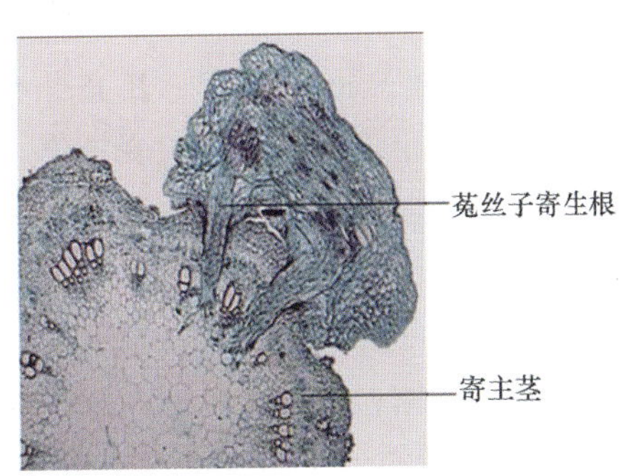

图1—33　寄生根

图1—34　攀缘根

图1—35　呼吸根

二、根的构造

1. 根尖的结构及生长

根尖是指主根、侧根、不定根的尖端2～5 cm的一段幼嫩部分。它是根中生命活动最旺盛、最重要的部分，根的伸长生长、组织的形成以及吸收活动主要是在根尖完成的。根尖从顶端自下而上可分为根冠、分生区、伸长区和成熟区四部分。根尖各区的生理机能不同，细胞形态结构也不同，但各区之间并无严格的界线，而是逐渐过渡的（见图1—36）。

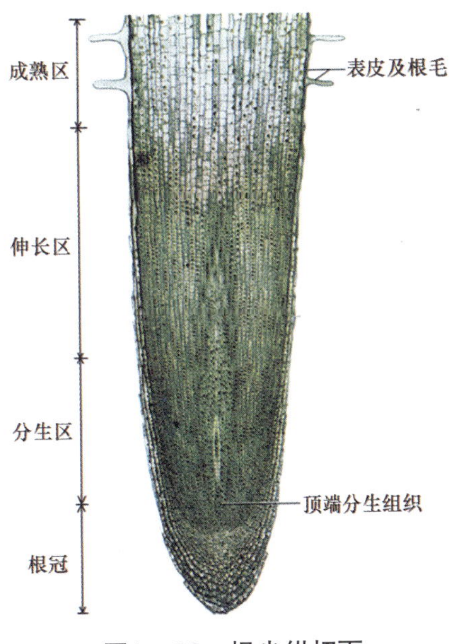

图1—36　根尖纵切面

（1）根冠

根冠位于根尖的最前端，形似帽套，覆盖于分生区之外，保护着内方幼嫩的分生区，使分生区不致在钻行于土壤颗粒之间时受损伤。根冠由生活的薄壁细胞组成，它的外层细胞能产生黏液，对根尖向土壤深处推进具有润滑作用。

（2）分生区

分生区也叫作生长锥，是位于根冠内方的顶端分生组织。该区的细胞体积小，细胞核大，细胞质浓，内质网丰富；细胞分生能力强，能不断地进行细胞分裂，增生新细胞。

根的顶端分生组织包括原分生组织和初生分生组织。原分生组织位于前端，由保持着胚性细胞特性的原始细胞组成。初生分生组织位于原分生组织后方，由原分生组织的衍生细胞组成，其细胞具一定的分裂能力；该区的细胞在离原分生组织的远端已出现初步的分化：细胞略有伸长、形态稍显差异、液泡逐渐增大，分化为原表皮、基本分生组织和原形成层三部分，再由它们分裂、分化，分别形成根的表皮、皮层和中柱，构成根的初生结构。

（3）伸长区

伸长区位于分生区稍后部分，长2～10 mm，细胞逐步停止分裂，并显著伸长，呈圆筒形，是根伸长的主要部位。该部分的显著特征是细胞质成薄层贴于细胞壁，形成明显的液泡，因而在外观上较分生区更为洁白透明而易于区别。伸长区细胞开始分化，是由分生组织发展到初生组织的过渡区域。

（4）成熟区

成熟区紧接伸长区，细胞已停止伸长，并且已分化成熟。该部分的明显标志是表皮上产生了根毛。因此，此区也称为根毛区。该区细胞的液泡非常发达，占据细胞内绝大部分空间。细胞核与细胞质被挤到周围而成为一薄层原生质。

根毛由表皮细胞外壁延伸而成，是根特有的结构，一般呈管状，角质层极薄。根毛是植物重要的吸收机构，与土壤颗粒密切结合，而且能分泌酸类物质，溶解难溶的物质，有利于吸收作用。移栽植物时，如果过度损伤根系和根毛，往往会带来枝叶的枯萎，甚至个体的死亡。根毛的生长速度较快，但寿命较短，一般只有几天，多的在10～20天即死亡。

成熟区除了有根毛这一特征以外，内部已分化出各种成熟组织也是一个特征。上述由初生分生组织经分裂、伸长和分化而形成成熟的根的过程，称为根的初生生长。初生生长主要是植物根的伸长生长。经初生生长所形成的各种成熟组织称为初生组织。由初生组织组成的根的结构，即根的初生结构。

2. 根的初生结构

在显微镜下观察根尖成熟区的横切面，可以看到根的初生结构由外至内分化为表皮、皮层和中柱三个部分。

（1）表皮

根的表皮是成熟区最外面的一层细胞，由原表皮发育而成。表皮细胞近似长方柱形，长径和根的纵轴平行，排列整齐紧密。根的表皮细胞壁很薄，角质层也薄，水分和溶质可以自由通过。部分表皮细胞的外壁向外突起，延伸成根毛。

（2）皮层

皮层由基本分生组织发育而成，位于表皮与中柱之间，占初生构造的最大体积。皮层由多层生活的薄壁细胞组成，细胞排列疏松，有明显的胞间隙；水生植物的皮层可能分化有通气组织。皮层细胞中通常没有叶绿体，但是常含有淀粉粒。

皮层的最外一层，即紧接表皮的一层细胞，常常排列紧密，没有细胞间隙，成为连续的一层，称为外皮层。当表皮破坏后，外皮层细胞的壁栓质化，代替表皮起保护作用。有些植物的根，如鸢尾，其外皮层由多层细胞组成。

皮层最内一层细胞排列整齐紧密，无胞间隙，叫作内皮层（见图1—37）。它的结构特殊，在其细胞的初生壁上，常有栓质化和木质化的带状加厚，这种环绕细胞径向壁和横向壁的特殊结构叫作凯氏带，具有控制物质由内皮层向中柱运输的功能。有次生生长的裸子植物和双子叶植物根内皮层结构常停留在这一阶段，而无次生生长的单子叶植物的内皮层可进一步发展，其大多数内皮层细胞的细胞壁除外侧比较薄外均显著加厚并木质化，只有少数对着木质部束处的内皮层细胞具有凯氏带，但保持薄壁状态，称为通道细胞，它们在皮层和中柱之间提供了物质的通道。

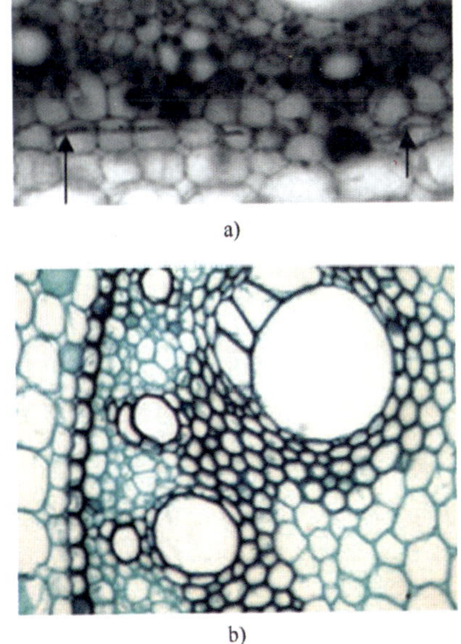

a)

b)

图1—37　内皮层凯氏带

a）幼根横切所示内皮层上的凯氏带　b）老根横切所示内五面增厚的内皮层

在内外皮层之间的细胞层数最多，细胞体积最大，细胞中常含有淀粉粒，并有丰富的细胞间隙，具有储藏功能和通气功能。

（3）中柱

根皮层以内的结构叫作中柱。中柱由中柱鞘和初生维管束组成。有些植物在根的维管束中央还有由薄壁细胞或厚壁细胞组成的髓。

1）中柱鞘。中柱鞘是中柱的最外一层组织，紧接内皮层，一般由一层薄壁细胞组成，也有由两层至多层细胞组成的。有时，中柱鞘的一部分为一层细胞，而另一部分为两层或多层细胞，甚至在若干点上没有中柱鞘细胞，因而中柱鞘间断而成为一个不连续的圆环。薄壁的中柱鞘细胞可以形成侧根、不定根、不定芽、木栓形成层和一部分维管形成层等组织。

2）初生维管束。初生维管束包括初生木质部和初生韧皮部以及它们之间的薄壁组织。初生木质部呈放射状位于中柱的中央。初生韧皮部位于木质部两个放射角之间，与木质部放射角相间排列，被薄壁组织隔开。这种木质部与韧皮部的排列方式是根区别于茎的基本特征之一。

被子植物初生木质部一般由导管、管胞、木纤维和木薄壁细胞等组成，执行水分和无机盐向上运输的功能。被子植物初生韧皮部一般由筛管、伴胞和韧皮薄壁细胞组成，有的植物还具有韧皮纤维，执行输导有机物的功能。根的初生木质部的轮廓呈放射状，木质部棱角（初生木质部束）的数目在各种植物中是不同的，具有两个木质部束的称为二原型木质部，具有三个木质部束的称为三原型木质部，具有四个木质部束的称为四原型木质部，更多木质部束的称为多原型木质部。

初生木质部和初生韧皮部之间有一至多层薄壁组织细胞，在双子叶木本植物中，这部分细胞中的一部分以后进一步分化为形成层，产生次生构造；而在单子叶植物中，这部分细胞则停留在基本组织阶段，没有形成层的分化，因此只有初生结构。草本双子叶植物由于木质部发育未达中心，形成了由薄壁细胞构成的髓。

3. 侧根的形成

双子叶植物和裸子植物的根可以反复产生侧根，如图1—38所示。

从表面上看，侧根很像茎的分枝，但它们有着本质的区别。侧根不从分生组织区发生，而从比较成熟的中柱鞘的薄壁细胞发生，这种起源称为内起源。当侧根开始发生时，中柱鞘某些细胞的细胞质变浓厚，液泡缩小，甚至消失，进行平周分裂（细胞分裂时形成的新壁与根的圆周最近处切线平行称为平周分裂），使细胞层数增加。分裂后的细胞再进行平周和垂周分裂（细胞分裂新形成的壁与根的圆周最近处切线垂直称为垂周分裂），这群（聚集的）细胞便产生向外的突起，形成了侧根的根原基。当幼小的侧根原基生长经过皮层时，开始分化出生长点和根冠。由于侧根不断生长所产生的机械压力和根冠所分泌的物质能溶解皮层和表皮细胞，使侧根能较顺利地突破外围组织，进入土壤。侧根的产生虽然在根毛区开始，但真正突破皮层、表皮伸入土中时，则已经在根毛区后面，这样就使侧根的产生不至于破坏根毛而影响根的吸收功能。

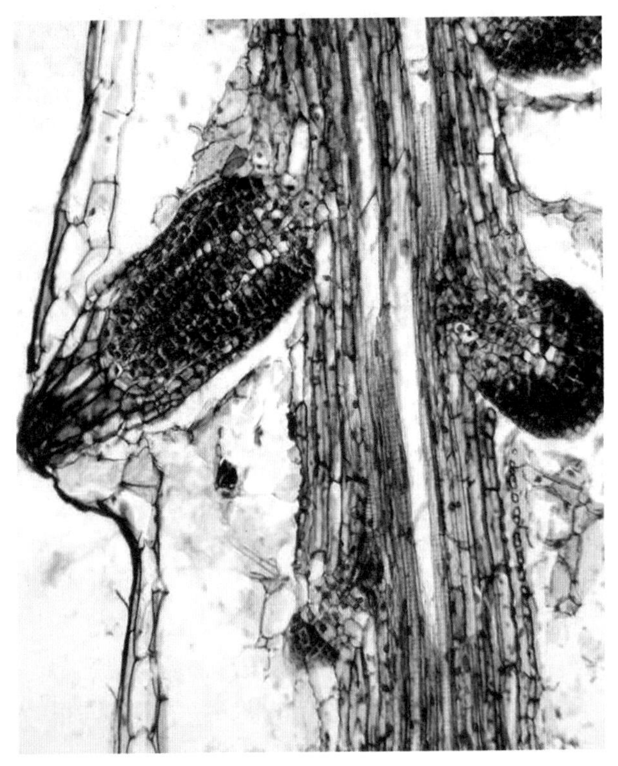

图1—38　侧根产生

侧根在母根上发生的位置决定于母根初生木质部的类型。一般情况是：二原型木质部的根上，侧根发生在初生木质部辐射角的两侧；三原型和四原型木质部的根上，侧根对着初生木质部的位置发生；在多原型木质部的根上，侧根则是在对着初生韧皮部的位置发生；但也有些多原型的根中，侧根是对着初生木质部的位置发生。

侧根的解剖构造与主根相同，中柱各部分与主根互相连通，形成整体的输导系统。主根与侧根的生长存在着一定的相关性，当主根被切断或损伤时，常可促进侧根的发生。因此，在农、林、园艺实践中，在育苗和移栽时采用切断主根的办法以引起更多侧根的发生，保证根系的旺盛生长。

4. 根的次生生长和次生结构

大多数单子叶植物和少数草本双子叶植物的根只形成初生结构，一直保持到植物死亡。而大多数双子叶植物和裸子植物的根，不仅有伸长生长产生的初生结构，而且还有增粗生长产生的次生结构（见图1—39）。增粗生长也就是次生生长，是由次生分生组织——维管形成层和木栓形成层的活动产生的。

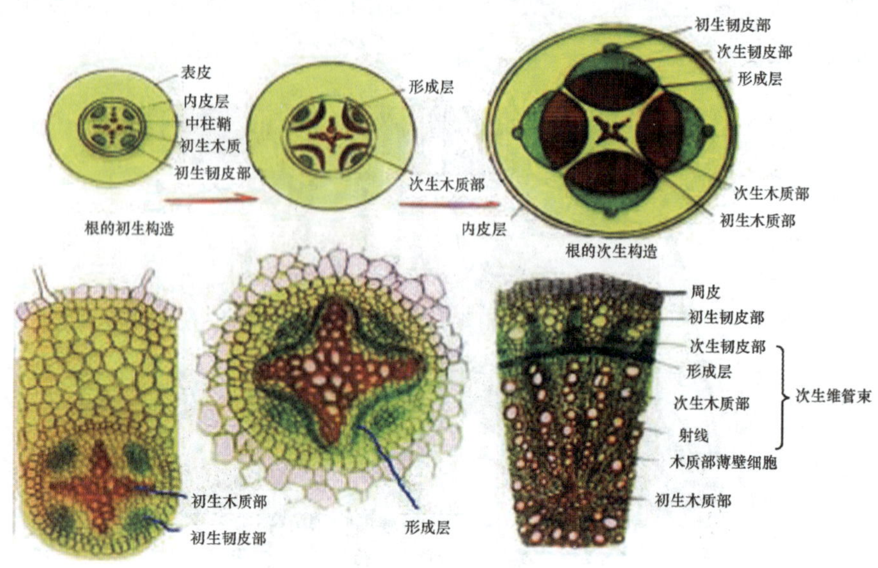

图1—39　根的次生构造

（1）维管形成层的发生和活动

根在增粗生长以前，在初生木质部与初生韧皮部之间的薄壁组织恢复分生能力，这部分的一些细胞开始平周分裂，转变为维管形成层（简称形成层）。形成层最初是在每个韧皮部束的内方产生，因此，最初的形成层呈条状，条的数目与根的类型有关。随后，各条形成层向两侧扩展至木质部辐射角，与木质部辐射角顶端的中柱鞘细胞相接。这时，这些部位的中柱鞘细胞也恢复分生能力，参与形成层的形成，并与条状的形成层连接，于是，片段形成层就连接成为一个波状的形成层环。在横切面上，这种早期形成层环的轮廓大致与木质部的轮廓相似，在二原型根中的维管形成层环呈长椭圆形，三原型的呈三角形，多原型的则呈多角形。

由于初生韧皮部内方的形成层产生较早，分裂也较快，因此，在初生韧皮部与初生木质部之间形成的次生组织最多；而在初生木质部辐射角处的形成层开始活动较晚，所形成的次生组织较少。这样，初生韧皮部被新形成的次生组织推向外方，波状的形成层也就逐渐变成圆环状。此后，形成层的分裂活动基本上按等速进行，不断形成次生木质部和次生韧皮部。

形成层的分裂活动主要是进行切向分裂，向外分裂出的细胞形成次生韧皮部，向内分裂出的细胞形成次生木质部。一般来说，形成的次生木质部要比次生韧皮部的细胞数目多，因此，在横切面上次生木质部的宽度比次生韧皮部的宽度大好几倍。在具有次生生长的根中，次生木质部和次生韧皮部之间始终存在着形成层。

次生木质部与次生韧皮部的组成成分基本上与初生木质部和初生韧皮部相同，但常在次生结构中产生一种新的薄壁组织——维管射线，它从形成层处向内外贯穿次生木质部

和次生韧皮部，成为横向运输的结构。其中，位于次生木质部的称为木射线，位于次生韧皮部的称为韧皮射线。

（2）木栓形成层的发生和周皮的形成

由于形成层的分裂活动，使根不断增粗。中柱以外的成熟组织（皮层和表皮）因内部组织的增加而受压并遭破坏。这时，伴随发生的是根的中柱鞘细胞恢复分裂的能力，形成木栓形成层。木栓形成层也进行切向分裂，主要向外分裂产生木栓层，向内形成少量薄壁组织，即栓内层。木栓层、木栓形成层和栓内层总称为周皮。木栓层由多层木栓细胞组成，细胞排列紧密整齐，呈径向排列。细胞成熟后，细胞壁栓质化，细胞内原生质体解体，死亡后的细胞腔内充满空气。这种不透水、不透气的组织代替外皮层而起保护作用。当木栓层形成后，木栓层外围的组织由于营养被隔断而死亡。死亡组织由于土壤微生物的作用逐渐剥落。

在多年生植物的根中，木栓形成层不像形成层那样终生存在，而是每年重新形成。其位置是在原有木栓形成层内方，并逐渐向内推移，最终可由次生韧皮部中的部分薄壁细胞发生。

上述由形成层活动产生的次生维管组织，包括次生木质部和次生韧皮部，加上由木栓形成层活动产生的周皮，统称为次生结构。次生结构是次生生长—加粗生长的产物，只有具有次生分生组织—形成层的植物才具有次生生长和次生结构。根组织的分化过程如图1—40所示。

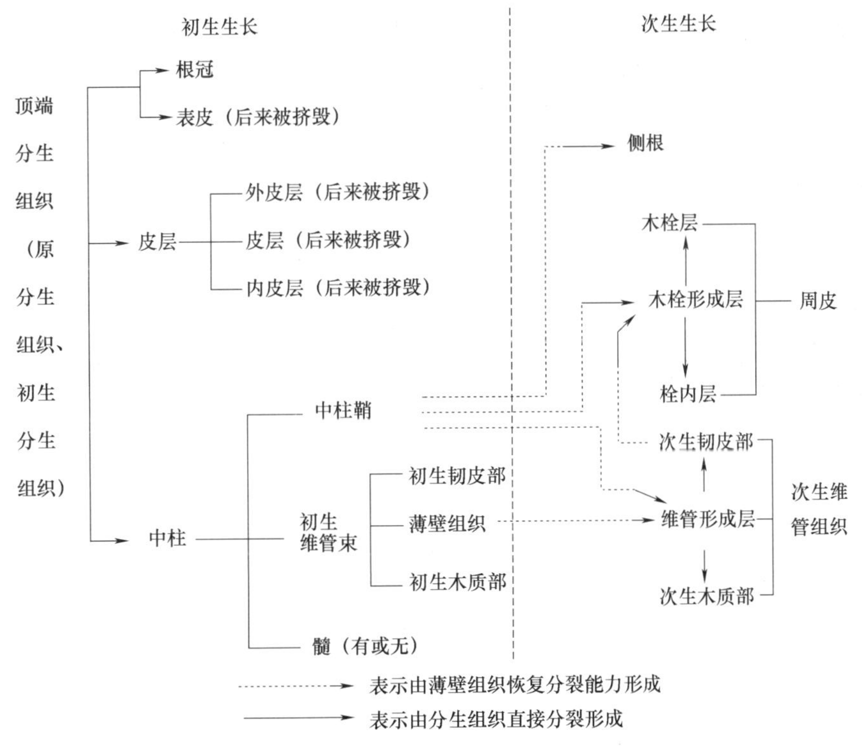

图1—40　根组织分化示意图

三、根瘤与菌根

高等植物的根中常有一些共同生活的微生物。这些微生物从根的组织内取得可供它们生活的营养物质，而植物也由于微生物的作用，获得它所需的营养物质。这种植物和微生物双方互利的关系称为共生。高等植物与微生物的共生现象，通常有两种类型，即根瘤与菌根。

1. 根瘤

豆科植物的根上常有球形或卵形的瘤，称为根瘤，它是由生活在土壤中的根瘤细菌侵入根内而产生的（见图1—41）。豆科植物在幼苗时期，土壤中的根瘤细菌被根毛分泌的有机物所吸引，聚集在根毛细胞的表面。在根瘤菌分泌的纤维素酶作用下，根毛细胞壁溶解内陷，根瘤菌侵入根毛细胞，并存在于根的皮层薄壁细胞中。一方面，根瘤菌在皮层细胞内迅速分裂繁殖；另一方面，受根瘤菌侵入的皮层细胞因根瘤菌分泌物的刺激也迅速分裂，产生大量新细胞，使皮层部分的体积膨大，形成瘤状的结构。

a)

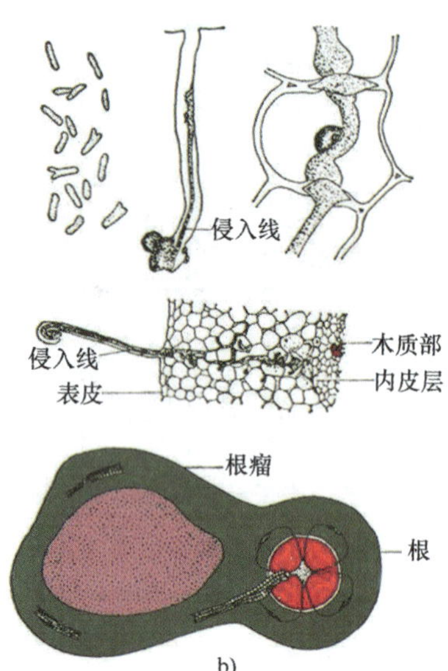

b)

图1—41　根瘤

a）根瘤外观　b）根瘤菌的侵入

根瘤菌从皮层细胞吸取碳水化合物、无机盐类和水分；同时，在固氮酶的作用下，将空气中的游离氮转变成植物能利用的含氮化合物。根瘤菌的存在使植物得到充足的氮素供应。由于豆类植物在生长末期一些根瘤可以自根部脱落，未脱落的也可随根系遗留在土壤中，从而提高了土壤的肥力，这就是农、林业生产上栽种豆科植物为绿肥的原因。

2. 菌根

高等植物的根除了与根瘤细菌共生外，还可以与土壤中的某些真菌共生，形成菌根（见图1—42）。根据真菌的菌丝在根中存在的部位不同，菌根可分为外生菌根和内生菌根两种类型。

图1—42　菌根

外生菌根是真菌的菌丝包被在根尖的外面，部分菌丝侵入根皮层细胞的间隙中，但不进入细胞内。菌丝代替了根毛的作用，扩大了根的吸收面积，提高了根吸收水分的效率。具有外生菌根的根尖通常略变粗或成二叉分枝。外生菌根多存在于森林木本植物的根上，如松属、云杉属、冷杉属、雪松属、槭属、杨属、椴属、桦木属、栎属等。

内生菌根是真菌的菌丝通过细胞壁侵入细胞内，同细胞的原生质体混生在一起。在表皮细胞和皮层细胞中可以看到菌根的菌丝。具有内生菌根的根尖仍具有根毛，因此，内生菌根主要是促进根内的物质运输。有内生菌根的根常肥大增厚呈瘤状突起。如银杏、侧柏、桑、葡萄、杜鹃、李树及兰科植物等的根内都有内生菌根。

此外，还有内外生兼有的内外生菌根，即在根表面、细胞间隙和细胞内都有菌丝，如草莓的根。

第二节　植物的茎

茎是植物的营养器官之一，是植物地上部分的骨架，通常位于地面以上，但也有一些植物的茎发生变化后位于地下。叶、花、果等器官发生于茎。

一、茎的功能

茎对于根与叶而言，起到上下沟通的作用。即茎具有支持除根以外的其他器官的功能，承担将根吸收的物质运输到其他器官的功能并把一部分物质储藏于相应的组织中，还可起到繁殖的作用。

1. 支持作用

茎作为植物地上部分的骨架，主茎和各级分枝支持着叶、芽、花和果实，使它们合理地在空间分布。

2. 输导作用

茎是植物体中物质上下运输的重要通道，即根吸收的水、无机盐要通过茎向上运输到叶、花和果实中，叶制造的有机物也要通过茎向下、向上运输至根和其他器官中。

3. 储藏作用

茎具有储藏功能，尤其对于多年生植物而言，茎内储藏的物质为翌年春季休眠芽萌动提供营养和能源。如马铃薯的块茎、莲的根状茎等都是营养物质集中储藏的部位。

4. 繁殖作用

扦插、压条、嫁接等营养繁殖可通过茎来实现。

二、茎的形态

茎在形态上与根可以明显地加以区别，其特点是具有芽、节和节间，并有叶脱落后留下的叶痕。

1. 茎的基本形态

种子植物茎的外形多呈圆柱形，也有少数植物的茎呈其他形状，如莎草科植物的茎呈三棱形，薄荷、一串红等植物的茎呈方形，昙花、仙人掌的茎为扁平形等。

茎上着生叶的部位称为节，相邻两节之间的部位称为节间。在茎的顶端生有顶芽，叶腋处生有腋芽。这种着生有叶和芽的茎称为苗或枝。因植物种类的不同，或一株植物上因部位不同，节间长短常有差异。有些草本植物，如羽衣甘蓝和红叶甜菜在抽薹前，以及蒲公英、车前草的茎，节间缩短，难以分辨，叶排列成基生的莲座状。而禾本科和蓼科植物，节部膨大，节间长而明

图1—43　长枝和短枝

显。少数植物，如藕的根状茎却节间膨大，节部反而缩小。大多数植物的节部，一般稍为膨大，但并不显著。许多树木，如苹果、银杏等，在茎上有节间显著伸长的枝条，称为长枝；长枝上生有节间极短的短枝，短枝上能开放花朵，形成果实，所以又称为花枝或果枝（见图1—43）。

木本植物叶片脱落后，在茎上留下的痕迹称为叶痕。不同植物的叶痕形状和颜色各不相同。叶痕内的点、线状突起，是茎与叶柄间维管束断离后留下的痕迹，称为维管束痕或束痕或叶迹。不同植物的维管束痕的排列、形状及数量各不相同。在茎上，顶芽或腋芽萌发后芽鳞脱落留下的痕迹称为芽鳞痕，它的形状与数目也因植物而异。根据茎上有几处芽鳞痕，可以大致判断其年龄。此外，在茎上还可以看到皮孔，这是木质茎内组织与外界气体交换的通道。皮孔的形状、颜色和分布的疏密情况也因植物而异。

如上所述，在落叶乔木和灌木的冬枝上，可根据叶痕、维管束痕、芽鳞痕、皮孔等的特征，作为鉴别植物种类、植物生长年龄等的依据。这就是所谓落叶树木的冬态（见图1—44）。

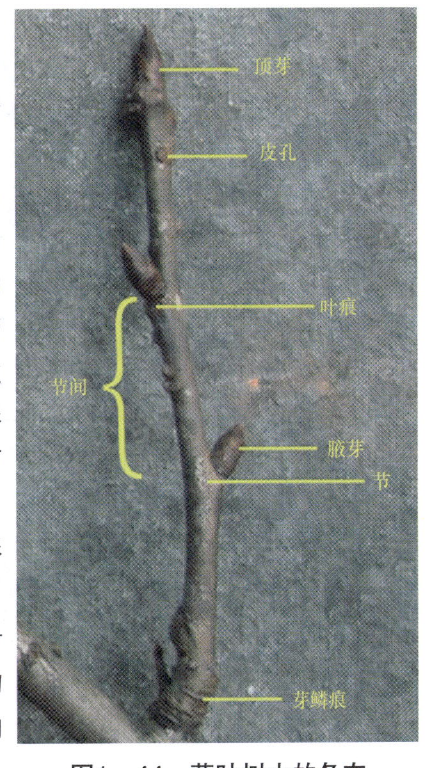

图1—44　落叶树木的冬态

2. 芽及其类型

植物体所有的枝条和花都是由芽发育而来。芽是未发育的枝条、花或花序的原始体。发育之后成为营养枝的芽叫作叶芽。如果把叶芽做一个纵切面（见图1—45），可以看到它由生长锥、叶原基、幼叶、腋芽芽轴组成。芽中央的中轴叫作芽轴。芽轴的顶端是生长锥，生长锥周围的小突起称为叶原基，将来发育成幼叶。越靠芽轴下部的叶原基越早发育成幼叶，所有幼叶向上生长，层层包裹着芽轴和生长锥。在一些幼叶的叶腋里生有小突起，称为腋芽原基，将来发育成腋芽，腋芽可发育成侧枝。多数温带地区分布的植物，如杨、丁香等，在芽的幼叶外面，还包围着芽鳞片，从而能更好地保护幼芽。

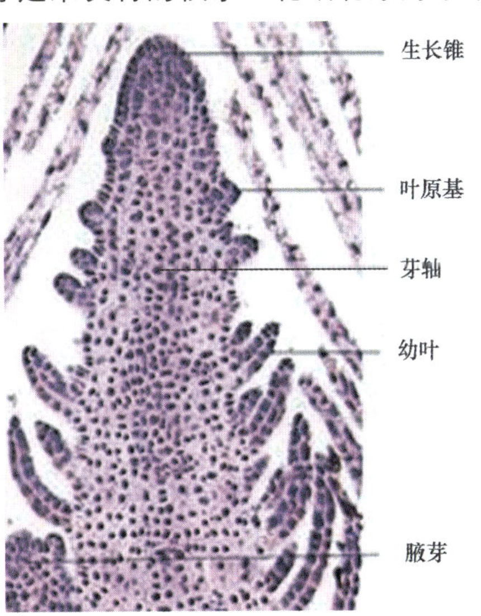

图1—45　芽纵切面

按照芽的着生位置、性质、结构和生理状态等标准，可将芽分为下面几种类型：

（1）按位置分类

根据芽的着生位置将芽分为定芽和不定芽。

1）定芽。定芽是指有固定的着生位置的芽，分为顶芽和腋芽（也称侧芽）两类。生长在主茎或枝条顶端的芽称为顶芽。生长在枝条侧面的叶腋内的芽称为腋芽。大多数植物，每一叶腋内只生一个芽，但也有生两个或多个芽的，如桃的一个叶腋可并生三个芽，称为并列芽，这时中间的一个称为主芽（或腋芽），两旁的芽称为副芽。也有几个芽上下重叠而生的，称为重叠芽，如桂花的腋芽。

2）不定芽。不定芽是在老根、茎、叶上，特别是从创伤部位产生的芽，因它们没有固定的着生部位，称为不定芽（见图1—46）。如桑、悬铃木的茎，番薯块根，落地生根、秋海棠的叶都能产生不定芽。人们常用植物能产生不定芽的特性进行营养繁殖。

a)　　b)

图1—46　不定芽

a）落地生根叶上形成的不定芽　b）马拉巴栗茎上产生的不定芽

（2）按性质分类

根据芽发育后形成的不同器官将芽分为叶芽、花芽和混合芽。

1）叶芽。发育后形成营养枝的芽称为叶芽。

2）花芽。发育后形成花或花序的芽称为花芽，如玉兰的顶芽、含笑的腋芽、桃的副芽。

3）混合芽。发育后形成基部带叶、上部开花的小枝的芽称为混合芽，如樱花、垂丝海棠都是由混合芽开花的。

在同一植株上，花芽和混合芽通常比较肥大，而叶芽比较瘦小，如图1—47所示，上部为叶芽，下部为花芽。

（3）按结构分类

根据芽的结构不同将芽分为裸芽和鳞芽。

1）裸芽。芽的外面只有幼叶包裹，而没有芽鳞片保护的芽称为裸芽，常见于热带、亚热带植物，如荔枝、木绣球、山核桃、枫杨、番木瓜等植物都有裸芽（见图1—48）。

图1—47　花芽与叶芽外观比较

图1—48　裸芽

2）鳞芽。芽的外面被芽鳞片（属一种变态叶）保护的芽称为鳞芽。许多温带的木本植物都具有鳞芽，如山茶、槐树等都有鳞芽。鳞芽的芽鳞片可以减少芽的水分蒸腾，还可以避免冻害和动物的侵害。

（4）按生理状态分类

根据芽是否在当年或翌年萌发将芽分为活动芽和休眠芽。

1）活动芽。常把能在当年生长季节中萌发的芽，称为活动芽。一年生植物的芽多属活动芽。而很多多年生植物的腋芽在夏秋形成，经暂时休眠后，到第二年春天再萌发生长，也称为活动芽。如梅花枝条上部的腋芽。

2）休眠芽。许多温带分布的多年生植物，其枝条中下部的一些芽，到第二年的生长季节仍继续休眠，这种芽称为休眠芽（也称为隐芽或潜伏芽）。如果顶芽或枝条上部的芽死亡或被除去，可促使休眠芽转变为活动芽。在园林植物栽培和果树栽培中，常进行摘心，去掉顶芽来促进腋芽的萌发。如梅花枝条中下部的腋芽多为休眠芽。

休眠芽保持萌芽能力的时间在不同植物之间差异很大，这种休眠芽能够保持萌芽能力的特性，称为休眠芽的寿命。如桃的休眠芽寿命较短，一般只有2～3年，这对桃树的回缩修剪会带来困难；而梅的休眠芽寿命很长，用其做盆景的老桩通过截干后在老树干上能由休眠芽萌生大量枝条，迅速恢复生机。所以，休眠芽寿命与修剪的关系非常密切。

一个具体的芽，由于分类依据不同，可以有不同的名称。如枫杨枝条顶端的芽，按位置分称为顶芽；它在生长季节能萌发生长，又称为活动芽；它外面没有芽鳞片保护，又称为裸芽；它将来发育成枝条，又称为叶芽。所以，芽的分类是根据不同要求相对而言的。

3. 茎的分枝

分枝是植物的基本特性之一，是植物生长的普遍现象。分枝有多种形式，它与顶芽、腋芽的生长势强弱、生长时间及寿命有关；而这种特性取决于植物的遗传性，有时还受环境条件的影响。高等植物常见的分枝方式有二叉分枝、单轴分枝、合轴分枝和假二叉分枝。

（1）二叉分枝

由顶端分生组织一分为二，每一半形成一个分枝，经过一定生长时期，又进行同样的分枝，因此分枝系统成为二叉状（见图1—49）。这种分枝方式比较原始，多见于低等植物，在高等植物中则主要见于苔藓植物和蕨类植物，极少数比较原始的被子植物也具有这种分枝形式。

（2）单轴分枝

顶芽不断向上生长，生长势旺盛，形成发达的主干。同时，腋芽也发展成侧枝，侧枝再分枝，但各级侧枝生长均远不如主干粗壮（见图1—50）。这种分枝方式称为单轴分枝，又称为总状分枝。裸子植物和一部分较原始的被子植物，如杨、桦、麻栎等均为单轴分枝。单轴分枝的主干高大挺直，形成有经济价值的木材。一些草本植物，如黄麻等亦为单轴分枝，栽培时，保持其顶端优势可提高麻类的品质。

图1—49　二叉分枝

图1—50　单轴分枝

（3）合轴分枝

叶互生的植物，顶芽活动一段时间后，生长缓慢乃至死亡，或分化为花芽，由位于顶芽下方的腋芽代替顶芽，继续发育，形成一段枝条。以后，这种分枝上的顶芽又停止发育，又由它下方的腋芽来代替，如此重复生长。这种主干是由许多腋芽发育而成的侧枝联合组成的分枝方式，称为合轴分枝（见图1—51）。具有这种分枝形式的树木在幼年时，主干及其延长枝之间显著地呈曲折状。合轴分枝植株上部或树冠呈开展状态，能有效地扩大光合作用的面积，是比较进化的分枝方式，大多数被子植物，如海棠、梨、桃、杏、核桃、桑、柳等有这种分枝方式。有些植物，如茶树和玉兰等，在幼年时为单轴分枝，成年时又出现合轴分枝；棉花植株上也有单轴分枝方式的营养枝（只长叶和芽而无花）和合轴分枝方式的果枝之分。

图1—51　合轴分枝

（4）假二叉分枝

顶芽停止生长或顶芽分化为花芽后，由近顶端的两个对生的腋芽同时发育成为一对对生侧枝，因为从其外表看和二叉分枝相似，因此称为假二叉分枝，但实际上是合轴分枝方式在叶对生或轮生植物上的特例（见图1—52）。具有假二叉分枝的植物有丁香、石竹、泡桐、七叶树、蜡梅等。

图1—52　假二叉分枝

4. 茎的种类

不同植物的茎在长期的进化过程中为适应不同的环境条件，具有各自的生长习性。因生长习性的不同，茎可以分为直立茎、缠绕茎、攀缘茎和匍匐茎四类。

（1）直立茎

直立茎茎背地性生长，直立。大多数植物的茎都是此类，如樟、槐、木芙蓉、连翘、石竹、凤仙花等的茎。

（2）缠绕茎

缠绕茎较柔软，不能直立，以茎本身缠绕他物上升，如牵牛、紫藤、忍冬、何首乌等的茎（见图1—53）。

（3）攀缘茎

攀缘茎细长、柔弱，不能直立，常发育出特有的结构攀缘他物上升，如葡萄、黄瓜、南瓜、豌豆、大巢菜等以卷须攀缘他物上升；木香花以钩刺，爬山虎以卷须顶端的吸盘，常春藤、薜荔以气生根攀缘他物上升（见图1—54）。

图1—53　缠绕茎

图1—54　攀缘茎

有缠绕茎和攀缘茎的植物，统称为藤本植物。缠绕茎和攀缘茎都有草本和木本之分，因此藤本植物也分为草本和木本，前者如牵牛、南瓜、豌豆等，后者如葡萄、紫藤、忍冬等。

有些植物的茎同时具有攀缘和缠绕的特性，如葎草既以茎本身缠绕他物，同时又有钩刺附于他物之上。

（4）匍匐茎

匍匐茎是平卧在地上蔓延生长的茎，如草莓、甘薯等的茎。这种茎一般节间较长，节上生有不定根，其上的芽会生长成新植株（见图1—55）。

图1—55　匍匐茎

5. 茎的变态

在长期发展进化中，某些植物的茎或茎的一部分，其形态构造和生理功能发生了变化，形成茎的变态。茎变态可根据生长在地上或地下，分为地上茎的变态和地下茎的变态两大类。

（1）地上茎的变态

所谓地上茎的变态是指植物位于地上的茎或茎的一部分发生的变态。地上茎的变态有叶状茎、茎卷须、茎刺三类。

1）叶状茎。有些旱生植物的叶退化，而茎变为叶片状，呈绿色，代替叶进行光合作用，以维持植物体的生长发育、开花结果，如仙人掌、竹节蓼、蟹爪兰、昙花等的茎（见图1—56）。

2）茎卷须。由芽直接萌发形成的卷须，叫作茎卷须。这些卷须生长于叶腋内，用以攀缘其他物体向上生长，如葡萄等具有茎卷须（见图1—57）。

图1—56　叶状茎

图1—57　茎卷须

3）茎刺。有些植物的腋芽直接萌发成为具有保护作用的刺，称为茎刺（也称为枝刺），如皂荚、山楂等的刺。另外，有些植物的短侧枝，其中下部具有正常枝的特征，即有叶和腋芽，而其顶端呈尖刺状，这样的茎刺特称为棘刺，如楞木石楠、石榴、海棠花等植物具有棘刺（见图1—58）。

图1—58　茎刺

（2）地下茎的变态

所谓地下茎的变态是指植物的茎转入地下生长并发生变态，执行特殊的功能。地下茎的变态有根状茎、储藏茎两大类。

1）根状茎。生于土壤中与根相似的茎称为根状茎（见图1—59），如竹类、鸢尾、芦苇等的茎。根状茎与根不同，它具有明显的节和节间，有顶芽，节部有退化的叶，并有腋芽。腋芽可以发育成为地上茎或地下茎。

图1—59　根状茎

2）储藏茎。生长在土壤中，往往膨大而主要功能为储藏养分的茎变态，叫作储藏茎。储藏茎又分为块茎、鳞茎和球茎三类（见图1—60）。

a)

b)

c)

图1—60　储藏茎

a）鳞茎　b）球茎　c）块茎

①块茎。块茎是由地下茎变肥大形成的，通常呈不规则球形，其上有许多的凹坑，凹坑内有芽，即为正常形态茎的腋芽，如马铃薯等。

②鳞茎。鳞茎是由地下茎的节间收缩呈盘状，称鳞茎盘，其上长肥厚的鳞片状变态叶而形成的，如水仙、百合、石蒜的地下茎。

③球茎。球茎是短而肥大的地下茎，呈球形，其节上有膜质变态叶及叶片脱落后留下的环状叶痕，顶端有顶芽，其周围簇拥数个腋芽，如唐菖蒲、天南星、荸荠等的地下茎。

其中，鳞茎与球茎的区别在于前者茎高度退化而叶发达，而后者茎高度发达而叶退化。

三、茎的构造

茎的结构由茎尖分生组织衍生而成的初生构造，和由初生构造中的薄壁组织脱分化后形成的次生分生组织衍生的次生构造组成。初生构造只存在于茎产生的当年，存在时间较短，以后被次生构造挤毁而消失。

1. 茎尖的结构

茎的尖端称为茎尖，茎的伸长就在茎尖进行。茎尖自上而下也可分为分生区（生长锥）、伸长区和成熟区（见图1—61）。与根尖不同的是茎尖没有类似根冠的结构，但茎的分生区基部有叶原基和腋芽原基，所以茎尖结构较根尖复杂。

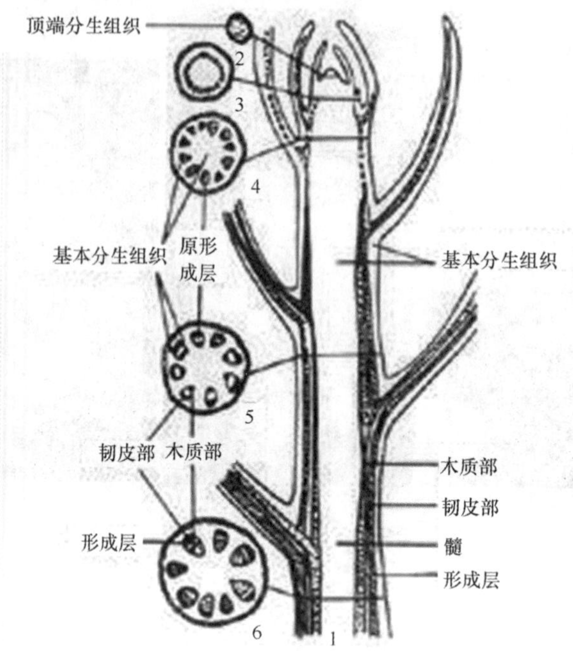

图1—61 茎尖结构示意图

1—茎尖（全图） 2—分生区 3、4—伸长区 5、6—成熟区

（1）分生区

茎尖的顶端部分称为生长锥，它的最尖端为原分生组织，和根尖的生长点很相似，具有很强的分裂能力，茎内一切组织都是由它分裂衍生而成的。在生长锥以下四周表面产生叶原基和腋芽原基。

在生长锥的下部，是原分生组织分裂形成的初生分生组织，其细胞一方面具有分裂能力，同时开始分化，逐渐形成茎的初生构造。

（2）伸长区

伸长区的长度一般比根的伸长区长。本区的主要特点是，细胞的分裂活动自上而下逐渐减弱，而细胞迅速伸长，并液泡化。外形表现为节间逐渐伸长，幼叶由小逐渐长大。木本植物的伸长区只有在生长季节才比较明显。伸长区的细胞已由初生分生组织逐渐分化出一些初生组织。因此，伸长区可视为顶端分生组织发展为成熟组织的过渡区域。

（3）成熟区

本区的外形特点是各节间长度趋向稳定，其内部细胞的分裂和伸长都趋于停止，各种成熟组织的分化基本完成，形成了茎的初生结构。

2. 双子叶植物茎的初生结构

将双子叶植物茎的成熟区横切，观察其内部结构可以看到，茎分为表皮、皮层和中柱鞘三个部分。这些结构是由茎尖生长锥的原分生组织衍生的初生分生组织直接分裂和分

化而产生的，所以称为初生结构（见图1—62）。

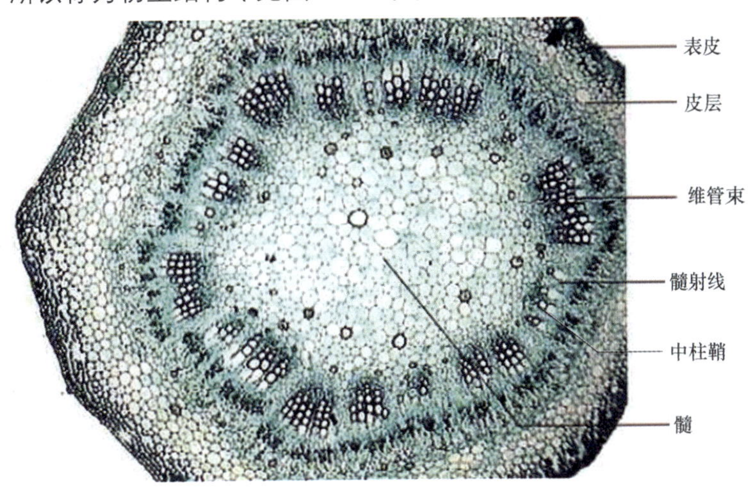

图1—62　茎的初生构造

（1）表皮

表皮位于茎的最外层，是由一层排列整齐的砖形薄壁细胞构成的。表皮细胞的外壁常加厚，并角质化，除角质层外，还有蜡被或表皮毛等附属物，以增强表皮的保护作用。茎的表皮上具有少量的气孔，以进行气体交换。

（2）皮层

皮层位于表皮以内，由多层薄壁细胞组成。细胞排列疏松，有胞间隙，向外与气孔相通，可进行气体交换。靠近表皮的数层细胞中常含有叶绿体，所以幼茎多呈绿色，可以进行光合作用。皮层中含有厚角组织，有些植物还含有厚壁组织，即纤维和石细胞，以便使茎能起支持作用。皮层内的薄壁细胞常储藏各种物质。有的植物的皮层细胞中还含有淀粉粒，称为淀粉鞘。皮层的最内一层称为内皮层，一般不明显，因此皮层与中柱之间无明显的分界。

（3）中柱

皮层以内的部分称为中柱，它由中柱鞘、维管束、髓和髓射线四部分组成。

1）中柱鞘。中柱鞘在中柱最外层，由一至多层薄壁细胞或厚壁细胞组成，在横切面上排列成环状。它可以转变成分生组织产生不定根和不定芽。在园林生产中，可利用中柱鞘细胞的这一特性进行扦插繁殖。

2）维管束。维管束是中柱的主要部分，由初生韧皮部、初生木质部和束内形成层组成。其多呈束状存在，故称维管束。在横切面上，维管束在中柱中呈环状排列。它通过茎部贯穿于整个植物体中，起输导和支持作用。

初生韧皮部位于束内形成层的外侧，由筛管、伴胞、韧皮纤维和韧皮薄壁细胞组成。初生木质部位于束内形成层的内侧，由导管、管胞、木纤维和木薄壁细胞组成。束内形成层位

于前两者之间，具有细胞分裂能力，能产生茎的次生构造，是使茎加粗生长的重要场所。

3）髓。髓是茎的中心部分，多数植物的髓是由薄壁细胞组成的。髓细胞较大，有细胞间隙，常有大液泡。这些髓细胞内储藏各种细胞内含物，如淀粉、晶体和单宁等。有些植物髓内有厚壁细胞（如栓皮栎）或石细胞（如樟树）。有些植物的髓在发育过程中破裂，形成中空髓腔（如连翘、金银木等），或呈片状分隔（如胡桃、枫杨等）。

4）髓射线。维管束之间的薄壁组织称为髓射线，它由薄壁细胞组成，在横切面上呈放射状排列。由髓部通向皮层，是茎内横向运输的通道，并有储藏作用。髓射线细胞在一定条件下可以恢复分裂能力，形成束间形成层。扦插繁殖时，髓射线细胞的分生能力可以使其产生不定根。

3. 双子叶植物茎的次生结构与增粗生长

一般草本植物的茎，由于生活期短而没有形成层，也没有次生结构。多年生木本植物的茎，在初生结构形成不久就开始出现次生结构。植物茎的增粗生长，是由于形成层和木栓形成层活动产生次生结构的结果（见图1—63）。

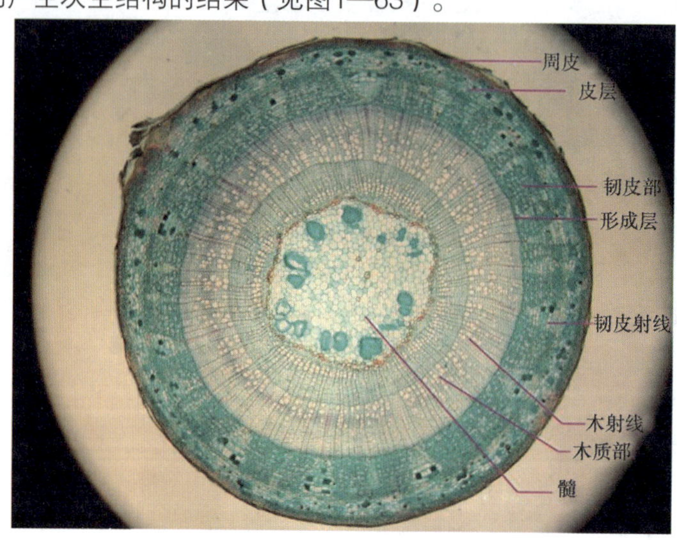

图1—63　双子叶植物茎的次生构造

（1）形成层环的产生与活动

当初生构造形成以后，束内形成层开始分裂和增生新细胞。此时，各维管束之间与束内形成层相连接的髓射线细胞也恢复分生能力，由薄壁组织转变成为分生组织，形成束间形成层，与束内形成层相连接而形成形成层环。

形成层环细胞也和根的形成层一样，向内产生次生木质部，向外产生次生韧皮部。由于次生木质部增生较快，向外扩大，而将初生韧皮部及次生韧皮部推到茎的周边。

次生木质部的结构与初生木质部基本相同。次生木质部的存在和生长，既不断加强树干的支持作用，又加强其输送水分、无机盐等功能。

形成层的活动能力可随植物的生长而不断延续。形成层每年增生的次生木质部形成木材。形成层的活动具有周期性，每年春、夏形成层分裂得快，所产生的细胞体积大、导管多、壁薄、木纤维少，故木材色浅而疏松，称为早材或春材。秋季形成层活动减慢，其分裂出的细胞体积小、导管少、壁厚、木纤维多，故木材细密而色深，称为晚材或秋材。同一年的早材和晚材是逐渐转化的，二者之间无明显的界限，而前一年的晚材与后一年的早材之间具有明显的界限，在多年生植物的茎的横切面上就形成了一个个同心圆，这种同心圆叫作年轮。

靠近形成层，即最后两三年生成的次生木质部，是具有活动功能的次生木质部，植物茎的输导作用是通过这一部分次生木质部进行的。这一部分木材含水分多，质地较软，利用价值较低，称为边材，而处于植物茎中央的形成较早、年龄较老的木质部，其导管为侵填体所堵塞，失去运输功能，薄壁细胞也已死亡，细胞中被单宁、树脂等物所填充，因此这一部分木材色较深，木质好而坚硬，防腐性能好，利用价值高，被称为心材。随着植物体的不断生长、加粗，边材逐年变为心材，使心材逐年加粗，而边材则由新形成的次生木质部来补充。

形成层向外分裂形成次生韧皮部，其组成成分和初生韧皮部基本相同。由于形成层每年分裂形成的次生韧皮部数量较少，并且老韧皮部不断变为树皮而脱落，因此次生韧皮部在茎中的数量较少。韧皮部的主要功能是运输有机物。韧皮部还有储藏作用，养料充足时，把部分养料储存起来，并促使茎上的叶芽分化成花芽。次生韧皮部还能使树体的伤口处大量分裂产生薄壁细胞，并使细胞栓质化形成愈伤组织，这对嫁接成活具有重要意义。

茎的形成层细胞和根一样，除了产生次生木质部和次生韧皮部外，还能进行横向分裂产生射线原始细胞，然后由射线原始细胞分裂产生射线薄壁细胞，形成放射排列的次生射线，以加强茎的横向运输。其中位于次生木质部的称为木射线，位于次生韧皮部的称为韧皮射线，统称为维管射线。

（2）木栓形成层的产生与活动

由于形成层的活动，维管组织不断扩大，其外围的表皮或皮层细胞恢复分裂能力形成木栓形成层，产生新的保护组织（周皮），以适应内部的生长。最初的木栓形成层，有的起源于表皮，如夹竹桃属、柳属、苹果属等。有的由中柱鞘细胞或韧皮薄壁细胞转化而来，如茶藨子属等。多数起源于皮层，如杨属、栗属、榆属等。当茎继续加粗时使原来的周皮失去作用，在茎的内部又产生新的木栓形成层，依次向内形成，最后则在次生韧皮部内产生。

木栓形成层的活动，向外产生木栓层，向内产生栓内层。木栓层细胞排列整齐，壁栓质化，成熟后死亡，细胞腔内充满空气，因此，木栓层不透气、不透水且具有弹性，对植物保护效能很强。木栓层形成后其外方的组织由于断绝供应水分和养料而死亡。栓内层由薄壁细胞组成，细胞内含有叶绿体，与基本组织相似，称为绿皮层。木栓层、木栓形成层和栓内层合称周皮。周皮代替表皮起保护作用。

由于木栓层不透气、不透水，在周皮形成过程中，原来表皮气孔的部位，由木栓形成层产生大量的疏松细胞组成疏松而淡色的组织，叫作补充组织。由于补充组织的不断产生，组织膨挤，突破周皮形成皮孔。当周皮代替表皮起保护作用的时候，皮孔也就代替气孔发挥作用，以保证茎内外气体交换的正常进行。

木栓形成层的寿命一般只有几个月。当木栓层细胞壁栓化增厚以后，木栓层以外的组织因水分养料的供应中断而死亡。到下一个生长期，周皮的内方再形成新的木栓形成层，产生新的周皮。由于形成层和木栓形成层的不断活动使植物茎不断增粗，随着茎不断增粗生长，新的周皮代替已经老化、破裂的周皮的过程也在不断进行。随着植物茎干的不断增粗，已经老化、破裂的周皮的层数就越多。有的已经开裂的老周皮会剥落，有的老周皮开裂后不剥落，构成树皮的一部分。人们习惯于把木材以外的部分称为树皮，这是因为周皮与韧皮部紧密相连，易于在形成层处剥离。实际上，这一部分除了真正的树皮即多层老周皮与新生的周皮之外，还包括韧皮部。也有的将真树皮叫外树皮，将韧皮部叫内树皮，但严格来讲，韧皮部不属于树皮范畴。

由于植物的种类不同，周皮开裂的形状也不同。如柳、侧柏、枫香等纵裂；毛白杨、桃树等为横裂；悬铃木、白桦、白皮松等为片状剥落。通常根据不同树种周皮开裂的形状，作为识别树木的一种重要标志。

双子叶植物茎的发育过程如图1—64所示。

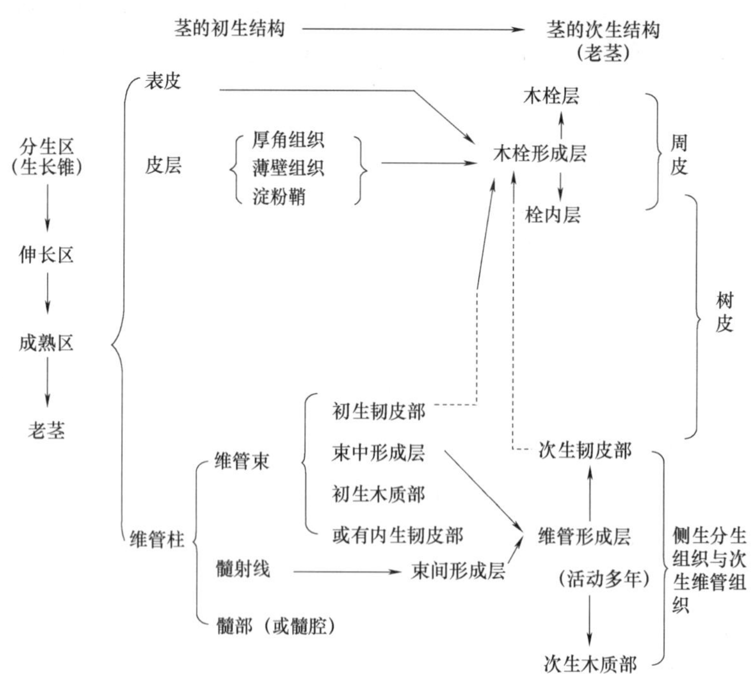

图1—64　双子叶植物茎的发育过程

4. 裸子植物茎结构的特点

裸子植物都是木本植物。裸子植物茎的结构与木本双子叶植物茎的结构很相似，均有发达的次生结构，具有形成层和木栓形成层以及由它们分裂形成的次生木质部、次生韧皮部和周皮等。但是，裸子植物茎的结构又不完全相同于双子叶木本植物茎的结构，而有自己的特点。裸子植物茎结构有以下特点：

第一，木质部中无导管和木纤维，木薄壁细胞也很少。整个木质部主要由管胞组成。管胞既是裸子植物的输导组织，又是机械组织。

第二，韧皮部主要由筛胞和薄壁细胞组成，没有筛管和伴胞，韧皮薄壁组织不多，韧皮纤维很少或没有。

第三，大多数裸子植物具有树脂道。树脂道是一种由一层或多层上皮细胞包围而形成的长管构成。上皮细胞能分泌树脂，送入树脂道，然后再由树脂道输送出去。树脂道有纵行的和横行的。树脂有堵塞伤口、防寒及防止病虫害的作用。树脂又是重要的医药和工业原料。

5. 单子叶植物茎结构的特点

单子叶植物茎尖的结构与双子叶植物茎尖的结构是相同的，但对于发育成熟的茎，结构又不同了（见图1—65）。

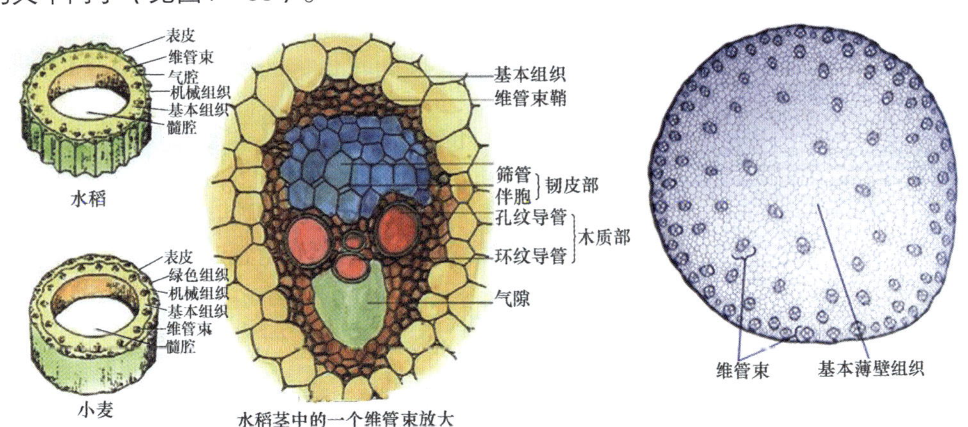

图1—65　单子叶植物茎的构造

第一，单子叶植物茎内一般只有初生构造而没有次生构造。其维管束内无形成层，属于有限维管束。茎的增粗大多是依靠细胞体积的增大来实现的，如毛竹的粗细在笋期已经定型了。有少数单子叶植物也能产生次生组织使茎增粗，如棕榈、丝兰等。但它们的增粗方式与双子叶木本植物完全不一样，是在茎外方的基本组织中产生一圈次生分生组织（活动期很有限），向外产生少量薄壁组织细胞，向内产生一圈基本组织，在这一圈组织中，有一部分细胞分化成次生维管束，这些次生维管束也是散生的，从而使茎增粗，但这种增粗很有限。

第二，单子叶植物茎内维管束的数目很多，散生在茎的基本组织中，在横切面上，靠近外方的维管束较小，分布较密。越靠近内方，维管束越大，分布越稀。每个维管束都有维管束鞘。

第三，单子叶植物茎的伸长生长，除了依靠茎尖的分生组织以外，在节基部的居间分生组织，也能使茎伸长生长，因而茎伸长速度较快。

第四，多数单子叶植物茎的皮层与髓的界线不明显，而禾本科的大多数植物的茎中，髓细胞消失，形成髓腔，使茎节间中空。

第三节　植物的叶

叶是植物制造营养物质的营养器官，与其他营养器官相比，具有巨大的表面积，这与其功能是相统一的，同时，它也是受环境影响最大的器官，所以其形态的变化也最大。

一、叶的功能及组成

叶扁平的形态和内部构造是对其功能的完美适应，使其能充分地接受光照进行光合作用和蒸腾作用。

1. 叶的生理功能

叶的基本功能是进行光合作用和蒸腾作用，维持其正常的生命活动。另外，叶还能实现部分的吸收、繁殖和储藏功能。

（1）基本功能

1）光合作用。叶是绿色植物进行光合作用的主要器官，植物通过光合作用制造生长发育所需的碳水化合物，并以此作为原料，合成各种糖、脂肪和蛋白质等有机物。光合作用的产物是人和动物直接或间接的食物来源，所释放的氧气又是生物生存的必要条件之一。

2）蒸腾作用。叶又是蒸腾作用的主要器官，蒸腾作用是根系吸水的动力之一，对矿质元素的吸收及其运输有利，还可降低叶面的温度，使叶免受日光的灼伤。

（2）其他功能

叶在实现其基本功能的同时，还兼具部分吸收、繁殖和储藏的功能。

1）吸收作用。叶片具有一定的吸收养分的作用，利用叶的这一特点，生产上在叶部进行根外追肥和喷施农药。

2）繁殖作用。落地生根、秋海棠等植物的叶柄或叶脉能产生不定芽进行繁殖。

3）储藏作用。有的植物的叶有储藏作用，尤其是有些鳞茎植物，如洋葱、百合等的肉质鳞片状叶。

2. 叶的组成

植物的叶一般由叶片、叶柄和托叶三部分组成。叶片是叶的主要部分，典型的叶片是绿色扁平体；叶柄连接叶片着生于茎上；托叶生于叶柄基部的两侧，其形状、大小随植物种类不同而异。具有叶片、叶柄和托叶的叶，称为完全叶（见图1—66），如桃、梨、月季等植物的叶。有的植物的叶缺少其中一部分或两部分，如不具有托叶或叶柄，或俱无，称为不完全叶，如山茶、羽衣甘蓝、万年青、荠菜、蓝桉等植物的叶；而无叶片的叶极少见，如我国台湾相思树的叶仅由叶柄扩展而成，称为叶状柄。不完全叶中以无托叶的最为普遍。

图1—66 完全叶

二、叶的形态

叶的形态是指植物叶的外形特征。叶的形态可以从叶序与叶质、单叶与复叶、叶片的形态三个方面加以描述。

1. 叶序与叶质

不同植物有各自叶的排列方式和叶片的质地，掌握叶序和叶质是认识植物的基本要求。

（1）叶序

叶在茎上的排列方式称为叶序（见图1—67），有互生、对生和轮生三种类型。互生叶序，每一节上只着生一枚叶；对生叶序，每一节上着生两枚叶；轮生叶序，每一节上着生三枚或多枚叶。无论哪种叶序，叶在茎节上着生的位置、方向不同，叶柄长短不一，且叶柄可以扭曲生长，使叶片之间交互排列，负载量平衡，减少相互遮盖，形成镶嵌式排列，有利于充分接受阳光照射，叶的这种排列特性称为叶镶嵌。而叶“簇生”或“基生”只是节间密集后上述三种叶序的特殊表现。

图1—67 叶序

a）互生叶序 b）对生叶序 c）轮生叶序

（2）叶质

由于构成叶片的细胞层数的多少、表皮细胞壁角质化程度及叶脉的排列方式的不同，叶的质地也各不相同。一般常见的叶质有以下类型：

1）革质。革质的叶片较厚，表皮细胞明显角质化，叶片坚韧、光亮，如女贞、香樟、广玉兰等。

2）草质。草质的叶片软，含水多，大多为草本植物的叶，如一串红、鸡冠花等。

3）纸质。纸质的叶片薄而柔软，含水少，多为木本植物的叶，如桃、杨、木槿等。

4）肉质。肉质的叶片肥厚，含水多，如景天属、伽蓝菜属等。

2. 单叶与复叶

在一个叶柄上只生一枚叶片的叶称为单叶。生有多枚小叶的叶称为复叶。复叶的叶柄称为总叶柄，其向前延伸段称为叶轴，叶轴上着生的许多叶称为小叶，小叶的叶柄称为小叶柄，叶片称为小叶片。根据小叶排列方式的不同，复叶又分为羽状复叶、掌状复叶、三出复叶和单身复叶四类。

（1）羽状复叶

小叶在叶轴上两侧排列成羽毛状的复叶称为羽状复叶。依小叶数目不同，羽状复叶又分为奇数羽状复叶和偶数羽状复叶。奇数羽状复叶是复叶上的小叶总数为单数，如紫藤、刺槐、文冠果等；偶数羽状复叶是复叶上的小叶总数为双数，如锦鸡儿、龙眼、荔枝、合欢等。羽状复叶又根据叶轴分枝与否，再分为一回、二回、三回及多回羽状复叶。一回羽状复叶，即叶轴不分枝，小叶直接着生在叶轴两侧，如月季、刺槐等；二回羽状复叶是叶轴分枝一次，再生小叶，如合欢、云实等；三回羽状复叶是叶轴分枝二次，再生小叶，如南天竹等；多回羽状复叶是叶轴多次分枝，再生小叶，如茴香等。

（2）掌状复叶

多枚小叶皆着生于总叶柄的顶端，小叶呈放射状排列的复叶称为掌状复叶，如七叶树。总叶柄分枝时，也可形成二回掌状复叶。

（3）三出复叶

叶轴上着生三枚小叶的复叶特称为三出复叶。如果三个小叶柄是等长的，称为掌状三出复叶，如橡胶树、红车轴草、酢浆草等；如果顶端小叶柄较长，就称为羽状三出复叶，如苜蓿、大豆等。

（4）单身复叶

外形像单叶，但两个侧生小叶退化成翅状，总叶柄与顶生小叶连接处有关节的复叶称为单身复叶，如柑橘、橙的叶，如图1—68所示，从左至右依次为奇数羽状复叶、掌状复叶、（下）偶数羽状复叶、三出复叶、单身复叶。

图1—68　复叶的类型

3. 叶片的形态

叶的组成中，以叶片的形态变化最大。为了正确描述叶片的形态，需从以下几个方面加以描述：

（1）叶形、叶缘、叶尖、叶基

叶片的大小和形状常因植物种类而异。以大小而言，长度可由几毫米到几米，如卷柏的叶细小，仅几毫米；而棕榈、香蕉的叶长达1～2 m；王莲的浮水叶，其叶片直径达2 m，叶面能荷重40～70 kg。而叶形的变化更大，叶形通常指叶片（含复叶的轮廓形状）的整体形状、叶缘特点、叶尖及叶基的形状以及叶脉分布式样。

1）叶形。叶形主要是以叶的长度与宽度的比例和最宽的部位来决定。叶的基本形状有线形、披针形、椭圆形、卵形、菱形、心形、肾形等。在叙述叶形时，还常把“长”“广”“倒”等字眼冠在前面，如长椭圆形、广卵形、倒卵形等。此外，还有其他形状，如圆形（莲）、扇形（银杏）、三角形（杠板归）、剑形（鸢尾）等。凡叶柄着生在叶片背面的中央或边缘内，不论叶形如何，均称其为盾形叶，如莲、旱金莲、天

苎葵的叶（见图1—69）。

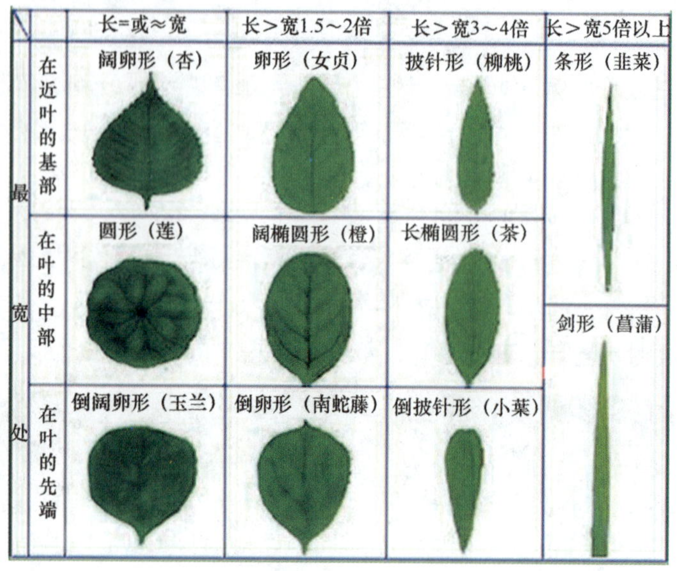

图1—69 叶片的基本形状

2）叶缘。在叶片生长时，边缘生长速度不均，结果出现不同形状的叶缘，如图1—70所示，从左至右依次为全缘、波状、芒齿、锯齿、重锯齿。叶缘有以下一些形状。

①全缘：叶缘平整，无任何缺刻，如玉兰、女贞、紫荆等的叶。

②波状：叶缘稍显凹凸而呈波纹状，如胡颓子、樟、郁金香等的叶。

图1—70 叶缘的基本类型

③齿状：叶缘凹凸不齐，裂成齿状，其中又有锯齿、重锯齿、牙齿、圆齿等各种形状。锯齿是叶缘有齿，齿端较尖、向上，又可分为细锯齿、粗锯齿和钝锯齿；重锯齿是大锯齿上又复生小锯齿，如日本樱花、榆叶梅等的叶；牙齿是锯齿两边等长，如荚蒾、苎麻等的叶；圆齿是齿端钝圆，齿向上或向下，如大叶黄杨、梨等的叶。

④缺刻：叶片边缘凹凸不齐，凹入和凸出的程度较齿状缘大而深。缺刻的形式和深

浅又有多种。依缺刻的形式可将缺刻分为羽状缺刻（裂片呈羽状排列）和掌状缺刻（裂片呈掌状排列）。依裂入的深浅程度可将缺刻分浅裂、深裂、全裂三种。浅裂的缺刻很浅，最深达叶片的1/2，如梧桐叶等；深裂是缺刻超过1/2，如荠菜叶；全裂的缺刻极深，可深达中脉或叶片基部，如羽叶茑萝、铁树等。因此，羽状缺刻和掌状缺刻都可以根据缺刻深浅再加划分，如图1—71所示，从左至右依次为（上排）二裂、掌状浅裂、掌状深裂、掌状全裂、（下排）三裂、羽状浅裂、羽状深裂、羽状全裂。

图1—71　叶的缺刻类型

3）叶尖。叶的先端主要有以下一些形状，如图1—72所示。

①芒尖：叶片先端渐细而尖如麦芒状，如一些禾草类植物有这类叶尖；

②卷须状：叶片先端渐细而尖如麦芒状并拳卷，如一些禾草类植物有这类叶尖；

图1—72　叶尖的类型

a）芒尖　b）卷须状　c）锐尖　d）倒心形　e）尾尖　f）尖凹　g）渐尖　h）钝形

③锐尖：叶片先端缩窄变尖成锐角，如木桃的叶；

④倒心形：叶片先端凹缺比二裂浅，二裂片圆，如酢浆草的小叶；

⑤尾尖：叶片先端渐细尖并弯向一侧，如梅花的叶；

⑥尖凹：叶尖圆而有不显著的凹缺，如黄檀、瓜子黄杨的叶；

⑦渐尖：叶尖较长，逐渐尖锐，如垂柳的叶；
⑧钝形：叶尖钝而不尖，或近圆形，如厚朴、大叶黄杨的叶；
⑨急尖：叶尖较短而尖，如女贞的叶；
⑩截形：叶尖如横切成平边状，如鹅掌楸的叶；
⑪短尖：叶尖具突然伸出的小尖，如紫穗槐、胡枝子的叶；
⑫微缺：叶尖具显著的缺刻，如苋、苜蓿的叶。

4）叶基。常见的叶基有下列形状，如图1—73所示。

图1—73　叶基的类型

a）楔形　b）渐狭　c）下延形　d）钝圆　e）截形　f）心形　g）偏斜形　h）箭形　i）耳形　j）戟形

①楔形：叶基状如楔子，即自叶片中部以下渐狭，如牡蒿、野山楂的叶；
②渐狭：叶片基部向叶柄基部渐渐缩狭，如圆叶椒草的叶；
③下延形：叶片基部沿叶柄向下延伸，无明显叶柄，如翠菊的叶；
④钝圆：叶片基部圆弧形，如横檀的小叶；
⑤截形：叶片基部轮廓近与叶柄垂直，如菱的叶；
⑥心形：如紫荆、黄槿的叶；
⑦偏斜形：叶基两侧不对称，如秋海棠、朴树的叶；
⑧箭形：二裂片尖锐下指，如慈姑的叶；
⑨耳形：叶基两侧的裂片呈耳垂状，如天目木姜子、狗舌草的叶；
⑩戟形：二裂片向两侧外指，如菠菜、旋花等的叶。

（2）叶脉及脉序

叶脉是由贯穿于叶肉内的维管束和其他有关组织组成，是叶内的输导组织和支持结构，叶脉通过叶柄与茎内的维管组织相连。叶脉在叶片上的分布规律称为脉序。脉序主要有平行脉、网状脉和叉状脉三种类型。

1）平行脉。平行脉是各叶脉大致平行排列，不交叉成网状，多见于单子叶植物中（见图1—74）。其中，各叶脉是自基部平行直达叶尖，称为直出脉或直出平行脉，如水稻、小麦、竹等的叶；侧脉自中脉横出至叶缘，彼此平行，称为侧出脉或侧出平行脉，如香蕉、芭蕉、美人蕉的叶；各叶脉自基部辐射而出，称为射出脉或辐射平行脉，如蒲葵、棕榈的叶；各叶脉自基部平行出发，但彼此逐渐远离，稍作弧状，最后在叶尖交汇，称为弧形脉或弧状平行脉，如玉簪、薯蓣的叶。

图1—74　平行脉

a）横出平行脉　b）直出平行脉　c）弧形平行脉　d）射出平行脉

2）网状脉。网状脉是叶脉由主脉分枝为侧脉，再由侧脉分枝为细脉，细脉联结成网状，是多数双子叶植物脉序的特征（见图1—75）。其中，具有一条明显的主脉，两侧分出许多侧脉，呈羽毛状排列，称为羽状网状脉，如苹果、枇杷、桉、夹竹桃等大多数双子叶植物的叶；由叶基分出多条主脉，形如掌状，主脉间又一再分枝，形成细脉，称为掌状网状脉，如悬铃木、蓖麻、葡萄、羊蹄甲等的叶；只抽出三条主脉的称为三出网状脉（简称三出脉），有基出和离基两种，如枣树、樟树等的叶。另有基部三主脉，形态上介于羽状脉与三出脉之间，从叶片基部看似三出脉，从叶片前半部看似羽状脉，如枳椇等的叶。

3）叉状脉。叉状脉序的叶脉似茎的二叉分枝，从叶基开始反复进行二叉分枝直至叶缘（见图1—76），如银杏树等的叶。这种脉序常见于蕨类植物，在种子植物中则少见。

图1—75　网状脉

a）羽状脉　b）掌状脉　c）基出三出脉
d）离基三出脉　e）基部三主脉

图1—76　二叉脉

（3）叶的其他特征

在描述叶的特征时，还要提及叶色和其是否有各种附属物。

1）叶色。叶色是指叶片的颜色。叶片的颜色一般为深浅不一的绿色，但也会出现其他的颜色，特别是园林植物，叶色是重要观赏内容，因此，园林植物有不同叶色的特别多。叶色有具有遗传性的固定的颜色，如红叶李的叶色全年呈暗紫红色，洒金东瀛珊瑚的叶面有黄斑，大叶黄杨有金心、金边、银边等品种。叶色有的是随季节变化的，如春季的新叶有暗紫红、淡黄色等，秋季落叶前的叶色会变成红色、红褐色、黄色、黄褐色等。

2）附属物。有的植物的叶表面有各种类型的毛、鳞片、疣状突起等附属物，而有的植物叶面光滑，无任何其他附属物。叶有无附属物也是叶的特征之一。此外，腺体虽不是附属物，是一种植物组织，但有时也会出现在叶上，这也是叶的特征之一。

综上所述，要完整地描述植物叶的形态，要从叶形、叶缘、叶尖、叶基、叶脉及其脉序、质地、颜色和附属物九个方面加以描述。

三、叶的变态

叶着生在植物的茎节上，是植物的重要营养器官，具有特定的生理功能，但由于长期适应环境条件变化的需要，某些植物的叶形态和功能也发生了变异，将这种现象称为叶的变态。依据变态叶功能的不同，可将叶变态分为以下类型：

1. 芽鳞

芽鳞是指着生在芽的外面包裹着幼芽的鳞片，它是由叶变态而来的。它的主要功能是保护幼芽不受干旱及寒冷气候的危害，减少病虫对芽的侵害。不同的植物种类其芽鳞的形状、色泽及鳞片的数目是不同的。

2. 苞片和总苞

生在花基部的变态叶称为苞片，如锦葵科的许多种花卉具有苞片等。花序基部的变态叶排成一轮至数轮，称为总苞，如壳斗科植物花基部的总苞（或称壳斗）、菊科植物花序下的苞片等。苞片和总苞具有保护花芽的作用，如图1—77所示，上左图为芽鳞；上右图为苞片，下图为总苞。

图1—77　芽鳞苞片及总苞

3. 叶刺

叶刺是指由叶全部或部分变成为刺。如仙人掌上的针刺、小檗短枝基

部的叶刺及刺槐的托叶刺等。它们具有防护和减少水分蒸腾的作用。

4. 叶卷须

一些攀缘植物的叶变成卷须，其功能是使植物借以攀缘在其他植物或物体上向上生长，以便更好地通风透光。如香豌豆羽状复叶先端的卷须、菝葜叶柄基部两侧的卷须（由托叶变态而成）等。

5. 捕虫叶

在许多酸性的湿生地或沼泽地带，土壤中缺少氮肥，生长在这些地区的植物为了适应环境，一部分叶发生了变态，变为适于捕捉小虫的形状，用以捕捉小虫来补充氮肥的不足，如猪笼草、捕蝇草、狸藻等。

6. 叶状柄

我国南方地区的相思树与金合欢等，它们的叶片退化，只有在幼树时期才有少数羽状复叶，植物长大后叶片消失，仅叶柄扩大成为叶片状，代替叶片的功能（见图1—78）。

图1—78　叶刺叶卷须叶状柄及捕虫叶

1，3—叶刺　2—托叶刺　4—托叶卷须　5—叶卷须　6—捕虫叶　7—叶状柄

7. 储藏叶

有些植物的叶变成储藏营养的结构，如百合、水仙、郁金香、石蒜等鳞茎上的叶，称为鳞片（见图1—79）。

图1—79 储藏叶（鳞片）

四、叶片的构造

叶片的构造与其光合作用和蒸腾作用的功能相适应。不同类群植物的叶片构造虽有差异，但都有表皮、叶肉和叶脉三部分基本构造。

1. 双子叶植物叶片的构造

双子叶植物的叶片多具有腹面（近轴面）和背面（远轴面）之分，腹面直接接受阳光照射，背面背光，内部结构相应也存在差异。叶片的结构分为表皮、叶肉和叶脉三部分（见图1—80）。

（1）表皮

表皮包被在整个叶片的外围，叶片腹面为上表皮，背面为下表皮。表皮一般由一层生活细胞构成，但有的植物的表皮由一层以上的细胞构成，称为复表皮，如橡皮树、夹竹桃等的叶片。在表皮细胞间还分布有气孔。有的植物的叶表面还会有表皮毛、腺毛等附属物。

表皮细胞一般为形状不规则的扁平体，垂周壁凹凸不齐，细胞之间紧密嵌合。外壁有角质层，有的植物在角质层外还有蜡被。角质和蜡质有节制蒸腾和防御病菌侵入的作用，还有折光性，以防止强光引起的灼伤。

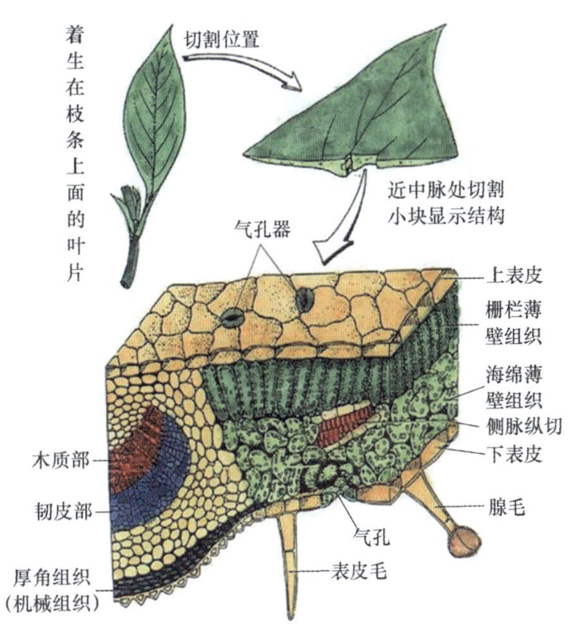

图1—80　双子叶植物叶片的构造

气孔是气体交换和水分出入的主要门户。气孔由保卫细胞和它们间的孔口组成，如果副卫细胞存在，那么副卫细胞与气孔共同组成气孔器。不同植物叶表皮的气孔数目、气孔与表皮细胞的相对位置、保卫细胞的大小和分布等均有不同。多数植物叶下表皮有气孔100～300个/mm^2，一般草本双子叶植物下表皮气孔数目多于上表皮；有些植物的气孔仅存在于下表皮；一些水生植物浮水叶气孔则只存在于上表皮。同一植物，叶位越高，单位面积气孔数越多而保卫细胞越小；同一叶片，叶尖、叶缘的气孔密度较大。多数植物叶片上气孔与表皮细胞的位置处于同一平面，而旱生植物的气孔位置下陷，湿生植物的气孔位置隆起。沉水叶无气孔。

（2）叶肉

叶肉是叶的主要部分，主要由同化组织构成，有的植物还可能有分泌腔、含晶体的异细胞及石细胞等。由于叶片两面受光的影响不同，叶肉又分化为栅栏组织和海绵组织两种类型。

栅栏组织一般靠近上表皮，细胞呈长柱形，与表皮垂直，具有细胞间隙，但排列较紧密，因此表面积较大，细胞层数为1～4层，因植物而异。由于栅栏组织处于接受光的最适位置，细胞的形态与排列使单位体积上容纳的细胞数量多，叶绿体多，叶绿体又根据光的强弱进行运动，这些结构特性均与光合作用密切相关。

海绵组织一般靠近下表皮，细胞内叶绿体较少，细胞形状不规则，细胞常形成短臂突起，相互连接形成较大的细胞间隙，构成曲折、连贯的通气系统。将气孔内方较大的空隙称为气孔下室。

根据叶肉细胞的分化与分布不同，叶有两面叶与等面叶之分。两面叶的叶肉中有栅栏组织和海绵组织的分化，但栅栏组织位于上表皮下方，因此，叶片腹面颜色深而背面颜色较浅；等面叶叶肉中没有栅栏组织和海绵组织的分化，或虽有分化但栅栏组织分布于叶片的上、下表皮内方，故叶片的颜色无背、腹之分。

（3）叶脉

叶脉为网状脉，由主脉、侧脉和各级细脉组成，细脉彼此交织成网状。在主脉及较大侧脉的维管束周围还有薄壁组织和厚角、厚壁组织。

主脉和较大的侧脉有一个或几个埋于基本组织中的维管束，木质部位于近腹面，韧皮部位于远腹面，中间有活动极微弱的形成层。维管束的周围具有含叶绿体少的薄壁组织，上、下表皮内方还有厚角组织或厚壁组织起机械支持作用，机械组织在背面尤为发达，故使主脉和较大侧脉在远轴面向外隆起。

叶脉越分枝，结构越简单，形成层逐渐消失，机械组织渐少至消失，维管组织的组成分子种类和数量也渐次减少。维管束外围形成一层或几层排列紧密的细胞，称为维管束鞘，它由薄壁细胞或厚壁细胞组成，维管束鞘由小叶脉一直延伸到叶脉末梢，使脉梢的维管组织很少暴露在叶肉细胞间隙中。

2. 禾本科植物叶片的构造

禾本科植物的叶片也由表皮、叶肉和叶脉三部分组成。叶片一般斜向上举，两面接受光照情况相仿，为等面叶。禾本科植物叶片构造如图1—81所示。

（1）表皮

表皮细胞由一种近矩形的长细胞和两种短细胞——栓细胞和硅细胞组成。长细胞的长轴与叶片纵轴平行，垂周壁以细的波纹与相邻细胞壁镶嵌，数行长细胞与一行短细胞相间排列，或是一个长细胞和两个短细胞交互排成长列。上表皮相邻两条平行叶脉之间有泡状细胞，细胞长轴与叶脉平行，常5～7个细胞为一组，中间的最大，两侧的依次渐小，横切面上状如扇形，所以这些细胞又称为扇形细胞。泡状细胞为体积较大的薄壁细胞，且垂周壁薄，液泡大，大旱时极易因失水而引起叶片向腹面卷曲，从而可缩小蒸腾面积，降低蒸腾量；当空气湿度升高，蒸腾强度降低时，叶片恢复平展，故又称其为运动细胞。表皮细胞外壁除有角质、蜡质外，常硅质化，以增加叶的硬度。

气孔器由两个哑铃形的保卫细胞和两个近似菱形的副卫细胞以及气孔和气孔下室构成。哑铃形细胞的两端呈球形，壁薄；中间伸直的部分壁厚。当保卫细胞吸水时两端球形部分膨大，气孔开放；细胞失水时，两端收缩，气孔关闭。在上、下表皮均有数量相近、与叶脉平行排列的气孔器分布。

（2）叶肉

叶肉组织比较均一，没有栅栏组织与海绵组织的分化，细胞呈长形、球形或无规则

形。细胞间隙较小，在气孔的内方有较大的细胞间隙，即孔下室。细胞壁向细胞腔内形成折叠，叶绿体沿折叠的壁排列。

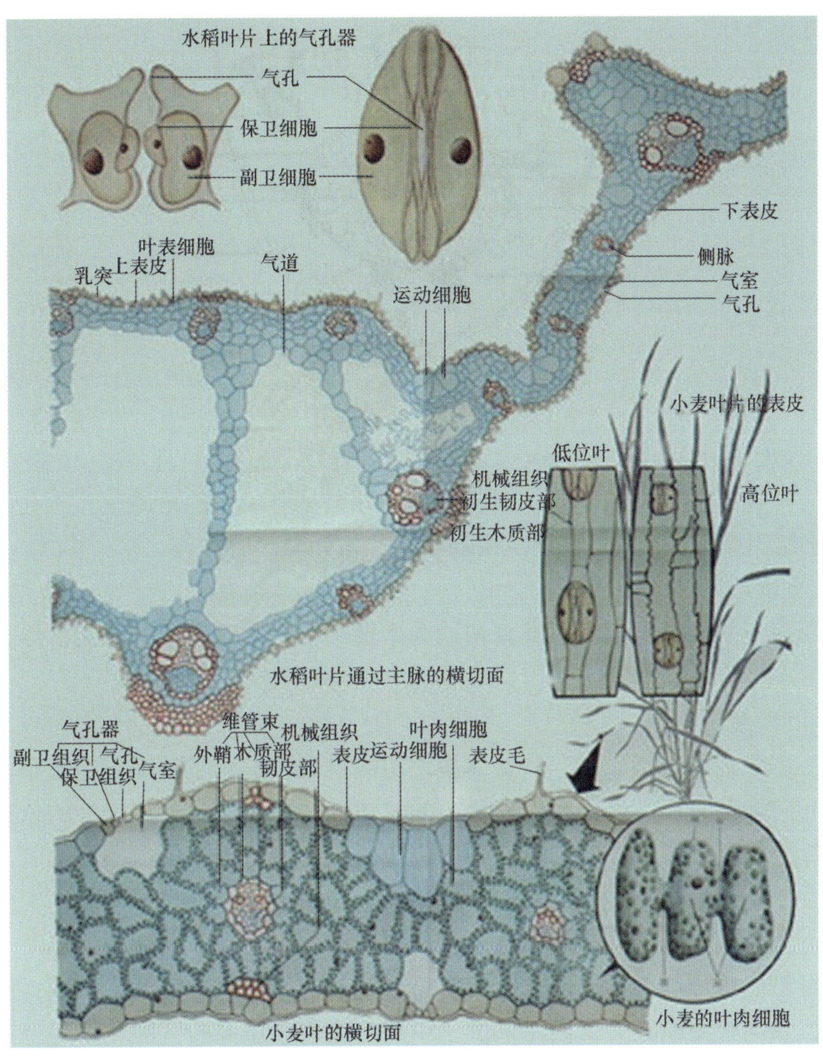

图1—81 禾本科植物叶片的构造

（3）叶脉

叶脉为平行叶脉，即主脉与两侧的粗脉及细脉呈纵向平行排列，各纵向脉之间有横向细脉相连。主脉和粗脉与表皮之间有发达的纤维细胞，且维管束也为纤维细胞所包围，构成维管束鞘，而细脉的维管束鞘由1～2层薄壁细胞构成。

3. 裸子植物叶片的构造

裸子植物的叶多是常绿的，少数如银杏、落叶松等是落叶的。裸子植物的叶常呈针

形、短披针形或鳞片状。以松树的针叶为例，其结构分为表皮、下皮层、叶肉组织及维管组织四部分（见图1—82）。

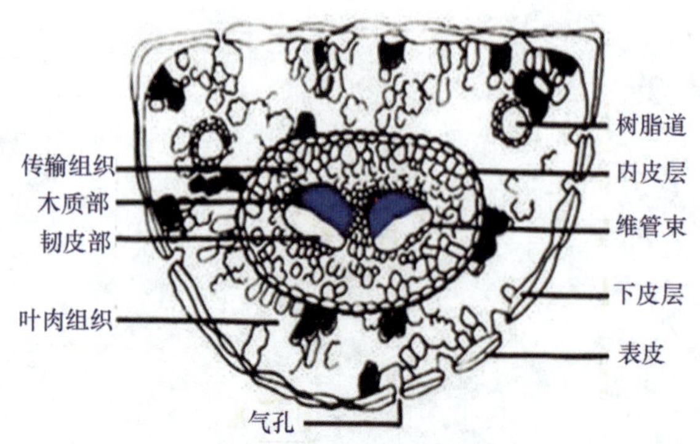

图1—82　松树叶的构造

（1）表皮

表皮为一层细胞，细胞壁厚，细胞腔小，外壁具有较厚的角质膜。气孔器呈纵向排列，保卫细胞下陷至表皮内方的下皮层部位，并被副卫细胞拱盖。

（2）下皮层

下皮层有一层至几层细胞，发育初期为薄壁细胞，后来逐渐木质化，形成硬化厚壁组织。

（3）叶肉组织

叶肉细胞壁内陷成褶皱状，叶绿体多沿边缘排列，扩大了叶绿体的分布面积，叶肉细胞间或叶肉外侧有树脂道分布，其分布的位置和数目可作为鉴定物种的依据之一。树脂道是由外层的鞘细胞和内层的上皮细胞构成的裂生型管道，仅由上皮细胞分泌树脂于管道内。

（4）维管组织

围绕维管组织周围有内皮层，由一层排列紧密的弦向长方形细胞组成，细胞壁薄，内含淀粉粒。维管组织呈一束或两束位于中央部位，木质部的管胞与木薄壁细胞有规则地排列成辐射状的行列。维管束被一种特殊组织——传输组织所包围，该组织由管胞和薄壁细胞构成，靠近维管束的管胞横向伸长，壁较薄，少木质化，远离维管束的管胞与薄壁细胞形状相似，管胞的这种变形与传输组织处在叶肉组织与维管束之间起物质交换作用相关。

五、叶的衰老与落叶

叶生长一段时间后其功能就会衰退，直至从茎上脱落，这是植物生命活动中的正常新陈代谢。叶在脱落之前先要经历衰老的过程。

1. 叶的衰老

叶有一定的生活期，一般都短于植物的寿命。叶生活期的长短，各种植物不同。多年生木本植物，如杨、柳、榆、槐、悬铃木、麻栎、桃、水杉等的叶只能生活一个生长季，在冬季来临时便全部脱落，这种树木称为落叶树；而山茶花、桂花、广玉兰、黑松、龙柏、女贞的叶可生活一年至几年，其叶在植株上次第脱落，因而全树终年有叶，称为常绿树。

叶在结束生活期而脱落之前，要经历衰老的变化。叶衰老时有如下变化：随着叶内叶绿素减少和叶绿体蛋白质的分解，叶色逐渐变黄；叶内细胞间隙增大，使水分渐趋不足，叶片易萎蔫，叶片气孔关闭也较健壮叶早，光合作用效率下降；叶内可溶性蛋白质和同化产物向叶外运转量均逐渐降低，因为筛管中胼胝质增加，甚至堵塞筛孔。

叶的衰老，就整株而言，是向顶进行的；就单叶而言，则因植物类群而异。双子叶植物大多由叶基向叶尖进行，禾本科植物则由叶尖向叶基进行。

2. 叶的脱落

叶经历衰老的变化后即死亡、脱落。大多数植物落叶的原因与叶柄中产生离层有关。叶脱落前，叶柄基部的一些细胞进行分裂，形成由几层小型薄壁细胞组成的离区，之后不久，该细胞群的胞间层黏液化，组成胞间层的果胶酸钙转化为可溶性的果胶和果胶酸，而使离区的细胞彼此分离形成离层，有的植物还伴有离区部分细胞壁甚至整个细胞的解体。在离层形成的同时，叶逐渐枯萎，经风吹雨袭的外力作用，叶便自离层处脱落。脱落前，紧接离层下的几层细胞栓质化（有时还有胶质、木质等沉积于这些细胞壁和胞间隙），形成保护层。有的植物还在断痕处形成与茎的周皮相连接的周皮。

第四节　植物的花、果实和种子

植物的生长包括营养生长和生殖生长两个阶段。当被子植物的种子萌发后，首先是根、茎、叶等营养器官的生长，即营养生长。经过一定时间的营养生长后，便转入生殖生长，即在植物体的一定部位分化出花芽，然后开花、传粉、受精、形成果实和种子。

营养生长和生殖生长是植物生长周期的两个不同阶段，营养生长是生殖生长的基础，生殖器官所需的物质绝大部分为营养器官所提供。只有在根、茎、叶发育良好的基础上和所需的外界条件配合下，花芽才能顺利分化，以至开花、结果，许多植物进入生殖生长后仍有营养生长，多年生植物常以年为周期交替进行营养生长和生殖生长。营养生长转入生殖生长是植物生长发育的重要转变。

一、植物的花

花是被子植物为适应繁殖后代，延续种族而进化产生的繁殖器官。植物经开花、传

粉、受精、子房发育，形成果实和种子，实现种族的延续。

1. 花的组成

所谓花是由节间极度缩短而叶变态成为花的各个组成部分，以适应生殖功能的变态枝条。一朵典型的花由花柄、花托、花萼、花冠、雄蕊群和雌蕊群组成（见图1—83）。花托上有密集的节，变态叶呈几轮排列在花托上。外面两轮变态叶是花的包被部分，构成花萼和花冠，总称为花被。花的内两轮变态叶构成雄蕊群和雌蕊群，具有生殖作用，是花的重要组成部分。

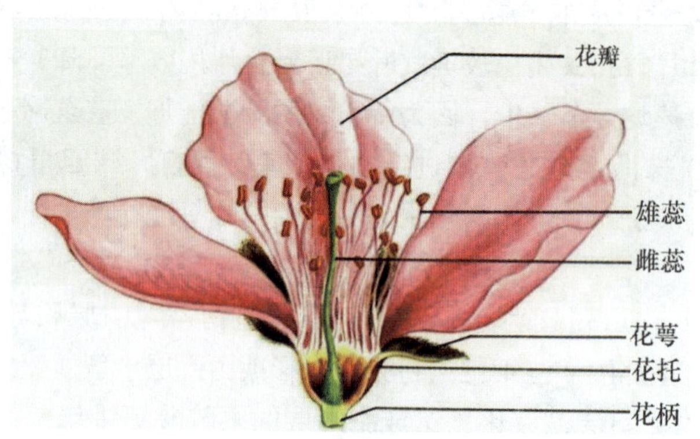

图1—83　花的组成

（1）花柄和花托

花柄也称为花梗，是连接花与茎的小柄，其结构与茎相似。花柄主要起支持花的作用，也是各种营养物质由茎向花输送的通道。花柄的长短粗细随植物种类而不同，有些植物的花柄很短，有些甚至没有花柄，有的在花柄上生有变态叶，称为苞片。果实形成时，花柄成为果柄。

花托位于花柄顶端，形状随植物种类而异，通常为花柄顶端略为膨大的部分，也有显著膨大而呈各种形状的。例如，玉兰的花托呈圆柱状；草莓的花托呈圆锥状并肉质化；莲的花托呈倒圆锥状，俗称莲蓬；桃的花托呈杯状；梨的花托呈壶状与花萼、心皮贴生，形成下位子房。

（2）花被

花被是花萼和花冠的总称。花萼和花冠俱全的称为双被花；有些植物的花被虽也有两轮，但它们的颜色和形态大致相同，被称为同被花，其每一瓣片称为被片（或花被片），如百合、白兰等；有些植物的花缺少花萼或花冠，称为单被花，如桑、荞麦等；还有一些植物花萼和花冠均缺，称为无被花，如杨、柳、乌桕等。花被有保护雌、雄蕊的作用。

1）花萼。花的最外一轮变态叶总称为花萼，其每一被片称为萼片。萼片结构与叶相

似，通常呈绿色，可进行光合作用。有些植物的萼片大而且具有色彩，类似花瓣，如海州常山等，有吸引昆虫传粉的作用；有些植物的花萼基部向外侧延伸形成细小中空的短管，称为距，如凤仙花、旱金莲等；有些植物在花萼外面还有一轮萼状变态叶，称为副萼，如棉花、木槿、草莓等。

①离萼与合萼。花萼按萼片是否分离有离萼与合萼两类。离萼萼片彼此完全分离，如羽衣甘蓝、桃等。合萼萼片之间多少合生，彼此连合成整体，其基部连合的部分称为萼筒，上部分离的部分称萼裂片，如一串红、杜鹃花等。

②早落萼、落萼与宿存萼。花萼按萼片是否脱落有早落萼、落萼与宿存萼三类。花萼通常早于花冠脱落，或花后与花冠一起脱落，称为早落萼，如桃、梅等。萼片和花冠一起脱落称为落萼，如油菜、桃。但也有些植物的花萼花后留存直至果实成熟并随之增大，称为宿存萼，如茄、柿、石榴、棉花等。有些植物的花萼变成冠毛，有助于果实的散布，如蒲公英等。

③整齐萼与不整齐萼。花萼按萼片的大小分为整齐萼与不整齐萼两类。前者萼片的大小、形态相同，如月季、倒挂金钟等；后者萼片的大小、形态不相同，如一串红等。

2）花冠。花冠是花的第二轮变态叶的总称，其每一被片称为花瓣。花瓣通常比萼片大。很多植物的花瓣，由于细胞含有花青素或有色体而呈现各种颜色。花瓣表皮细胞常含各种挥发油，使花冠散发出各种特殊香气。花冠是花的最显著部分，除具有保护雌蕊、雄蕊的作用外，它的色彩和香气还具有吸引昆虫帮助传送花粉的作用。

①离瓣与合瓣。花冠按花瓣分离结合情况分为离瓣和合瓣两种类型。离瓣花冠的花瓣彼此完全分离，这种花也称为离瓣花，如樱花、桃、广玉兰等。合瓣花冠的花瓣下部合生或全部合生，合生部分称为花冠筒，上端分离的部分称为花冠裂片，这种花也称为合瓣花，如牵牛花、杜鹃花等。

②整齐花冠与不整齐花冠。花冠按经花朵的中心有几个对称轴分为整齐花冠和不整齐花冠两类（见图1—84）。整齐花冠又称为辐射对称花冠，花冠经花朵的中心有两个以上对称轴，如油菜花、桃花等；不整齐花冠又称为两侧对称花冠，花冠经花朵的中心只有一个对称轴，如一串红、金银花、杜鹃花等。

整齐花冠有以下类型：十字花冠，即花冠由四枚分离的花瓣组成，两两相对地排列成十字形，为十字花科植物特有的花冠类型；石竹花冠，即花冠由五枚分离的花瓣组成，花瓣上部平展，下部具有细长的柄（称为爪），二者几成直角，如石竹等；筒状花冠，即也称为管状花冠，花冠呈筒管状，先端五浅裂，如菊科植物头状花冠中央的两性花等；漏斗状花冠，即花冠先端不裂，下部管状，上部逐渐扩大成漏斗状，如牵牛花等；钟状花冠，即花冠先端浅裂，中部多少扩大，如桔梗、金钟花等；高脚碟状花冠，即花冠下部细长管状，上部水平展开，如水仙、长春花和迎春花等；坛状花冠，即花冠筒膨大呈卵形或球形，上部收缩成一短颈，然后略扩张成一狭口，如石楠等；辐状花冠，也称为轮状花冠，花冠筒甚短而广展，裂片由基部向四周扩展形如车轮状，如龙葵、茄、辣椒等；蔷薇花冠，即花冠由五枚分离的花瓣组成，瓣无爪，如月季等。

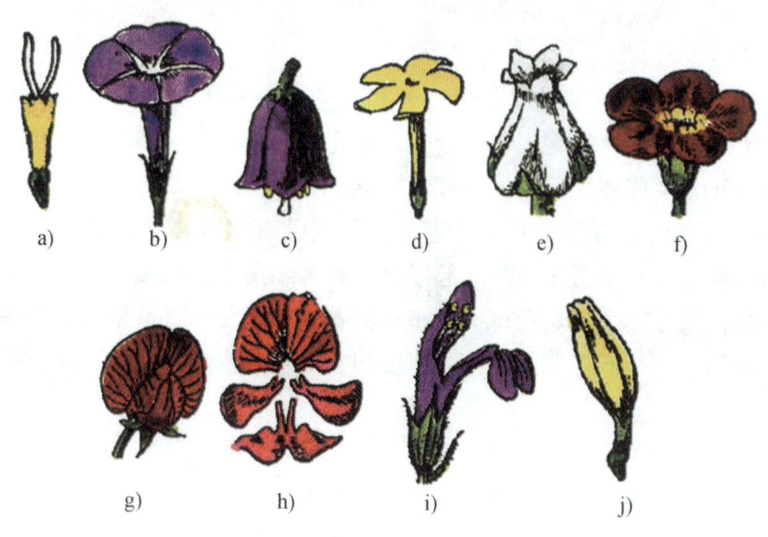

图1—84　花冠的类型

a）筒状　b）漏斗状　c）钟状　d）高脚碟状　e）坛状　f）辐状　g）～h）蝶形　i）唇形　j）舌状

注：图1—84a～f为整齐花冠的个别类型，图1—84g～j为不整齐花冠的个别类型

不整齐花冠有以下类型：蝶形花冠，即花冠由五枚分离的花瓣组成，最上一瓣为旗瓣，侧面两瓣为翼瓣，最下两瓣为龙骨瓣，如紫藤等；有距花冠，即花冠由分离的花瓣组成，其中有一枚花瓣基部向下伸长成囊状（称为距），如三色堇等；唇形花冠，即花冠先端裂成上下唇，一般上唇二裂，下唇三裂，如一串红等；舌状花冠，即花冠呈管状，先端展开成平面似舌，并具有五齿裂，如菊科植物头状花序的缘花等。

（3）雄蕊群

一朵花中所有的雄蕊总称为雄蕊群。雄蕊位于花冠以内，一般着生在花托上，也有的其基部与花冠愈合，因而着生在花冠上。雄蕊由花丝和花药两部分组成。花丝是支持花药的小柄，其粗细长短随植物种类而异，花药是位于花丝顶端膨大成囊状的部分，是产生花粉的部位。雄蕊数目随植物种类而不同，有些植物雄蕊无定数而且很多，如桃、山茶花、昙花等；有些植物雄蕊较少且数目一定，如百合、水仙雄蕊6枚、毛白杜鹃雄蕊10枚、报春花雄蕊5枚等。雄蕊有离生与合生之分，如桃的雄蕊离生，而山茶花的雄蕊合生。一些植物的雄蕊非常有特点，是植物分类的重要依据。如图1—85所示，从左至右依次为（上）二强雄蕊、四强雄蕊、聚药雄蕊、（下）单体雄蕊、二体雄蕊、多体雄蕊。

图1—85　雄蕊类型

1）四强雄蕊。一朵花中有6枚分离的雄蕊，其中有4枚较长，2枚较短，是十字花科植物的特征。

2）二强雄蕊。一朵花中有4枚分离的雄蕊，其中2长2短，唇形科植物有此特征。

3）聚药雄蕊。一朵花中的雄蕊其花丝分离，而花药却连合在一起，如向日葵等。

4）单体雄蕊。一朵花中雄蕊多数，且所有雄蕊的花丝连合在一起，形成一个圆筒，雌蕊从雄蕊筒内伸出，是锦葵科植物的特征。

5）二体雄蕊。一朵花中的雄蕊连合成两组，最常见的是豆科蝶形花亚科的许多植物，雄蕊10枚，其中9枚连合，而1枚分离，形成二体雄蕊。

6）多体雄蕊。雄蕊多数，花丝连合成数组，如金丝桃的雄蕊连合成5组等。

（4）雌蕊群

一朵花中所有雌蕊总称为雌蕊群，但多数植物的花只有一枚雌蕊。雌蕊位于花的最中央。从来源上讲，雌蕊可由一个或多个心皮卷合而成。心皮是构成雌蕊的基本单位，是具有生殖作用的变态叶。发育完全的雌蕊由子房、花柱和柱头三部分组成。子房是雌蕊基部膨大的部分，内藏胚珠；花柱是子房顶端一条或数条较细长的部分；柱头是花柱顶端扩展成各种形状的部分，用以接受花粉。

1）子房的位置。根据雌蕊子房与花托的相对位置不同，有子房上位、子房下位和子房半下位之分。所谓子房上位是指子房仅基部与花托结合，其中，花的其他部分着生位置低于子房基部的称为下位花，花的其他部分着生位置高于子房基部的称为周位花。所谓子房下位是指子房壁与花托完全结合，只留花柱和柱头突出在花托外面，花的其他部分着生在子房上方的花托边缘上，这样的花称为上位花。所谓子房半下位是指子房下半部与花托结合，花的其他部分着生在子房上半部的周围，这样的花也称为周位花（见图1—86）。

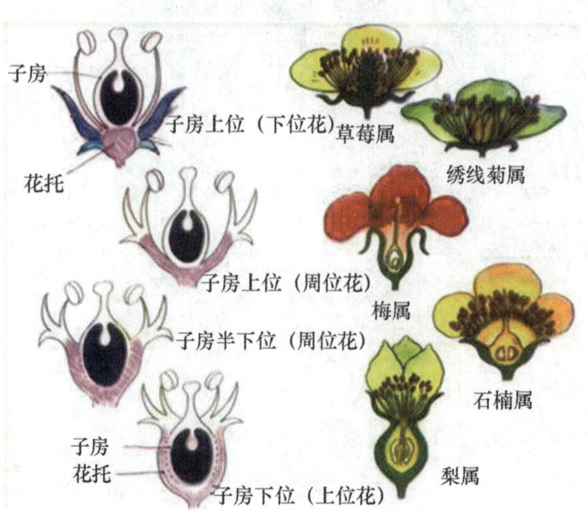

图1—86 子房的位置

2）雌蕊的种类

①单雌蕊：一朵花中的雌蕊只由一枚心皮所构成，称为单雌蕊，如紫藤、槐树等。

②离生单雌蕊：一朵花中的雌蕊由若干个彼此分离的心皮组成，称为离生单雌蕊，如玉兰、莲、草莓等。

③复雌蕊：一朵花中的雌蕊由两个或两个以上的心皮组合而成，称为复雌蕊，如桂竹香、山楂、苹果等（见图1—87）。

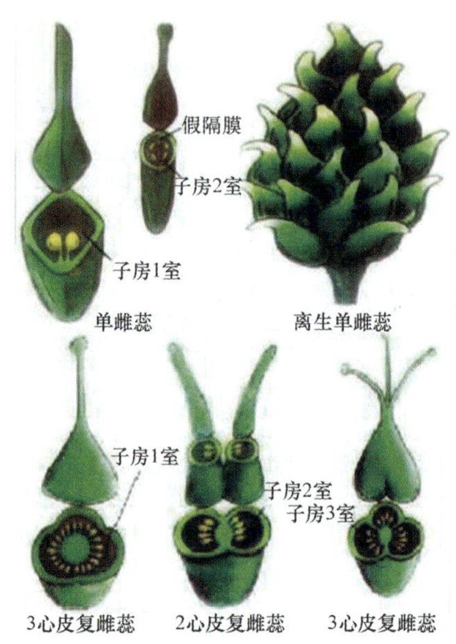

图1—87 雌蕊的种类

以上分别叙述了雄蕊和雌蕊的组成，对于不同的植物来讲，雄蕊和雌蕊存在的情况是不同的。如果雄蕊和雌蕊均有，称为两性花，如桃花等；有的植物的花仅有雄蕊和雌蕊之一，称为单性花，其中，只有雄蕊的叫作雄花，只有雌蕊的叫作雌花，如杨柳科、山毛榉科的植物的花就是这种类型。更有一些植物，其花中的雄蕊和雌蕊均已退化，即没有了雄蕊和雌蕊，这样的花称为中性花或不孕花，如八仙花、木绣球等。

2. 花序

花可以单生于枝顶或叶腋部位，如玉兰、牡丹、桃等，称为花单生。但大多数植物的花，密集或稀疏地按一定排列顺序着生在特殊的总花柄上。花在总花柄上有规律的排列方式称为花序。花序的总花柄或主轴称为花序轴，花序轴亦称为花轴，可以分枝或不分枝。花序中没有典型的营养叶，有时仅在每朵花的基部形成一个小的苞片。有些植物的花序，其苞片密集组成总苞，位于花序的最下方，如菊科植物的花序等。花序中的每一朵花称为小花。花序可分为无限花序和有限花序两大类。

（1）无限花序

无限花序在开花期，花序的花轴（主轴）可继续向上生长、伸长，并不断产生花芽，所以也叫作单轴花序。开花顺序是花轴基部的花最先开放，然后向顶端依次开放。如果花轴缩短，各花密集，则花从边缘向中央依次开放。无限花序依据总花柄的特征及小花柄的有无和小花的性别，可分为下列类型：

1）总状花序。总状花序的花序轴单一、较长，自下而上生有近等长小花柄的两性小花，如羽衣甘蓝、紫藤等（见图1—88）。

2）伞房花序。伞房花序的花序轴较短，着生在花轴上的小花，小花柄自下而上渐短，各花分布近同一水平上，如梨、苹果、山楂等（见图1—89）。

图1—88　总状花序

图1—89　伞房花序

3）伞形花序。伞形花序的花序轴进一步缩短，各花自轴顶生出，小花柄等长，花序如伞状或球状，如五加、人参、君子兰、常春藤等（见图1—90）。

4）穗状花序。穗状花序的花序轴直立、较长，其上着生许多无柄的两性小花，如车前、马鞭草等（见图1—91）。

5）柔荑花序。柔荑花序的花序轴上着生许多无柄或近无柄的单性小花，如杨、柳、枫杨、栎等（见图1—92）。

图1—90　伞形花序

图1—91　穗状花序

图1—92　柔荑花序

6）肉穗花序。肉穗花序的基本结构与穗状花序相似，但花序轴膨大、肉质化，其上着生许多无柄的单性小花，外有苞片包裹，如玉米等。天南星科植物的肉穗花序的大型苞片似拱斗，先端细长下垂，称为佛焰苞，因而该科植物的肉穗花序特称为佛焰花序（见图1—93）。

7）头状花序。头状花序的花序轴缩短呈球形或盘状，上面密生许多近无柄或无柄的小花，苞片常聚集排成一轮至数轮，称为总苞，生于花序基部，如三叶草、蒲公英、向日葵、万寿菊等。也有将花序轴呈盘状的类型单列，称为蓝状花序（见图1—94）。

图1—93　肉穗花序

图1—94　头状花序

8）隐头花序。隐头花序的花序轴肉质，肥大并内凹成囊状，许多无柄单性小花隐生于囊体的内壁上，雄花位于上部，雌花位于下部。整个花序仅囊体前端留一小孔，可容昆虫进出以行传粉，是桑科榕属植物的特征（见图1—95）。

图1—95　隐头花序

上述花序的花轴均不分枝，是简单花序。还有一些无限花序的花轴分枝，每一分枝相当于上述的一种花序，故称为复合花序，其中总状花序、伞房花序、伞形花序、穗状花序可有复合花序，分别称为圆锥花序（或称为复总状花序），如紫藤、葡萄等；复伞房花序，如花楸属等；复伞形花序，如胡萝卜等；复穗状花序，如竹子、狗尾草等。

（2）有限花序

开花顺序是从花序顶端的花先开，基部的花后开，或者是花序中央的花先开，边缘的花后开，花序轴顶较早丧失顶端生长能力，不能继续向上延伸的花序叫作有限花序。有限花序的生长分化属合轴分枝式性质，常又称为聚伞类花序，有时也称为离心花序。有限花序依据总花柄一次分枝的数量不同，可分为下列不同类型：

1）单歧聚伞花序。单歧聚伞花序是花轴顶端的顶芽发育成花后，在它的下面的侧芽发育成枝继续生长，然后顶芽发育成花，再有侧芽生长，因而为一合轴分枝式的花序。如果各次分枝都从同一方向的一侧长出，最后整个花序成为卷曲状，称为卷伞花序，如附地菜、勿忘草等；如果各次分枝是左右相间长出，整个花序左右对称，称为蝎尾状聚伞花序，如唐菖蒲、委陵菜等（见图1—96）。

图1—96　单歧聚伞花序

a）蝎尾状花序　b）卷伞花序

2）二歧聚伞花序。二歧聚伞花序是顶花先形成，然后在其下方两侧同时发育出一对分枝，分枝顶端各形成花，以后分枝再按以上方法继续生出顶花和分枝的花序，如石竹、大叶黄杨等（见图1—97）。

图1—97　二歧聚伞花序

3）多歧聚伞花序。多歧聚伞花序是顶花下同时发育出三个以上分枝，各分枝再以同样的方式进行分枝，各分枝又自成一个小聚伞花序，如大戟等的花序（见图1—98）。

图1—98　多歧聚伞花序

4）轮伞花序。轮伞花序是对生叶的叶腋内各生一个多歧聚伞花序，当开花时的视觉效果似围着茎开着一轮一轮的花的花序，多见于唇形科植物（见图1—99）。

图1—99　轮伞花序

二、植物的果实和种子

经过开花、传粉和受精之后，在胚珠发育为种子的同时，花的各部分都发生显著的变化。花萼枯萎脱落或宿存，花瓣和雄蕊凋谢，雌蕊的柱头、花柱枯萎宿存或脱落，而子房却在传粉受精作用以及种子形成过程中所合成的激素的刺激下不断生长、发育、膨大成为果实，花柄则成为果柄。有些植物的果实单纯由子房发育而成称为真果，如柑橘、桃、合欢的果实。有些植物的果实除子房外还有花托、花萼，甚至整个花序都参与发育形成，这类果实称为假果，如苹果、梨、菠萝、瓜类等的果实。

1. 果实的来源和构造

花的子房发育成为果实。真果的结构比较单纯，外为果皮，内含种子。果皮是由子房壁发育而成的，可分为外果皮、中果皮和内果皮三层（见图1—100）。一般来说，外果皮较薄，常有气孔、角质层、蜡被和表皮毛等。中果皮和内果皮的结构与质地则因植物种类的不同而有较大的变化。桃、李、杏的中果皮主要由许多富含营养的薄壁细胞组成，成为果实中肉质多汁的可食部分，而其内果皮则由细胞壁增厚并高度木质化的石细胞组成坚硬的核。柚、柑的中果皮疏松，其中分布有许多维管束（俗称“橘络”），内果皮膜质，内表面分布有由表皮毛发育而成的多汁肉囊，为食用部分。

假果的结构相对真果较为复杂，除子房发育而成的果皮外，还有其他部分参与形成果实。如苹果、梨的食用部分主要是由花托和花萼愈合膨大而来，位于中心的小部分才是由子房发育形成的部分；南瓜、冬瓜等假果的食用部分主要为果皮，而西瓜的食用部分主要是胎座（见图1—101）。

图1—100　真果

图1—101　假果

2. 果实的类型

根据果实是由单花或花序形成，或以雌蕊的类型来分，可将果实分为单果、聚合果和聚花果三类。单果在植物界很普遍，如荚果、蒴果、瘦果等。聚合果是由一朵花中的许多离生单雌蕊聚生在花托上，发育后每一雌蕊形成一个小果，许多小果聚集在同一花托上，如莲、草莓、玉兰、八角、芍药、悬钩子等植物的果实（见图1—102）。聚花果是由整个花序发育成的果实，如菠萝的果实由许多花聚生在肉质花轴上发育而成；无花果的肉质花轴内陷成囊状，囊内壁上着生许多小坚果（见图1—103）。

果实的分类（见图1—104）主要还是根据果皮的性质及成熟后是否开裂来划分，分为肉果和干果两大类。

图1—102　聚合果

图1—103　聚花果

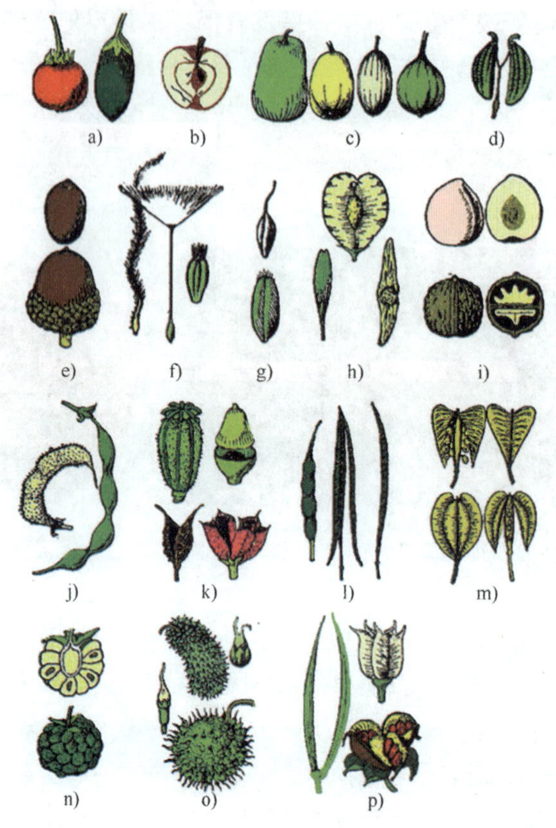

图1—104　果实的类型

a）浆果　b）梨果　c）瓠果　d）双悬果　e）坚果　f）瘦果　g）颖果　h）翅果　i）核果　j）荚果　k）蒴果　l）长角果　m）短角果　n）聚合果　o）聚花果　p）蓇葖果

（1）肉果

果实成熟时，肉质多汁，供食用的果实大部分是肉果。依据果皮来源和性质不同又可将果实分为以下三类。

1）浆果。浆果由一个或几个心皮形成，含一粒至多粒种子。外果皮薄，中果皮、内果皮和胎座均肉质化；浆汁丰富。如番茄、葡萄、柿、茄等的果实。

葫芦科植物的果实（瓜类）也是浆果，特称为瓠果。瓠果由3个心皮组成，果实的肉质部分是由子房和花托共同发育而成的，因而是假果。南瓜、冬瓜等的食用部分为肉质的中果皮和内果皮，西瓜的主要食用部分为发达的胎座。

柑橘类的果实也是一种浆果，称柑果，它由多心皮具中轴胎座的上位子房发育而成，外果皮厚，外表革质，内部分布许多油囊；中果皮较疏松，具有多分枝的维管束；内果皮膜质，分为若干室，向内产生许多多汁的汁囊，是食用的主要部分。

2）核果。核果是具有坚硬内果皮的一类肉果，通常由单雌蕊发育而成，内含一粒种

子。外果皮极薄，由表皮层和表皮下的几层厚角组织组成；中果皮厚，是肉质的食用部分，全由薄壁细胞组成；内果皮由石细胞构成硬核，如桃、梅、李、杏等的果实。椰子也是核果，但它的中果皮干燥无汁，呈纤维状，俗称椰棕；内果皮即为椰壳。

3）梨果。梨果是由多心皮的下位子房和花托愈合发育而成的一类肉质假果。外面很厚的肉质部分是原来的花托，肉质部分以内才是果皮部分。外果皮、花托以及和中果皮之间均无明显界线可分，内果皮木质化，较易分辨，如梨、苹果、山楂等的果实。

（2）干果

果实成熟时，果皮干燥，开裂或不开裂。根据心皮结构的不同，干果又可分为以下两类。

1）裂果。果实成熟时果皮开裂的干果称为裂果。裂果有以下几种类型：

①荚果。荚果是豆科植物特有的一种干果，由一个心皮发育而成。成熟时果皮沿背缝和腹缝两面开裂，如合欢、紫荆、刺槐等的果实。有些豆科植物的荚果比较特殊，如落花生、合欢的荚果在自然情况下不开裂；含羞草、决明、山蚂蟥等的荚果分节；槐树的荚果肉质呈串珠状；苜蓿的荚果呈螺旋状，边缘有齿刺。

②蓇葖果。蓇葖果由一个心皮发育而成，果实成熟时沿腹缝线（如牡丹、芍药、飞燕草等）或背缝线开裂（如木兰、辛夷等）。

③蒴果。蒴果由两个或两个以上心皮发育而成，每室含多数种子。蒴果是较普遍的一类果实，果实成熟时有几种裂开方式，常见的有室背开裂，即沿心皮的背缝裂开，如棉、百合、鸢尾、酢浆草等；室间开裂，即沿心皮相接处的隔膜裂开，如烟草、马兜铃、秋水仙等；室轴开裂，即果皮外侧沿心皮的背缝线或腹缝线相接处裂开，但中央的部分隔膜仍与中轴相连，如牵牛、曼陀罗、杜鹃花；周裂，即果实中上部环状横裂成盖状脱落，如马齿苋、车前；孔裂，即果实成熟时，每一心皮顶端裂一小孔，以散出种子，如罂粟、虞美人、桔梗、金鱼草的果实。

④角果。角果是十字花科植物特有的开裂干果，由二心皮的子房发育而来，子房一室，后来由心皮边缘合生处向中央生出假隔膜，将子房分隔为两室。果实成熟时，果皮处自下而上沿两腹缝线开裂成两片脱落，只留假隔膜，种子附于假隔膜上。例如，油菜、甘蓝、白菜的角果很长，称为长角果；荠菜、独行菜的角果短阔，称为短角果。

2）闭果。果实成熟时果皮不开裂的干果称为闭果。闭果有以下几种类型：

①瘦果。瘦果由1～3个心皮组成，内含一粒种子。成熟时，果皮革质或木质，容易与种皮分离。一心皮构成的瘦果如白头翁等的果实，二心皮瘦果如向日葵等的果实，三心皮瘦果如荞麦等的果实。

②颖果。颖果是禾本科植物特有的果实类型。果皮薄、革质，只含一粒种子，果皮与种皮紧密愈合而不易分离，如水稻、小麦、玉米等的果实。

③坚果。坚果的果皮坚硬木质化，内含一粒种子，如板栗等的果实。

④翅果。翅果（又称为具翅坚果），果皮坚硬木质化，一部分延伸成翅状，有利于果实的散播，如榆、白蜡、槭、枫杨等的果实。

⑤双悬果。双悬果是伞形科植物特有的果实类型，由两个心皮的子房发育而成两室。果实成熟时，子房室分离成两瓣，分悬于中央果柄的上端，种子仍包在心皮中，果皮干燥，但不开裂，如胡萝卜、茴香等的果实。

3. 种子的结构和类型

植物的种子虽形态各异，但都有共同的结构。根据子叶数量和胚乳有无种子分为四种类型：

（1）种子的基本结构

植物种类不同，其种子的形状、大小、颜色差异很大，但它们的基本结构都是相同的，即种子一般由胚、胚乳和种皮三部分组成，有的种子仅有胚和种皮两部分。

1）胚。胚是种子的最重要部分，新植物体就是由胚发育而成的。胚的各部分由胚性细胞组成，这些细胞体积小，细胞质浓厚，细胞核相对较大，具有很强的分裂能力。胚包括胚根、胚芽、胚轴和子叶四部分，是植物的雏形。

2）胚乳。胚乳是种子内储藏营养物质的场所，储藏物质主要是淀粉、脂类和蛋白质。种子萌发时，胚乳中的营养物质被胚分解、吸收和利用；有些植物的胚乳在种子发育过程中已完全被胚吸收，营养物质转储于子叶中，所以这类种子在成熟时已无胚乳。

3）种皮。种皮是种子外面的保护结构。种皮的厚薄、色泽和层数因植物的种类不同而异。成熟的种子在种皮上可见种脐、种孔和种嵴等结构。种脐是种子从种柄或胎座上脱落后留下的痕迹；种孔是原来的珠孔；种嵴位于种脐一侧（见图1—105）。

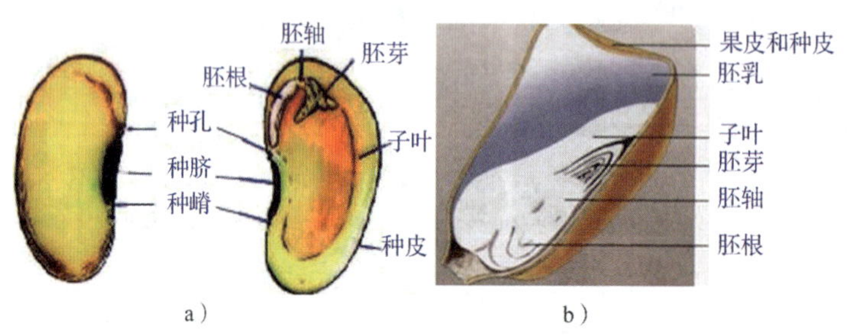

图1—105　种子构造

a）双子叶无胚乳种子　b）单子叶有胚乳种子

（2）种子的基本类型

根据成熟种子是否具有胚乳及子叶的数目，将被子植物的种子分为以下四种类型。

1）双子叶植物有胚乳种子。这类种子结构以蓖麻为例加以说明。蓖麻种子的外种皮坚硬、光滑，具有花纹，内种皮薄。种子的一端有类似海绵状的结构，叫种阜，是由外种皮延生而成的突起，有吸收作用。种孔被种阜覆盖，种脐紧靠种孔而不明显，在种子宽面的

中央有一长条隆起，为种嵴，其长度与种子几乎相等。剥去种皮，就可见到白色的胚乳，胚乳内含有丰富的油脂。胚包藏于胚乳之中，沿着种子宽面平行纵切，可见到两片大而薄的子叶，其上有明显脉纹。两片子叶的基部与胚轴相连，胚轴上方是胚芽，下方是胚根。

2）单子叶植物有胚乳种子。这类种子的基本结构以小麦为例加以说明。小麦籽实的外面，除包有较薄的种皮外，还有较厚的果皮与之愈合而生，二者不易分离，故小麦籽实称为颖果。小麦种皮以内绝大部分是胚乳。胚乳可分为两部分，紧贴种皮的是糊粉层，有高含量的蛋白质，其余绝大部分含淀粉。小麦的胚位于籽实基部的一侧，只占麦粒的一小部分，它是由胚芽（包括幼叶和生长锥）、胚芽鞘、胚根、胚根鞘、胚轴和子叶构成。一片子叶生在胚轴的一侧，形如盾状，称为盾片。盾片与胚乳交界处有一层排列整齐的上皮细胞，其分泌的植物激素能促进胚乳细胞的营养物质分解，并转移到胚供胚吸收利用。胚轴在与盾片相对的一侧有一小突起，称为外胚叶。玉米、水稻的籽实结构基本与小麦相似。

3）双子叶植物无胚乳种子（以大豆为例）。大豆种子的种皮光滑，其上面有一椭圆形深色斑痕，位于种子的一侧，为种脐。种脐一端有一小圆形的种孔，种脐另一端有一明显种嵴。大豆种子的胚具有两片富藏养料的肥厚子叶。胚轴上方为胚芽，夹在两片子叶之间，胚轴下方为胚根，其先端靠近种孔。种子萌发时，胚根由种孔伸出。

4）单子叶植物无胚乳种子。此类种子较少见，以慈姑为例加以说明。种子很小，包在侧扁的三角形瘦果内，每一果实仅含一粒种子，种子由种皮和胚两部分组成。种皮薄，仅有一层细胞，胚弯曲，胚根的顶端与子叶端紧紧靠拢，子叶长柱形，一枚，着生于胚轴上，基部包被着胚芽，胚根和下胚轴一起组成一段短轴。

果实、种子的发育及其基本结构如图1—106所示。

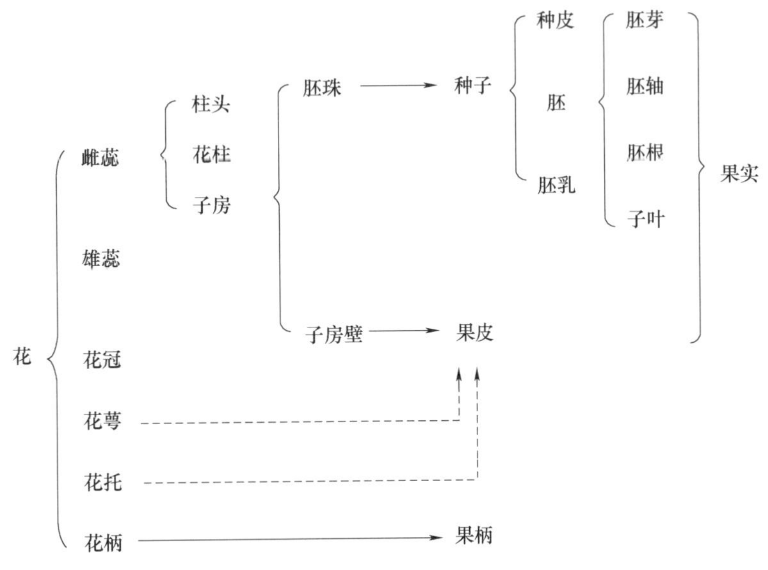

图1—106　果实、种子的发育及其基本结构

思考练习题

1. 什么叫植物的器官？植物体有哪几大器官？
2. 简述根的功能。
3. 简述根的类型及根系类型。
4. 什么叫营养器官的变态？根变态的种类有哪些？
5. 简述根尖的结构及各分区的特点。
6. 简述根的次生生长和次生结构。
7. 什么是根瘤？什么是菌根？
8. 什么是茎？茎的功能有哪些？
9. 简述芽的类型。
10. 简述茎的分枝方式。
11. 茎变态的种类有哪些？
12. 简述茎尖的结构。
13. 简述双子叶植物茎的初生结构。
14. 简述单子叶植物茎的结构。
15. 简述裸子植物茎的结构。
16. 简述形成层的活动与产生。
17. 简述木栓形成层的活动与产生。
18. 简述叶的生理功能及其组成。
19. 什么是完全叶？什么是不完全叶？
20. 什么是叶序？叶序的类型有哪几种？
21. 什么是单叶？什么是复叶？复叶的类型有哪些？
22. 简述叶变态的种类。
23. 简述双子叶植物叶的构造。
24. 区别禾本科植物与裸子植物叶的构造。
25. 简述叶衰老时植物的变化。
26. 花是由哪几部分组成的？它们有什么功能？
27. 常见的花冠有哪些类型？请举例说明。
28. 雄蕊是由哪几部分组成的？常见的有哪些类型？请举例说明。
29. 雌蕊是由哪几部分组成的？常见的有哪些类型？
30. 什么是花序？常见的花序有哪些种类？
31. 什么是真果？什么是假果？
32. 果实的类型有哪些？
33. 种子的结构有哪几部分？种子的类型有哪几种？

第二篇　植物生理知识

学习目标

◆ 了解植物吸收水分和矿物质的过程
◆ 了解光合作用和呼吸作用的一般过程及其生理作用
◆ 了解环境因子对植物生长发育的影响，掌握在环境胁迫条件下植物的适应能力及应采取的栽培措施
◆ 了解植物激素的作用，掌握植物激素及植物生长调节剂在生产中的应用
◆ 了解植物开花的内外部条件

植物的生理过程包括同化作用和异化作用两个方面。同化作用包括养分吸收和有机物的合成，其间，将光能转化为化学能；异化作用即通过呼吸，将有机物分解并释放出能量，用以维持生命活动。植物通过上述生理活动，实现其生长发育。植物的生理活动除取决于其遗传性外，还受外界环境因子的影响。植物生长发育需要一定的环境条件，并对环境条件的变化具有一定的适应能力。园林植物生产和应用中要时刻牢记给园林植物创造适宜的条件以及通过采取措施，提高园林植物对环境条件变化的适应能力，使园林植物充分发挥其园林综合功能。

第一章　植物的新陈代谢

绿色植物在生活过程中，不断地进行着水分代谢、矿质代谢、有机物和能量的代谢，这些代谢，无论哪一种一旦停止，植物都不能生活下去。植物的新陈代谢包括水分代谢、矿质代谢、光合作用、呼吸作用以及物质转化和运输等过程。

第一节　植物的水分代谢和矿质代谢

目前陆生植物都是由水生植物演化来的，因此，水是一切植物的生存条件。缺少水，植物的生长发育会受阻、停顿，甚至死亡。矿质代谢与水分代谢紧密相连，植物在吸收水分的同时，吸收矿质营养。

一、植物的水分代谢

植物的水分代谢是指植物吸收、运输、利用和散失水分的过程。

1. 植物根系对水分的吸收

植物从环境中不断地吸收水分，以满足植物正常生活的需要，同时又不可避免地向外界环境丢失大量水分。植物的叶片能够吸水，但数量很少，而根系是植物吸水的主要器官。植物的吸水部位主要在根尖的根毛区。根毛区的表皮组织有许多根毛，增加了吸收面积，其细胞壁表面黏性强，亲水性也强，内部输导组织已分化成熟，因此根毛区吸水能力最大；根尖的分生区、根冠和伸长区虽也能吸收少量水分，但由于缺乏根毛致吸收面积有限，输导组织未分化成熟，细胞质浓水分不易移动，因而不是吸水的主要部位。

（1）根系吸水的动力

植物根系吸水主要有两种动力：一种是根压，即靠根本身的代谢活动引起的主动吸水；另一种是蒸腾拉力，即靠植物地上部分的蒸腾作用产生的蒸腾拉力而引起的被动吸水。

1）根压。由于根系的生理活动使液流上升的压力，称为根压。伤流和吐水现象可显示根压的存在。根系以根压为动力的吸水方式与地上部分无关，而与根系的生理活动有关，称为主动吸水。当用呼吸抑制剂处理时，伤流和吐水就会受到抑制；当根系呼吸增强，代谢活跃时，根系吸水会增加。

如果将植物的茎从基部切断，不久就有液滴从伤口处流出，这就是伤流。伤流液是由根压向上压出来的，不同植物或同一植物在不同季节伤流液的数量和成分不同，可作为根系生理活动强弱的指标。伤流液中除含有大量水分外，还有无机盐、有机物和激素等。如果在切断部位套一橡皮管，再接上一个弯曲的盛有水的玻璃管，可见液面渐渐上升，直至管中的流体静压力与根压相等。根据管中液体最后的高度可计算出根压。伤流现象在草本植物中较为普遍。

在温暖潮湿、土壤水分充足的条件下，清晨常可见到有些植物的叶片尖端或边缘向外渗出液滴，这种现象称为吐水。吐水现象也是由于根系本身的吸水活动并将水向上压送的结果。

2）蒸腾拉力。水分通过叶片表面的气孔蒸腾到空气中时，气孔下室附近的叶肉细胞因失水而从邻近细胞取得水分，同样，失水的细胞再从周围细胞吸收水分，细胞间循着细胞液浓度梯度依次吸水，邻接导管的细胞从导管吸水，水分沿导管上升，最后是根部从环境吸收水分。这种吸水是由于蒸腾失水所产生的蒸腾拉力传到根部引起的，称为被动吸水。蒸腾拉力的数值较大，在蒸腾作用强烈时，根系的吸水通常以蒸腾拉力为主。

根压和蒸腾拉力在根吸水机制中的作用因蒸腾强度不同而异。一般情况下，植物进行着蒸腾作用，吸收水分主要由蒸腾拉力引起；只有在早春落叶树种叶片尚未展开或温度

低蒸腾强度很小的情况下，根压才是吸水的主要动力。

（2）影响根系吸水的外界条件

影响根系吸水的外界条件主要有土壤水分、土壤温度、土壤通气状况和土壤溶液的浓度等。

1）土壤水分。土壤中的水分有三种不同的存在形式。一部分是被土壤颗粒紧密结合的水分，称为吸湿水，植物不能吸收，质地细腻的黏土比质地粗糙的沙土束缚更多的水分；一部分是受重力的影响而向下流动的水，称为重力水，植物也无法利用；另一部分植物可利用的水是存留在土壤孔隙间的水，称为毛细管水。因此，改良土壤质地，对于满足植物对水分的需要是一项重要的措施。

2）土壤温度。土壤温度直接影响根系的生理活动，对根的吸水影响很大。当土壤温度降低时，呼吸强度减弱，影响根主动吸水。原因是低温使根生长缓慢，影响根吸收表面积的增加；低温下水和原生质的黏性增大，水分子扩散速度降低。生产实践中，在炎热的夏天中午，忌用冷水灌溉，否则会引起植物萎蔫或落花落果。

3）土壤通气状况。用CO_2处理根部，根吸水减少，再通入空气，吸水量增加，其原因是土壤缺乏氧气时细胞呼吸下降，影响根压，阻碍吸水，如缺氧时间延长，造成无氧呼吸，会产生酒精或乳酸，使根系中毒。植物受涝反而表现为缺水，就是因为土壤中空气不足，致使根系中毒，吸水减少。

4）土壤溶液的浓度。根系能否吸水，取决于根细胞液浓度与土壤溶液浓度的差值，只要土壤溶液浓度低于根细胞液的浓度，植物就可顺利吸水。但如果土壤中盐分过重或施肥过浓，以致使土壤溶液浓度高于根细胞液浓度时，根系便不能吸水，甚至出现水分倒吸现象，植物就会出现萎蔫，严重时会使植物被“烧死”。

2. 植物的蒸腾作用

蒸腾作用是指植物体内的水分通过体表向外散失的过程，这个过程既受环境因子的影响，也受植物体内部结构和生理状态的调节。

（1）气孔运动和蒸腾作用

气孔是植物与周围环境进行气体交换的门户。气孔可以运动，气孔的启闭影响着植物蒸腾作用、光合作用、呼吸作用等生理过程。

植物叶片上有许多气孔，一般每平方厘米叶面积有气孔1 000～60 000个，多的可达10万个以上。叶片上气孔的数目虽然很多，但气孔总面积比例却很小。一般气孔总面积只占叶面积的1%～2%。可是由于小孔扩散原理（在一定时间内，水蒸气穿过小孔扩散量与小孔的周长成正比，而不是与小孔的面积成正比），水分的散失速度却是很快的。在适宜条件下，许多植物在单位时间内单位叶面积上蒸腾失水量可达同面积自由水面蒸发量的50%以上，甚至达100%。

由于水分通过气孔的蒸腾量如此之大，气孔运动对蒸腾作用的调节就是至关重要的。气孔的开闭主要是由保卫细胞形态的变化所引起的。双子叶植物的气孔（见图2—1）是由两个半圆形的保卫细胞组成，保卫细胞内有叶绿体，靠近气孔一侧的细胞壁厚，其他各面薄。当保卫细胞吸水膨胀时，较薄的细胞壁易于伸展，细胞向外弯曲，于是气孔张开；当保卫细胞失水而体积缩小时，细胞壁恢复原状，气孔关闭。

单子叶植物气孔（见图2—2）的保卫细胞呈哑铃形，保卫细胞中间部分的细胞壁厚，两端薄，吸水时两端膨大，而中间彼此分离，使气孔张开；失水时两端体积缩小而使中间部分合拢，气孔关闭。

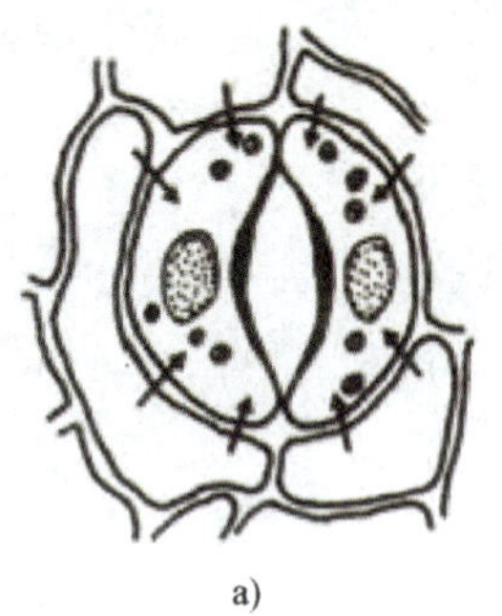
a)

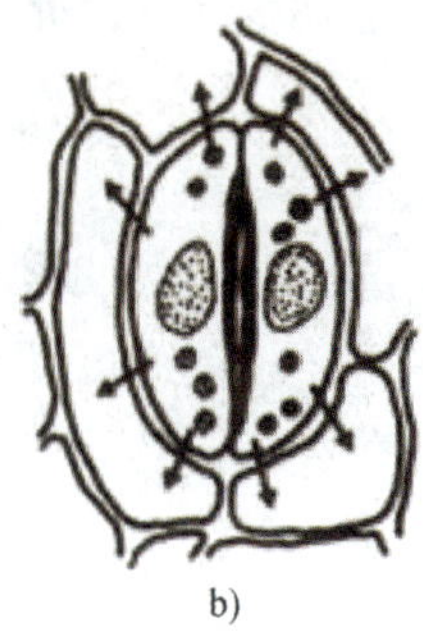
b)

图2—1　双子叶植物气孔运动

a）气孔开启　b）气孔关闭

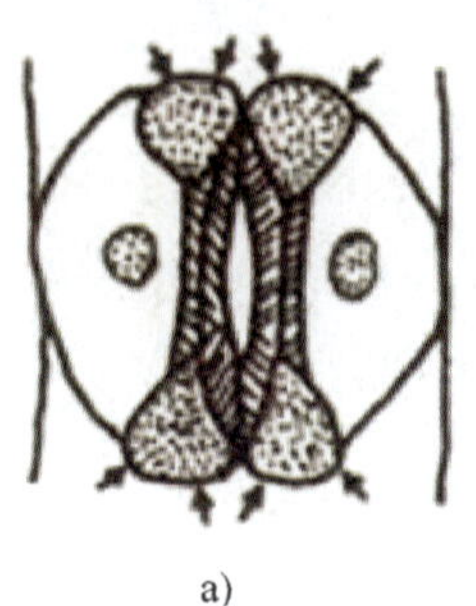
a)

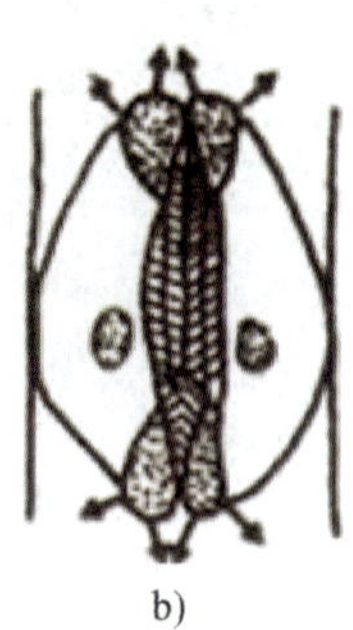
b)

图2—2　单子叶植物气孔运动

a）气孔开启　b）气孔关闭

气孔一般白天张开，晚上关闭，原因是白天保卫细胞的叶绿体进行光合作用，细胞内产生了糖，同时，保卫细胞内储存的淀粉在光下分解为糖，使细胞液浓度增加，引起吸水，气孔张开，夜间光合作用停止，保卫细胞内的糖聚合成淀粉，细胞液浓度降低，细胞的吸水能力降低，保卫细胞恢复原状，气孔关闭。但是，也有少数植物的气孔运动并不如上所述，例如生活在热带高温干旱地区的某些植物的气孔是白天关闭而夜间张开。

（2）影响蒸腾作用的环境条件

植物的蒸腾作用受环境条件的影响。影响蒸腾作用的环境条件主要有光照、湿度、空气流动和温度等因素。

1）光照。光照是影响蒸腾作用最主要的外界条件。光对蒸腾作用的影响首先是引起气孔开放，其次是提高大气和植物体的温度，增加叶内外蒸汽压差而加速蒸腾。

2）湿度。大气湿度影响气孔下室和大气之间的水蒸气压差，从而影响水蒸气通过气孔的扩散速度。通常情况下，大气相对湿度近50%，一般叶肉细胞间隙的相对湿度接近100%。当空气相对湿度大时，气孔下室与大气间的水蒸气压差小，蒸腾强度下降；反之，蒸腾强度提高。例如，植物在阴雨天气的蒸腾作用较晴朗、干燥天气低得多。

3）空气流动。空气流动谓之风。微风可将密集在叶面上的水蒸气吹散，而代之以湿度相对较低的空气，增大气孔下室与大气间的水蒸气压差，加速蒸腾。强烈的大风会使叶片温度降低，饱和水蒸气压下降，减少气孔内外水蒸气压差，降低蒸腾。

4）温度。在一定范围内，温度升高促进蒸腾作用，这是因为温度升高时，叶内饱和水蒸气压的数值也提高，这就增大了叶内外的蒸汽压差，促进了蒸腾作用。但温度过高（≥30～35℃）叶片过度失水，影响光合作用，但此时呼吸作用却增强很多，使细胞间隙内CO_2浓度增大，气孔反而关闭。例如，炎热的夏天中午，气孔往往暂时关闭就是这个原因，这也是植物适应外界环境的一种表现。

二、植物的矿质代谢

矿质代谢是指植物对矿质元素的吸收、运输和利用的过程。

1. 植物必需的矿质元素

植物体内已发现的矿质元素有60余种，但这些元素并非全部是植物必需的，现普遍认为必需元素有16种。根据植物对必需元素需要量的多少，将其分为大量元素碳、氢、氧、氮、钾、钙、镁、磷、硫和微量元素铁、锰、硼、锌、铜、钼、氯两类。

必需矿质元素在植物体内的生理作用主要体现在三个方面：一是细胞的结构物质；二是调节酶的活性与生命活动；三是电化学作用，如离子平衡、原生质胶体的稳定和电荷中和等。若缺乏某种元素，植物就会表现出专一的病征。

2. 根系对矿质元素的吸收

根系吸收矿质元素的部位主要在根毛区。吸收的形式有被动吸收和主动吸收两种。

（1）吸收部位

用示踪元素实验表明，根尖各区都可吸收矿质元素，但最活跃的部位是靠近根冠的分生区和根毛区，但由于分生区尚无输导组织的分化，吸收的矿质元素不能及时上运，所以分生区对于吸收矿质元素的作用不大；根毛区有大量根毛，已有输导组织分化，内皮层有凯氏带，能有效地将吸收的矿质元素及时上运。因此，根毛区是根系吸收矿质元素的主要部位。

（2）吸收过程

根系吸收矿质元素是一个复杂的生理过程，包括被动吸收和主动吸收（见图2—3）。

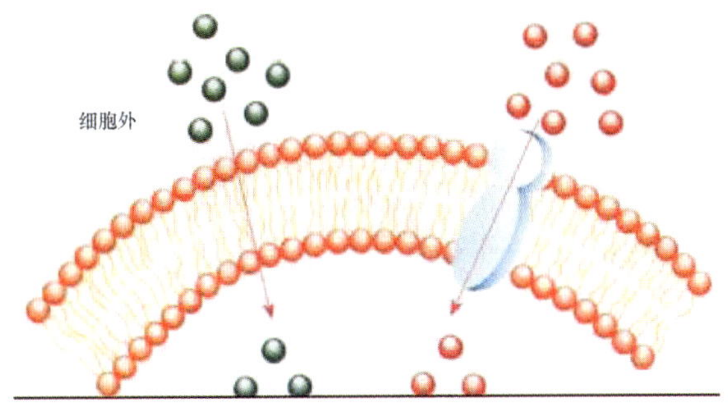

图2—3　吸收矿质元素的过程

注：绿球表示被动吸收，红球表示主动吸收。

1）被动吸收。当外界某种离子浓度大于细胞内离子浓度时，离子以扩散的方式进入植物体内，这种吸收方式称为被动吸收。被动吸收方式不需要能量供应。例如，盐碱地上的植物常含有大量的钠、氯等矿质元素，主要是通过这种方式进入植物体内。植物细胞要不断地吸收，就必须经常保持细胞内外离子浓度差，所以只有当吸收的离子能立刻参与其他物质的合成或迅速向上运输，不在根细胞内积累时，这种吸收方式才能不断进行。

2）主动吸收。矿质元素通过离子交换的方式进入原生质表面，然后与运输酶结合，进入原生质体内部。这种吸收靠呼吸产生的能量而实现，称为主动吸收。主动吸收是植物根系吸收矿质元素的主要形式。其过程如下：

第一步：离子交换吸附。细胞的主要成分是蛋白质，是两性电解质，因而本身可以吸附不同电荷的离子。根系呼吸作用产生的CO_2溶于水中生成碳酸，并离解成H^+和HCO_3^-。

$$CO_2+H_2O \rightleftharpoons H_2CO_3 \rightleftharpoons H^+ + HCO_3^-$$

这些离子吸附在原生质的表面，并同土壤的无机盐相应的阳离子和阴离子进行交换。这种交换有两种方式：一种是通过土壤溶液进行，即根部的离子与溶于土壤溶液的离子进行交换；另一种是土粒表面所吸附的离子与根上的离子直接进行交换。离子交换后，盐类的离子被吸附在原生质表层。

第二步：被原生质吸附的离子转移到原生质和液泡内。吸附在原生质表层的离子与运输酶结合成复合体，运输酶是镶嵌在细胞膜磷脂双层中的蛋白质，与离子结合后其空间结构发生变化，将离子运到细胞膜内，这时消耗了能量，运输酶与离子的结合力也变弱，于是运输酶就把离子释放在细胞内，完成离子进入细胞的过程。当离子被释放后，运输酶的空间结构恢复如初，又可重新运输新的离子。要提高运输酶与离子的结合力，提高运输能力就要供给能量。

（3）选择吸收

根吸收离子的数量不与溶液中离子数量成比例，而是具有选择性。植物对同一种盐的阴离子和阳离子的吸收也有差异。当供给植物$(NH_4)_2SO_4$时，由于根吸收NH_4^+比SO_4^{2-}多的同时H^+浓度增大，溶液呈酸性，这种盐称为生理酸性盐；同理，$NaNO_3$和$Ca(NO_3)_2$为生理碱性盐，因为根吸收NO^{3-}比Na^+或Ca^{2+}多，溶液中氢离子浓度降低；对于被根等速吸收其阳离子和阴离子的盐则称为生理中性盐，如NH_4NO_3。

3. 环境条件对根部吸收矿质元素的影响

影响根部吸收矿质元素的环境条件有温度、通气状况、土壤酸碱度和土壤溶液浓度等。

（1）温度

在一定范围内，根系吸收矿质元素随土壤温度的升高而增加，若温度过高（40℃以上）或过低（接近0℃），都会使根系对矿质元素的吸收速度减缓。温度主要影响根系的呼吸作用，从而直接影响主动吸收；温度也影响酶的活性、膜的透性和原生质的胶体状

况，进而间接影响矿质元素的吸收和运输。

（2）通气状况

由于根系吸收矿质元素与呼吸作用密切相关，因此土壤通气状况直接影响根系对矿物质的吸收。在一定范围内，氧气增加，二氧化碳降低，有利于根系对矿物质的吸收。园林植物生产中，经常以中耕松土改善土壤通气状况，以利于根系的生长和吸收矿物质。

（3）土壤酸碱度

土壤酸碱度能影响矿质盐类的溶解度，所以对矿质的吸收有很大的影响。土壤溶液碱性增强时，铁、铜、锌、钙、镁、磷的溶解度降低，从而吸收减少。当土壤溶液酸性增强时，能增加各种金属离子的溶解度，有利于植物的吸收利用，但易被淋失。一般情况下，大多数植物生长最适的土壤溶液pH值为4～8。

（4）土壤溶液浓度

与吸水一样，土壤溶液浓度对植物吸收矿质元素有重要影响，如土壤溶液浓度过高，会使根系无法吸水而导致植物对矿质元素的吸收受到阻碍。所以在施肥时，要做到"薄肥勤施"，以利肥料的有效利用。

第二节　植物的光合作用

光合作用是绿色植物吸收光能，同化二氧化碳和水，制造有机物并释放氧的过程。光合作用过程可用下列方程式表示：

$$CO_2+H_2O \xrightarrow[\text{叶绿体}]{\text{光能}} (CH_2O)+O_2$$

光合作用是地球上生物利用太阳能最主要的途径。

一、叶绿体色素

植物利用日光能，首先要吸收光能。吸收光能的物质就是色素。叶绿体内的色素有多种。高等植物叶绿体内的色素主要是叶绿素A、叶绿素B、胡萝卜素和叶黄素。这四种色素的含量和比例随植物种类及生境条件的不同而有所差异。大多数情况下，叶绿素对类胡萝卜素的含量比值为3∶1，叶绿素A对叶绿素B的比值也是3∶1。

不同色素的结构不同，因而光学性质不同，吸收光谱也不同。叶绿素主要吸收红橙光和蓝紫光，将绿光反射出来，因而叶片呈绿色。胡萝卜素和叶黄素的最大吸收带在蓝紫光部分，不吸收红光等长波长的光。

二、光合作用的过程和产物

光合作用如前所述，是将水和二氧化碳合成为碳水化合物并将太阳能蓄积其中的过程，由多步化学反应组成。光合作用的直接产物是碳水化合物。

1. 光合作用的过程

光合作用的过程极其复杂，整个过程可分为光反应和暗反应两大步骤。光反应只有在光照条件下才能激发起来，暗反应在光下或暗中都能发生。这两个步骤连续进行，而且在自然条件下，光反应和暗反应都是在有光的情况下连续进行的。

（1）光反应

光反应必须在有光的情况下，在绿色细胞的叶绿体内进行。在光反应过程中，水被叶绿素吸收的光能分解成H和OH，OH再形成H_2O并放出O_2。即

$$HOH \xrightarrow{光} (H) + (OH)$$

$$2OH \longrightarrow H_2O_2 \xrightarrow{过氧化氢酶} H_2O + \frac{1}{2}O_2$$

光合作用的下一步就是（H）如何去还原CO_2，这个反应是不需要光就能进行的一系列酶促反应，因此称之为暗反应。

（2）暗反应

暗反应的主要内容是CO_2被固定和还原。在光反应中分解出来的氢原子，并不是直接去还原CO_2分子，而是要经过不同的化合物转移到CO_2分子上，水中氢原子被传递的过程是通过一系列的氢的载体去实现的。氢的载体有很多种，其中叶绿素就具有氢载体的功能。同时，CO_2在被还原之前还要发生固定作用，即必须先被转化成某种化合物，然后才能被氢还原成有机物。

CO_2被固定有三种不同的途径，分别称为C_3途径、C_4途径和CAM途径。C_3途径是所有植物光合作用碳同化的基本途径，具有合成碳水化合物的能力；其他两种途径不够普遍，而且只能起固定、运转CO_2的作用，单独不能形成碳水化合物。

1）三碳（C_3）途径。在这一途径中，CO_2被固定的第一个稳定产物是含三个碳原子的磷酸甘油酸，因此称为C_3途径，能进行C_3途径的植物，就叫作C_3植物。

2）四碳（C_4）途径。在20世纪60年代，人们发现有些起源于热带的植物，如千日红、半支莲、狗牙根、马唐、蟋蟀草等，除了与其他植物一样能以C_3途径固定CO_2以外，还有一条更为有效的固定CO_2的途径。由于这条途径的最初产物是含四个碳原子的苹果酸和天门冬氨酸，因此叫作C_4途径。能进行C_4途径的植物，叫作C_4植物。C_4植物的明显特点是光合效率高、生长速度快，而且能适应高温、干旱和高光强度的生长环境。

3）CAM途径。有些植物，如景天、落地生根、仙人掌等，有一种类似C_4植物的同化CO_2的途径。这些植物晚上气孔开放，吸进CO_2并将其储存于苹果酸内；白天，气孔关闭，将前一个晚上形成的苹果酸氧化，放出CO_2，供光合作用使用。这种代谢现象最早是在景天科植物中观察到的，所以人们把这种代谢类型称为景天代谢途径，简称CAM途径。具有CAM代谢的植物称为CAM植物。CAM植物除景天科外，还有番杏科、凤梨科、

大戟科中的某些植物。这类植物的抗旱力极强。

2. 光合作用的产物

光合作用的直接产物主要是碳水化合物，包括单糖（葡萄糖、果糖）、双糖（蔗糖）和多糖（淀粉），其中以蔗糖和淀粉为最普遍。光合作用的直接产物还有蛋白质、脂肪和有机酸，不过这些物质占光合作用直接产物的比例较小，大多数蛋白质、脂肪和有机酸是通过碳水化合物代谢的中间产物再度合成的。

光合作用除形成上述直接产物以外，还由这些物质再度合成其他各种各样的有机物，如核酸、生长素、维生素、木质素、植物碱、花色素等。

光合作用的各种产物在数量上的比例，与植物的种类、植株和叶片的年龄、光照的质和量，以及氮素营养状况都有密切的关系。例如，幼嫩的叶片产生的蛋白质较多。长成后的叶片往往形成碳水化合物较多；在蓝光下，则合成蛋白质较多。氮素营养增加，产生蛋白质较多；氮素营养降低，形成碳水化合物较多。因此，在氮多、光弱的情况下，叶中形成较多的蛋白质，这样往往造成植株长且柔软，容易倒伏。

三、环境条件对光合作用的影响

影响光合作用的环境条件主要有光照、二氧化碳、温度、水分和矿质元素等。

1. 光照

光合作用的速度在一定范围内随光照强度的增加而加快，超过一定范围后，光合作用的速度增加转慢，当达到某一光照强度时，光合作用速度不再增加，这个现象叫作光饱和现象，开始出现光饱和现象的光照强度称为光饱和点。不同植物的光饱和点不同，阳地植物喜直射阳光，光饱和点高，一般可达全光照的100%，如马尾松、刺槐等；阴地植物适于生长在荫蔽环境中，光饱和点是全光照的10%～50%，如酢浆草、吉祥草等。

当光照减弱时，光合作用速度随之降低，当光照减弱到光合作用所吸收的CO_2等于呼吸作用释放的CO_2时，这时的光照强度称为光补偿点。植物处于光补偿点时，光合作用所制造的干物质与呼吸作用消耗的相等，不能积累干物质，而夜间还要消耗，因此，从全天来说，植物所需的最低光照强度必须高于光补偿点，才能正常生长。阳地植物的光补偿点一般为全光照的3%～5%，阴地植物则为全光照的1%以下。

了解植物的光补偿点对生产实践有很大意义。园林苗圃中间作套种时阳性植物和阴性植物的搭配、林带树种的配置、冬季温室花卉的合理栽培都要考虑光补偿点。如过度密植、肥水过多时，造成徒长，封行过早，中下层叶片接受的光照处在光补偿点以下，这些叶片不但不能制造养分，反而消耗养分，所以生产上要注意合理密植，保证透光良好。

2. 二氧化碳

大气中CO_2浓度约为0.033%，对光合作用来说是比较低的，如果CO_2浓度更低时，光合作用速度急剧降低。当植物吸收的CO_2的量与呼吸作用释放的CO_2的量相等时，外界环境中的CO_2浓度就叫作二氧化碳补偿点。二氧化碳补偿点随光合作用强度而异，弱光下，光合作用降低比呼吸作用显著，要求较高的二氧化碳水平，才能使光合作用吸收的CO_2的量与呼吸作用放出的CO_2的量相等，所以弱光下的CO_2补偿点高，强光下则相反。

当空气中CO_2浓度增高时，光合作用速度可增加，到达一定程度时，再增加CO_2浓度，光合作用速度不再增加，这时的CO_2浓度称为CO_2饱和点，CO_2饱和点与光照强度也有密切关系。

3. 温度

光合作用中CO_2同化过程是一系列酶促反应，因此与温度关系很大。一般植物在10～35℃下可正常进行光合作用，以25～30℃最适宜。高温能使酶钝化，并破坏叶绿体和细胞质的结构，在35℃以上光合作用开始下降，到40～50℃即完全停止；温度降低，酶促反应下降，限制光合作用进行。热带植物在低于5～7℃时即不能进行光合作用，温带植物光合作用最低温度为0～5℃，寒带植物则为－5～－7℃。

4. 水分

水是光合作用的原料，直接影响光合作用。水在植物体内功能广泛，在很多方面间接影响光合作用，如干旱可使气孔关闭，影响CO_2进入叶内；严重缺水时，叶片萎蔫，会严重损害光合进程，叶绿素含量也会降低，从而影响光合作用。

5. 矿质元素

一些矿质元素在多方面影响光合作用。N、P、S、Mg是叶绿素的成分，Fe、Mn、Cu、Zn是叶绿素生物合成过程中某些酶的活化剂，缺乏这些元素会直接影响光合作用。K对气孔开闭和碳水化合物代谢有重要影响，从而影响糖的转化和运输，间接地影响光合作用。P参与光合作用中间产物在叶绿体内外的转移和光合磷酸化作用，对光合作用影响很大。N、P、K等元素影响植物生长，特别是叶面积的增大及酶的合成，间接地影响光合作用。

第三节　植物的呼吸作用

水分代谢、矿质营养和光合作用都是植物制造和积累有机物及能量的过程，是新陈代谢同化作用的一面。光合作用制造的有机物，除了参与构成植物体的组成部分以外，部分用于呼吸作用。呼吸作用是细胞内的有机物在一系列酶的作用下，逐步氧化分解，释放能量的过程，是新陈代谢异化作用的一面。呼吸作用也是植物最基本的代谢活动之一。

一、呼吸作用的过程及意义

所谓呼吸作用是指在生活细胞中，把有机物分解成氧化产物，同时释放出能量的过程。呼吸作用是一个非常复杂的生物氧化过程，在呼吸过程中被氧化分解的有机物称为呼吸基质。呼吸基质主要是糖类，其次是脂肪、蛋白质和有机酸。植物的呼吸作用有有氧呼

吸和无氧呼吸两类。前者将呼吸基质彻底氧化为二氧化碳，释放的能量多而充分；后者不能将呼吸基质彻底氧化，产生对植物自身有害的物质，释放的能量少而不充分。呼吸基质在有氧情况下，被逐步氧化分解，最后生成二氧化碳和水，同时释放出能量，这种呼吸作用称为有氧呼吸；呼吸基质在缺氧条件下，被酶催化分解，产生酒精或乳酸，并释放出能量，这种呼吸称为无氧呼吸，其中产生酒精的叫作酒精发酵，产生乳酸的叫作乳酸发酵。

1. 植物呼吸作用的类型及过程

（1）有氧呼吸

有氧呼吸是高等植物呼吸作用的主要形式，通常所说的呼吸作用就是指有氧呼吸。有氧呼吸用下式表示（以1 mol葡萄糖为例）：

$$C_6H_{12}O_6 + 6O_2 \longrightarrow 6CO_2 + 6H_2O + 2\,870\ kJ$$

有氧呼吸的过程是十分复杂的，上式只表示呼吸作用的开始和终结。呼吸基质氧化成二氧化碳和水要经过许多步骤，但总的说来可以分成两大步骤。

第一步：葡萄糖的酵解。葡萄糖的酵解是在无氧条件下对葡萄糖的不完全分解。糖酵解的结果产生丙酮酸。

第二步：丙酮酸氧化。丙酮酸在有氧的情况下逐步氧化分解成二氧化碳和水。

有氧呼吸由最初原料到最后产物的转变过程中要经历一系列的中间反应，相应地产生一系列不稳定的具有高度化合能力的中间产物。这些中间产物有的成为细胞生活物质形成和更新的材料。同时，由于这种渐进的、分阶段的逐步氧化，每一步只放出葡萄糖分子中一小部分能量，因此能使葡萄糖的大部分能量转化成细胞可利用的自由能形式，被用到吸收、合成、生长、运输等生理过程中去。

（2）无氧呼吸

植物体任何器官处在缺氧条件下，如密闭和水淹时，细胞就不能进行有氧呼吸，而只能进行无氧呼吸。无氧呼吸又叫作“发酵”。根据发酵产物的不同，可将无氧呼吸分为酒精发酵和乳酸发酵。它们与有氧呼吸有一段共同的化学过程，即从葡萄糖到丙酮酸的糖酵解过程。丙酮酸在缺氧情况下，在不同的酶的催化下，生成酒精或者乳酸。以1 mol葡萄糖“发酵”为例，酒精发酵和乳酸发酵的总反应如下：

酒精发酵：$C_6H_{12}O_6 \xrightarrow{\text{酶}} 2C_2H_5OH + 2CO_2 + 225.94\ kJ$

乳酸发酵：$C_6H_{12}O_6 \xrightarrow{\text{酶}} 2CH_3CHOHCOOH + 196.65\ kJ$

呼吸作用的过程可用下式表示：

$$\underset{\text{（葡萄糖）}}{C_6H_{12}O_6} \xrightarrow{\text{酵解作用}} \underset{\text{（丙酮酸）}}{2C_3H_4O_3} \begin{cases} \xrightarrow{\text{有氧}} 6CO_2 + 6HO_2 + 2\,870\ kJ \\ \xrightarrow[\text{（酒精发酵）}]{\text{无氧}} 2C_2H_5OH + 2CO_2 + 225.94\ kJ \end{cases}$$

在植物的正常生活过程中，有氧呼吸和无氧呼吸是共存的。在正常条件下，以有氧呼吸为主；在水淹或通气不良的条件下，无氧呼吸比例就高一些。器官表层组织因氧气较充足，有氧呼吸程度最高，深层组织往往因氧气缺少，有氧呼吸程度低些。而无氧呼吸是植物对暂时缺氧的一种适应，只能短期维持生命活动，如长期缺氧，植物就要死亡。原因是：第一，无氧呼吸与有氧呼吸相比，消耗同量的呼吸基质（如葡萄糖）产生的能量少。因此，若长期靠无氧呼吸来提供生命活动必需的能量，势必消耗更多的有机物，从而导致植物因物质消耗过多，能量供应不足，逐渐衰弱死亡。第二，无氧呼吸的最终产物是酒精或乳酸，这些物质若积累过多，就会使植物细胞中毒，甚至死亡。

（3）光呼吸

有氧呼吸与无氧呼吸在光照下和黑暗中都能进行，一般称为暗呼吸。植物的绿色细胞在光照下，除了进行一般的呼吸以外，还有一种与上述呼吸不同的呼吸作用，称为光呼吸。光呼吸是绿色细胞在光照下吸收氧，释放二氧化碳的现象。

光呼吸和光合作用同时进行。光呼吸现象在植物界普遍存在，但不同植物的光呼吸强度有很大的差别，可以相对地将植物分为高光呼吸植物和低光呼吸植物两类。C_4植物都是低光呼吸植物，而C_3植物都是高光呼吸植物。据实验测定，C_3植物的光合产物，约有1/3或1/2消耗在光呼吸中。光呼吸所产生的能量主要是以热的形式散发掉，而不能被植物利用。同时，光呼吸过程的有些步骤还要消耗能量。光呼吸强的植物，其光合作用效率往往较低。要提高植物的光合作用效率，必须设法控制光呼吸的产生或降低它的强度。

温室栽培植物，一般可采用增加二氧化碳浓度的方法来降低光呼吸，因为增加二氧化碳浓度可以抑制光呼吸作用。另外，还可通过筛选，选育低光呼吸植物的途径加以解决。

减弱植物的光呼吸作用，目前常采用α-羟基磺酸盐类、异烟肼、2，3-环氧丙酸、亚硫酸氢钠等对植物进行处理，这些化学药剂除了能抑制光呼吸外，有的还具有影响植物其他生理作用正常进行的副作用，有的效果不够理想，故还有待于进一步探讨。

2. 呼吸作用的意义

呼吸作用是与生命密切相关的一种生理过程，在植物生命活动中有着极其重要的意义。

（1）供给植物生命活动所需要的能量

呼吸作用能把光合作用过程中储存在有机物质中的日光能经过氧化分解，转变为多种形式的能量，并逐渐释放出来，为植物提供生命活动必需的能量。例如，植物对水分和矿物质的吸收，植物体内物质的合成、运输，以及植物的生长和运动等，都依赖呼吸作用提供能量。因此，呼吸作用与植物体各种需能的生理过程有着不可分割的联系，一旦呼吸作用停止，生命也就停止。

（2）为其他化合物合成提供原料

呼吸过程产生一系列的中间产物。这些中间产物很不稳定，是进一步合成植物体内各种重要化合物的原料，这些中间产物在植物体内有机物转化方面起着枢纽作用。例如，丙酮酸可以转变为多种有机酸。这些有机酸又是合成碳水化合物、脂肪和氨基酸等的原料。因此，呼吸作用与植物体各种有机物的合成、转化有着密切的联系，成为物质代谢的中心。活跃的呼吸作用是植物生命活动旺盛的标志。

（3）呼吸作用能增强植物的抗病性

在植物和病原微生物的相互作用中，植物依靠呼吸作用，氧化分解病原微生物分泌的毒素，以消除毒素的危害。此外，旺盛的呼吸作用，还有利于伤口的愈合，减少病菌侵染的机会。

二、环境条件对呼吸作用的影响

植物的呼吸作用受环境条件影响较大，其中最主要的环境因子是温度、氧气、二氧化碳和水分。

1. 温度

温度对呼吸作用有很大的影响，在一定的范围内，随着温度升高，呼吸强度便增高。温度对呼吸作用的影响有三基点，即呼吸作用温度的最低点、最适点与最高点。

呼吸作用与光合作用相比，其最低温度比光合作用要低得多，因为只要有生命活动存在，就会有呼吸作用。大多数温带植物的呼吸温度最低点约为－10℃；喜温性植物呼吸温度稍高，而耐寒植物的越冬部分，如落叶树的更新芽、针叶树的针叶，可低到－25～－20℃。不过，如果在夏季可人工降温到－5～－4℃。由于受到突然的低温影响，呼吸就会完全停止。

植物的呼吸温度最高点一般在45～55℃（温泉藻类例外）。越过呼吸温度的最低点、最高点时间稍久，会导致细胞原生质结构的破坏，最终使植物死亡。

呼吸温度最适点，随植物的种类不同而有所不同，一般植物在25～35℃。不过呼吸作用的最适温度，只说明植物呼吸强度在这时达到最高点，但对植物的整个生活来说，不一定有利，因为呼吸强度的增加，会引起不必要的物质消耗，使植物受到损害。例如，高温和光照不足时，呼吸作用大于光合作用，就会使植物无法积累有机物，使生长停滞，甚至使植物难以维持生活。

2. 氧气

氧气是呼吸作用中有机物氧化分解的必要条件。在正常情况下，空气中氧气的含量为21%左右，如果氧气含量变化不大，对呼吸作用不会有多大的影响，只有当空气中氧气的含量降低到只有1%～2%时，呼吸作用才会显著降低。植物地上部分和空气接触，一般情况是不会由于氧气不足而影响呼吸作用的，但是植物的地下部分则容易发生氧气不足。因为氧气很难透入土壤深层，同时土壤中大量微生物活动与根部吸收水分和无机盐都需要消耗氧气。因此土壤如果通气不良，就会影响根的正常呼吸作用，影响植物的生长和发育。例如，在行人繁多的街道上栽植的行道树生长不好的原因之一，就是因为树下的土壤被踏实，使通气不良，根部氧气供应不足，影响呼吸作用的缘故。

3. 二氧化碳

二氧化碳是呼吸作用的产物，在一定含量时可增强光合作用，因而有利于植物的生活，但二氧化碳含量过多就会降低或抑制呼吸作用。正常状态的大气，二氧化碳含量很低（约为0.033%），并不影响植物的呼吸作用。实验证明，二氧化碳浓度升高到1%～10%时，呼吸作用明显被抑制。土壤中由于根系的活动和微生物的呼吸，放出大量的二氧化碳，尤其在夏秋高温季节，土壤深层通气不良，积累二氧化碳可达4%～10%，甚至更高。所以适时中耕，促进土壤空隙与大气的气体交换，才能保证根系的正常呼吸作用。

4. 水分

环境中水分的多少，能影响植物细胞的含水量。而细胞含水量对呼吸作用的影响很大，因为只有原生质被水饱和时，各种生命活动才能旺盛地进行。对于绝大多数种子来说，呼吸强度是随着水分的饱和程度而升高。风干的种子含水量很低，呼吸作用极为微弱，但含水量稍为提高一些，它们的呼吸强度就能增加数倍。当种子充分吸水膨胀时，则呼吸强度可比干燥种子增加几千倍。但从生活组织，如根、茎、叶和果实等，又可看到相反的事实。例如，一般植物叶子萎蔫时，其呼吸作用会强烈地活跃起来。这是由于细胞缺水时，酶的水解活性加强，淀粉水解为可溶性糖，使细胞渗透压增高，增强保水力以适应干旱的环境。但是可溶性糖是呼吸作用的基质，呼吸基质增加，引起呼吸作用增强。由此可见，水分的多少对不同器官的呼吸作用的影响是不相同的。

上面简述了各种单因子对呼吸作用的影响。事实上，各种环境因子对呼吸作用的影响是互相配合、互相制约的，任何一个因子对于生理活动的影响都是通过全部因子的综合效应而表现出来的。

三、呼吸作用与园林植物生产

呼吸作用是植物新陈代谢的中心，它同植物的整个生命活动过程都有联系。呼吸作用释放能量供给植物生长和生活的需要，促进呼吸作用，就能增强植物的生长发育。但是，呼吸作用消耗有机物，过强的呼吸作用不利于有机物的积累。在储藏期间，为了减少有机物的消耗，要尽量降低呼吸作用。所以，控制呼吸作用对园林植物栽培和种子、果实和休眠器官的储藏都是很重要的。

1. 种子、果实和休眠器官的储藏

种子、果实和休眠器官（如鳞茎、块根等）都是有生命的有机体，是植物度过不良生长季节和繁衍后代的重要器官。在储藏期间，它们还在不断地进行呼吸作用。如果环境的温度高，湿度较大，就会使它们的呼吸作用加强，有机物质大量消耗，并释放出水分、

CO_2和热量。这时如果通风不良，水分和热量积累，将会进一步加强呼吸作用，并促进微生物活动，结果使上述储藏器官霉烂。因此，在储藏过程中应尽可能控制环境条件，降低呼吸强度，延长储藏器官寿命。

大多数园林植物的种子在储藏前，应使它们充分干燥，降低种子的含水量，然后储藏在温度、湿度较低（相对湿度为50%~70%）和通风良好的地方。通风的目的是使呼吸产生的热量易于散发，对种子储藏有利。

有些树木的大型种子不宜储藏在干燥的环境中，因为干燥会使它们干缩变质而降低发芽率（如麻栎、板栗、核桃等），甚至死亡，而适宜储藏于较湿润的低温环境中，生产上常采用湿藏，如低温沙藏等。对一些有后熟作用的种子来讲，湿藏能完成后熟，具有催芽作用。

肉质果实在储藏时也不能干燥，干燥会使其皱缩，失去良好的色香味和新鲜状态，故储藏时除了用湿润的低温外，还可以用CO_2来处理。

同样，各种休眠器官在储藏时，也多要在低温、湿润的环境条件下才能维持其生命，安全度过储藏期。通常，这种储藏方法还具有打破休眠和催芽的作用。

2. 呼吸作用与植物栽培

呼吸既能释放能量供植物各种生理过程的需要，同时它的中间产物又是合成多种重要有机物的原料。呼吸作用是新陈代谢的中心环节，有利于植物吸收营养，也有利于植物体内物质的转化和运输。植物新细胞和器官的形成、植株长大等都与呼吸作用密切相关。在生产上植物的很多栽培措施都是为了保证植物的呼吸作用正常进行。例如，中耕松土、雨季及时排水都是为了改善土壤通气状况，以利根系呼吸。但是，在植物栽培中，有时也要抑制呼吸，因为呼吸过旺，会造成有机物的不必要消耗。

植物干重的90%~95%是光合作用合成的，除供呼吸消耗外，其他的有机物成为植物体的组成部分，剩余的作为储藏养分。通常，叶片的呼吸强度相当于光合强度的5%~10%，但由于光合作用局限于叶子在白天进行，而呼吸却是全部活细胞在日夜都进行着的过程，使植物一昼夜可能消耗一天光合作用所制造的有机物总量的15%~25%，极端条件下达30%~50%。同时，冬季植物的光合作用停止或接近于停止，因其呼吸的温度最低点低于光合作用的温度最低点，呼吸还可继续进行。此外，早春抽枝发芽时，对于呼吸来说，光合作用又是微不足道的。因此，在植物栽培过程中，除通过改善光照条件的实际措施来提高光合作用外，还应当控制呼吸，减少对光合产物的消耗，以便于植物积累干物质而迅速生长发育。

高温缺雨的旱季，由于叶片含水量降低，使光合作用受阻，呼吸作用增强。炎热的夏季也如此。一天中，除早晨、傍晚外的其他时间段，光合强度均有所减弱，而呼吸一直较强，使植物生长受抑。这种不利的环境条件对幼苗的影响尤为突出。因此，必须及时灌溉，适时遮阳，以减轻蒸腾，同时也因叶面温度降低而降低呼吸强度。适当的水分供应有利于光合产物的形成和运输，有利于植物生长。

冬季在温室栽培植物及温床育苗，由于光照较弱，同时玻璃的透光率仅为60%～70%，塑料薄膜更低，使植物光合作用减弱。这时如室内温度过高，呼吸作用就会高于光合作用（特别在阴雨天更是如此），造成有机物过多地消耗，给植物生长带来不利影响。所以冬季温室中，特别是在阴雨天，在光照较弱的情况下，温度不能过高，在光照强度增高时，可适当提高温度，但一般白天不应超过25℃，晚上不应超过20℃。

第四节　植物体内有机物的转化与运输

光合作用生成的碳水化合物要转化为大分子的淀粉或纤维素、蛋白质、脂肪等才能作为植物的组成成分和储藏养分，储藏养分要用于呼吸或成为植物体的组分也要被转化成小分子物质才能被再次利用。而且这些物质常常要从植物体内的一处运输到另一处。

一、植物体内有机物的转化

植物体内有机物的转化包括分解和合成两个方面。分解是指植物体内复杂物质变成简单小分子的过程；合成是由一种或数种物质组成为较复杂的大分子的过程。前者释放能量以推动各种生命活动，后者需要能量或储存能量。在植物的整个生命活动过程中，合成代谢和分解代谢的方向常随生长发育阶段和外界条件而变化。

植物合成代谢所产生的有机物种类很多，但最主要是碳水化合物、脂类和含氮化合物，它们占植物干重的90%～95%。这些物质在一定酶的催化作用下可以互相转化。下面将对碳水化合物、脂肪、蛋白质的转化，以及种子和果实内的物质转化简单加以说明。

1. 碳水化合物的转化

植物体内各种碳水化合物可以互相转化，单糖可以合成双糖或多糖，多糖亦可分解成可溶性的双糖和单糖。这些转化是在各种酶的参与下进行的。

（1）淀粉的转化

淀粉是大多数植物的主要储藏形式。植物体内储藏的淀粉必须转化为简单的糖类才能供给植物利用和运输。当淀粉转化的时候，可在显微镜下观察到淀粉粒首先在表面出现小缺刻，其次缺刻逐渐加深，淀粉粒分裂成碎块，最后被溶解消失。在淀粉溶解消失的同时，就形成麦芽糖和葡萄糖。淀粉的水解步骤如下：

$$\underset{\text{（淀粉）}}{2(C_6H_{10}O_5)n}+nH_2O \xrightarrow{\text{淀粉酶}} \underset{\text{（麦芽糖）}}{nC_{12}H_{22}O_{11}}$$

$$\underset{\text{（麦芽糖）}}{C_{12}H_{22}O_{11}}+H_2O \longrightarrow \underset{\text{（葡萄糖）}}{2C_6H_{12}O_6}$$

淀粉是通过较复杂的途径合成的，其水解作用是不可逆的。

淀粉的合成和分解常受内因和外因的影响。通常，高浓度的糖能促进淀粉的合成。例如，白天光合作用时可进行部分淀粉的有效合成，晚上光合作用停止，糖浓度降低时，淀粉便分解为糖，然后从叶片内运输到植物的其他器官。

低温往往能促进淀粉的分解。例如，常绿树的叶片在冬季比在夏季具有更高的含糖量，果实在冬季变得更甜，马铃薯在10℃以下开始将淀粉转化为糖等。

（2）蔗糖的转化

蔗糖和淀粉一样，广泛分布在植物体中，是重要的运转和储藏物质。蔗糖的水解，是靠酶的作用将其分解为葡萄糖和果糖。

$$\underset{（蔗糖）}{C_{12}H_{22}O_{11}} + H_2O \xrightarrow{转化酶} \underset{（葡萄糖）}{C_6H_{12}O_6} + \underset{（果糖）}{C_6H_{12}O_6}$$

蔗糖的水解也是不可逆的，蔗糖的合成是由1-磷酸葡萄糖经过一系列酶的作用转变为6-磷酸果糖，然后由一分子葡萄糖和一分子果糖再合成蔗糖。

2. 脂肪的转化

脂肪是甘油和脂肪酸脱水生成的甘油三酯，它在植物体内作为储藏物质，以小油滴状态存在于细胞中，主要分布于种子和果实内。

脂肪通过脂肪酶的作用将脂肪水解为甘油和脂肪酸，这个反应是可逆的：

$$脂肪+3H_2O \xrightleftharpoons{脂肪酶} 甘油+3脂肪酸$$

甘油可氧化并磷酸化成磷酸丙糖，并在呼吸过程中被利用或转化成糖。脂肪酸的分解较复杂，它首先与辅酶A结合形成脂肪酰辅酶A，其次分若干次将脂肪酰辅酶A分解成乙酰辅酶A，后者进一步转化成其他物质或参与呼吸过程。脂肪的转化过程如图2—4所示。

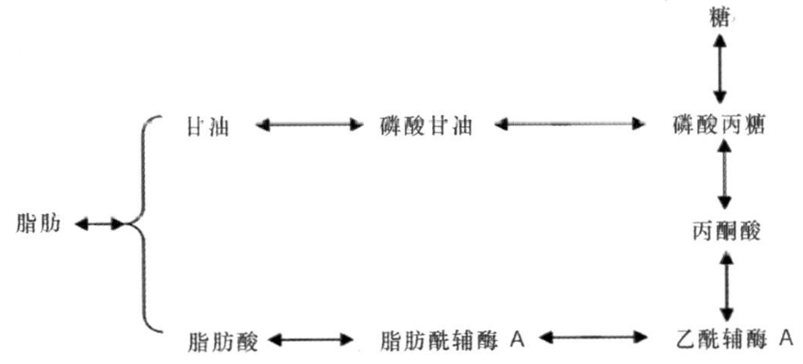

图2—4　脂肪的转化过程

3. 蛋白质的转化

植物在光合作用时，除了形成糖以外，还可以形成蛋白质，蛋白质分子必须经过转化，重新分解为简单而可溶性的物质，才能被利用或运输到其他器官储藏起来。储藏的蛋白质在使用前也必须进行转化。植物体内的蛋白质在生命过程中不断地合成，同时也在不断地分解。

蛋白质在蛋白质水解酶的作用下，水解成氨基酸。水解氨基酸可通过氨基化作用形成新的氨基酸，重新构成蛋白质或供其他的用途；一部分多余的氨基酸通过氧化脱氨作用，进一步分解为氨和酮酸。酮酸可参加呼吸作用，氨可再转化成新的氨基酸。

蛋白质的水解是可逆的，水解后形成的酮酸和氨可重新形成蛋白质。植物吸收的氨态氮，可直接被植物利用合成氨基酸。硝态氮被植物吸收后，在酶的作用下，还原成氨，然后形成氨基酸。很多氨基酸在蛋白酶的作用下，有次序地结合起来，结果合成蛋白质分子。蛋白质的转化过程如下：

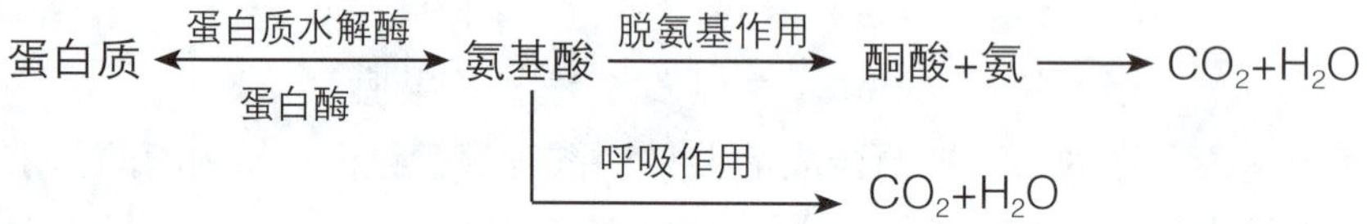

$$蛋白质 \underset{蛋白酶}{\overset{蛋白质水解酶}{\rightleftarrows}} 氨基酸 \xrightarrow{脱氨基作用} 酮酸+氨 \longrightarrow CO_2+H_2O$$

$$氨基酸 \xrightarrow{呼吸作用} CO_2+H_2O$$

植物体内除了碳水化合物、脂肪和蛋白质外，还有其他多种有机物。各种有机物是可以互相转化的。

4. 种子和果实内的物质转化

种子和果实内物质的转化时，种子萌发和果实成熟（果实的肉质部分）时以分解为主，种子成熟时则以合成为主。

（1）种子萌发和成熟时的物质转化

种子中储藏着大量淀粉、脂肪和蛋白质，而且不同植物种子中这三种储藏养分的含量有很大差异。我们常以含量最多的有机物为根据，将种子区分为淀粉种子（含淀粉较多）、油料种子（含脂肪较多）和豆类种子（含蛋白质较多）。这些有机物在种子萌发时，在酶的作用下被水解为简单的有机物，并运输到正在生长的幼胚中去。这时，淀粉及脂肪转变成糖（主要是葡萄糖），然后运输到正在生长的胚细胞中，很快又合成为纤维素，构成细胞的细胞壁，或者同化为原生质，或者作为养料储存于细胞中，蛋白质水解以后产生氨基酸，运输到新形成的器官中，重新合成蛋白质，供幼胚生长的需要。

种子的萌发经历从异养到自养的过程。种子萌发时只能动用种子内储藏的物质，还不能靠光合作用制造足够的养分，这就是异养。当幼苗叶片进行较旺盛的光合作用，制造充分的有机养分后，才进入自养阶段。因此，种子内储藏的养分越多，就越有利于幼胚的生长。在园林生产中，选择粒大粒重的种子，就是这个道理。

种子成熟过程，实质上就是胚从小长大以及营养物质在种子中变化和积累的过程。种子成熟期间，物质变化大体上和种子萌发时的变化相反。植株营养器官的养料以可溶性的小分子化合物状态（如葡萄糖、蔗糖、氨基酸等形式）运往种子，在种子中逐渐转化为不溶性的高分子化合物（如淀粉、蛋白质和脂肪等），并且积累起来。所以种子成熟时，干物质迅速增加，而水分减少。在种子成熟时虽然合成占优势，但也有物质的水解。同

样，在发芽时，虽然水解占优势，但也有物质的合成。在种子成熟时因为物质转化是复杂的生理过程，各种物质的转化不是单独进行的，而是互相联系、互相制约的。

（2）果实成熟时的物质转化

果实在生长过程中不断积累有机物。这些有机物大部分是从营养器官运送来的，但也有一部分是果实本身制造的，因为幼果的果皮往往呈绿色，含有叶绿素，可以进行光合作用。当果实长到应有的大小时，果肉储存不少有机养分，但是不甜、不香、硬、酸、涩，还未成熟。这些果实在成熟过程中，要经过复杂的生化转变，使果实的色、香、味发生很大的变化。

1）果实变甜。在未成熟的果实中储存有许多淀粉，所以早期果实无甜味。到成熟后期，呼吸作用加强，淀粉转变为可溶性糖。糖分就积累在果肉细胞的液泡中，淀粉含量越来越少，还原糖、蔗糖等可溶性糖含量则迅速增多，使果实变甜。

2）酸味减少。未成熟的果实中，在果肉细胞的液泡中积累有很多有机酸。例如，柑橘中有柠檬酸，苹果中有苹果酸，葡萄中有酒石酸，黑莓中有异柠檬酸等，所以果实有酸味。在成熟过程中，多数果实有机酸含量下降，其原因是：有些转变为糖，有些则由呼吸作用氧化成CO_2和H_2O，有些则被K^+、Ca^{2+}等所中和。所以，成熟果实中酸味下降，甜味增加。

3）涩味消失。没有成熟的柿子、李子等果实有涩味，这是由于细胞液内含有单宁。这些果实成熟时，单宁被过氧化物酶氧化成无涩味的过氧化物或单宁凝结成不溶于水的胶状物质，因此涩味消失。

4）香味产生。果实成熟时产生一些具有香味的物质。这些物质主要是酯类，另外还有一些特殊的醛类等，例如，香蕉的特殊香味是乙酸戊酯，橘子中的香味是柠檬醛。

5）由硬变软。果实成熟过程中由硬变软与果肉细胞壁中层的果胶质变为可溶性的果胶有关。试验表明，随着果实的变软，果肉中可溶性果胶含量相应地增加。中层的果胶质变成果胶后，果肉细胞即相互分离，所以果肉变软。此外，果肉细胞中的淀粉粒的消失（淀粉转变为可溶性糖）也是果实变软的一个原因。

6）色泽变艳。香蕉、苹果、柑橘等果实在成熟时，果皮颜色由绿逐渐转变为黄、红或橙色。在果实成熟过程中，由于果皮中叶绿素酶的含量不断增多，叶绿素被逐渐破坏，使果皮丧失绿色，而由于叶绿体中存在类胡萝卜素呈现黄色，或者由于形成花色素苷而呈现红色。光直接影响花色素苷的合成，这也说明为什么果实的向阳部分总是鲜艳一些。

果实在成熟过程中，有机物的变化明显受到光照、温度和湿度的影响。在夏凉多雨的条件下，果实中含酸量较多，而糖分则相对减少；而阳光充足、气温较高及昼夜温差较大的条件下，果实中含酸少而糖分多。例如，新疆吐鲁番哈密瓜和葡萄特别甜，就与当地的光照足、气温较高及昼夜温差较大有关。

二、植物体内有机物的运输

有机物在植物体内通过韧皮部的筛管运输，方向主要为自上而下，而且具有竞争性的分配。

1. 有机物的运输

有机物一般在叶片中合成，而植物体各部位均有有机物，就此，植物体内的有机物需要运输。

(1) 有机物运输的途径

高等植物的叶片是进行光合作用合成有机物的主要基地，植物各器官、各组织所需要的有机物主要是由叶片供应的。显然，从叶片到各器官、各组织之间必然有一个运输过程。许多实验证明，有机物的运输途径是由韧皮部担任的。为了证明这一点，一般可用环割的方法来进行试验。在木本植物的枝条或树干上，环割一圈，深度以到形成层为止，剥去圈内的树皮，经过一定的时间，环割部位上面的枝叶照常生长，因为根系吸收的水分、矿物质沿植株导管正常向上输送，可是有机物向下运输由于要经过韧皮部，环割后有机物运输受阻，所以环割的上端切口处聚集许多有机物，引起树皮组织生长加强而形成粗大的愈伤组织，有时成为瘤状物。如果环割不宽，过一些时候，这种愈伤组织可以使上下树皮连接起来，恢复有机物向下运输。如果环割得很宽，上下树皮就不能连接，若环割发生在主干上，环割口的下端又长不出枝条，时间久一些，根系原来储存的有机物消耗完毕，根部就会饿死，导致整株死亡。“树怕剥皮”就是这个道理。果树生产上常利用环割原理作为一个栽培措施。

证明有机物运输途径的更准确方法是示踪法。用$C^{14}O_2$饲喂叶片进行光合作用后，在叶柄或茎的韧皮部会发现含C^{14}的光合产物。因此，可确认有机物的运输途径是由韧皮部担任的。在韧皮部中，主要运输组织是筛管和韧皮薄壁细胞。

(2) 有机物运输的方向

从叶片运出的有机物，其运输方向是不一致的。 一般情况下是向下运输，故称为下行液流。但也可以沿着韧皮部向上运输到正在生长的茎枝顶端、嫩叶或正在成熟的果实中去。另外，有机物也可横向运输，但正常状态下其量甚微，只有当纵向运输受阻时，横向运输才加强。

在一年中的不同时间内，物质运输的方向和数量并不一样。春季树木早先积储的物质往往先运到顶端的生长点，这时物质经韧皮部和木质部的输导组织细胞向上运输。以后，随着叶片的展开和光合产物的形成，有机物质便由韧皮部向下运输。整个夏季，叶片所制造的有机物是向下运输的，运至树干和根的形成层，以后又由韧皮部的筛管运往储藏组织。这样看来，有机物质在植物体内朝着不同的方向运输，春季主要向上，夏季则向下。

（3）有机物运输的速度和形式

有机物在植物体内运输的速度随植物的种类、植物生育期不同和运输物质的不同而有差异，一般速度为50～100 cm/h。

有机物主要以蔗糖的形式运输，果糖、葡萄糖也可运输。在含氮化合物中，则以氨基酸、酰胺的形式运输为主。

2. 环境条件对有机物运输的影响

有机物在植物体内的运输是一个复杂的生理过程，所以它不仅受内部因素的影响，也受环境条件的影响。

（1）温度

有机物运输的最适温度是20～30℃。高于或低于这个温度范围都会大大减慢运输速度。温度降低，呼吸作用相应减弱，导致运输变慢；温度太高，呼吸增强，也会消耗一定量的有机物质，还会破坏原生质的结构，使酶钝化，所以运输速度也降低。温度除影响运输速度外，还会影响运输方向。当土温大于气温时，光合产物向根部运输的比例较大；气温高于土温时，有利于光合产物向顶端运输。

（2）矿质元素

影响有机物运输的矿质元素主要是硼、磷、钾等元素。

硼可以促进植物体内碳水化合物的运输，因为硼和糖能结合成复合物。这个复合物是极性分子，有利于通过质膜，促进糖的运输。

磷能促进光合作用，形成较多的有机物。磷是蔗糖转变中不可缺少的元素，同时有机物运输所需的能量是高能磷酸化合物所供应的，也与磷有关。因此，磷能促进有机物的运输。

钾能促进碳水化合物的转化，形成淀粉。

所以，适当施用磷、钾、硼肥料，能提高植物的产量和品质，特别是对于含糖和淀粉多的植物，效果更显著。

（3）水分

水分是植物一切生命活动的必要条件，同时也是有机物运输的介质，不溶解的有机物是不能运输的。通常，在植物结实期遇到干旱时，由于光合作用和运输受阻，使果实和种子不能积累充足的有机物质而变得干瘪瘦小。因此，在干旱情况下浇水可以加速有机物的运输。但是，水分过多也不利于有机物的运输，这主要是由于水分过多造成土壤通气不良，影响呼吸作用和其他代谢过程的缘故。

3. 有机物的分配

有机物运输除受外界条件的影响以外，植物本身的特性也影响有机物运输的方向和数量。有机物在植物体内运输分配是受供应能力、竞争能力和运输能力三者的综合影响，其中竞争能力起着较重要的作用。

叶片光合作用形成的有机物，除供植物本身生长需要外，一般是能运输出去的。供应能力就是指该器官部分的有机物能否输出以及输出多少的能力。凡是同化物较少，同时本身生长又需要时，同化物不但不输出，反而要输入（如幼叶）；当同化物形成较多而超过自身需要时，便有可能外运。同化物越多，输出的潜力越大。

输出的同化物究竟分配到哪里，分配多少，决定于竞争能力的强弱。一般生长旺盛而本身同化物不足，代谢较强的部分，都是竞争能力强的部分。例如，嫩叶、幼茎、幼根、果实、块根、块茎等。这些器官都是不同生育期的生长中心，光合作用产物和矿质元素一样，总是会被优先地分配到当时的生长中心。

任何一株植物，有时候会同时有几个生长中心，那么有机物的分配就要受运输能力的影响，运输能力包括输出部分和输入部分之间输导系统联系畅通程度和距离远近。一般来说，有“就近供应，同侧运输”的特点。例如，果树的果实所获得的同化物，大多数来自果实附近的叶片。此时，叶片的同化物一般只供应同一侧的相邻生长中心，而很少横向供应到对侧。

有机物的分配是受三者综合影响的，如果有若干部分的竞争能力相差不大，则以就近为主；如果距离差不多时，则优先供应竞争能力大的；如果距离远近和竞争能力大小都不同时，则以影响大小而定。竞争能力在其中起着较为重要的作用，竞争能力大的部分虽远离同化物合成部位，但也能获得大量的同化物；徒长植株的营养生长过旺，常常夺取大量养分，影响开花、结果等。

思考练习题

1. 影响根系吸水的内、外部条件是什么?
2. 根吸收的水分为何会跑到茎叶中去?
3. 蒸腾作用的意义有哪些?
4. 在炎夏，植物为何不会因气温过高而被灼伤?
5. 植物必需的矿质元素有哪些?
6. 根系吸收矿质元素有哪几种方式?
7. 影响根部吸收矿质元素的环境条件有哪些?
8. 光合作用的意义有哪些?
9. 叶绿素由哪几种色素组成?
10. 简述光合作用的过程。
11. 影响光合作用的环境条件有哪些?
12. 呼吸作用的意义有哪些?
13. 简述呼吸作用的过程。
14. 简述有氧呼吸和无氧呼吸的区别。

15. 影响呼吸作用的环境条件有哪些?
16. 简述蔗糖是如何转化的?
17. 种子在成熟过程中为什么会干物质增加，水分减少?
18. 植物体内有机物是如何运输的?
19. 影响有机物运输的环境条件有哪些?

第二章　植物的生长发育

植物的生长和发育是植物生命活动的两个方面。生长是指植物细胞、组织和器官在数量上和体积上的不可逆的增加；发育是指从营养体到生殖体的转变即花芽分化。各种植物发育所经历的阶段常有很大的区别。在一个生长季内完成从种子萌发到营养体建成最后达到开花结实的植物，称为一两年生植物（或一次结实植物）。有的植物在营养体生长多年之后才开始达到开花阶段，开花后营养体即衰老死亡（如竹等），这些植物称为多年生一次结实植物。许多木本植物及部分多年生草本植物具有多次开花结实的习性，它们开花结实后，营养体并不衰退，这些植物称为多次结实植物。多次结实植物自开花后，其生长与发育交替进行。生长是发育的基础，发育是生长的必然产物。

第一节　植物的生长

植物的生长是营养体建成的过程。对于一次结实植物而言这个阶段约为数月，而对于多次结实植物而言，这个阶段需要数年，甚至长的达30年左右。

一、种子萌发和营养器官产生

种子萌发和营养器官产生是植物生长的过程。通常，植物的生长从种子的萌发开始。随着种子萌发成幼苗，根和茎不断生长，叶的数量不断增加。

1. 种子萌发和幼苗形成

种子在一定条件下，萌发成为常见的植物体。种子在萌发过程中，通过呼吸作用消耗掉胚乳或子叶中储藏的有机养分，被消耗的有机物一部分用于为种子萌芽提供所需的能量，另一部分则转化为幼苗的组成物质。种子经幼苗长成正常的植物体。

种子萌发需要同时满足三个条件，即充足的水分、充足的空气、适宜的温度三要素。种子吸水后，使胚细胞具有旺盛的代谢活动，包括呼吸作用、储藏有机物的分解和运输、有机物的合成、新细胞的产生。

在种子萌发三要素中，一般情况下，空气是基本恒定的，能够为种子萌发提供必要的氧气。通过浸种（必要的话）和保持土壤湿润（播种以后）水分也是能够有所保证的。需要重视的就只剩下温度这一要素了。植物种子发芽的温度为0～40℃的范围，但每一种植物都有其发芽适温，也就是最适合于发芽的温度。植物的发芽适温因原产地而异，一般而言，温带植物以15～20℃为最适，亚热带及热带植物以25～30℃为适。温度低于发芽适温，种子萌发会缓慢，影响幼苗质量；温度高于发芽适温，则因呼吸作用过强而徒耗储

藏的有机养分，造成产生过多的弱苗，也易于诱发病害导致死苗。

2. 植物营养器官的发生和形成

种子的胚长成植物的根系和茎叶。在植物个体的整个生命过程中，根和茎的体积一直在扩大中，叶也在不断地发生和脱落。根由根尖的分生区不断地衍生出新细胞并将细胞拉长而增加根的长度，再由形成层的活动而使根不断加粗。茎由茎尖的生长点不断衍生的细胞延长茎的长度，也由形成层的活动加粗茎的直径。叶也由茎尖生长点衍生产生。

二、植物生长的周期性

植物个体及根、茎器官的生长速度和生长量，表现出一定的周期性快慢变化，称为植物的生长周期性现象。

1. 生长大周期

植物的一生中，不论是个别器官或是整株植物，其生长速度都表现出“慢—快—慢”的基本规律，即开始时生长缓慢，以后逐渐加快，达到最高点，然后生长速度又减慢，最终停止。我们把植物生长的这三个阶段总合起来叫作生长大周期。

生长大周期的出现与植株年龄有关，一般幼年期生长慢，中年期生长最快，老年期生长下降，最后停止。如杉木（实生）生长速度最快是在树龄10～15年。在生产中，树苗生长前期应加强肥水管理，使植株生长高峰来临时能获得充分的养料，以便形成茂盛的枝叶。对用材林木，在生长高峰结束后，应立即进行砍伐，这样林木的产量最高。

在观赏树木栽培中，植物生长的周期性会因修剪措施而改变。在植物生长季节对其进行修剪，马上会引起新的更强烈的生长，这叫作“反向生长修剪”。整个夏季，在条件适合的情况下，可随时用反向生长修剪方法促使树木形成新枝。在早春或冬季修剪较老的树冠或嫁接后采用反向生长修剪，通常都能获得生长势相当强的枝条，以致生长周期性不明显，或者表现得很微弱。

2. 季节周期

多年生植物的营养生长，都或多或少地表现出明显的季节性变化，称为季节周期。在温带地区，开春的2—3月份，气温回升，水分、光照适宜，植株便由休眠进入缓慢的生长；以后随着气温逐渐升高，光照充足，植株生长加快，并在5—6月份出现生长高峰；夏季由于气温过高，植物生长出现停滞；秋季气温下降，又有一定的生长，并有可能在8—9月份出现生长次高峰；到深秋，光照进一步减弱，水分减少，植株生长缓慢；冬季出现低温，植株便停止生长，进入休眠。

树木进入休眠也像种子一样是对不利环境条件适应的结果，是植物的一种重要适应特性。木本植物进入休眠有一个由秋天到冬天逐步加深，又由冬天至初春再逐步变浅的过程。植物休眠很深时，对不利的环境条件的抵抗力最强。例如，针叶树在冬季可忍耐－40～－30℃的严寒。

3. 昼夜周期

植物的生长，一般有白天慢，夜间快的现象，称之为昼夜周期。这种现象的产生，主要是由于光照、温度和含水量等情况昼夜不同而引起。白天，由于强烈的蒸腾作用，使植物体内大量失水，限制了细胞的分裂，并且日光中的紫外线能阻碍植物体内生长素效应，影响细胞分裂。夜间，蒸腾作用减弱，体内含水量增多，有利于细胞的分裂和伸长。同时，由于夜间气温一般比白天低，呼吸消耗减少，同时，气温低也有利于物质的水解转化，这些水解产物为新细胞提供结构物质。因此，植物的生长夜间比白天快。

4. 根生长的周期性

植物根的生长，也有明显的季节性，但无明显的休眠。根系生长的温度比地上部分要低些，而生长对高温的反应比地上部分敏感。所以，根的春季生长比地上部分早，夏季气温较高，根生长缓慢，秋季根生长停滞的时间比地上部分晚，而冬季仍有微弱的生长。这种生长节律恰好与地上部分交替进行，能很好地避免对营养的竞争，是植物长期进化的结果。

通常，根生长最旺盛的季节也是对矿质元素吸收最多的时期。根据这点，早春是进行移植和施肥的适宜季节。早春2—3月间（长江中下游地区），气候低温阶段已经过去，植株不会再受寒害，而根系生长仍很微弱。此时移栽苗木伤根对植物的影响最小，并且由于地上部分蒸腾量少，移栽对地上部分生长影响也小，易于成活。移栽后，根系能在5—6月份生长高峰来临前得以恢复，为地上部分的旺盛生长准备好了吸收水分和矿质元素的物质条件。如在此时结合施肥，更能促进植物地上部分进入旺盛生长期。

第二节　植物的发育

当植物个体生长到一定阶段时，如果植物体内外条件均能满足，茎的生长点就会从衍生形成茎和叶营养器官转向形成花芽，完成开花结果的发育过程。

一、花芽形成的条件

植物从生长转向发育需要特定的外部环境条件。与发育有关的外部条件是低温和光周期。

1. 低温春化

一些两年生植物，如羽衣甘蓝、诸葛菜、荠菜等的成花受低温的影响。低温促使植物形成花芽的作用叫作春化作用。

各种植物春化要求的温度及时间长短不同。植物完成春化作用除温度条件外，还需要氧、水分和糖类（呼吸作用的底物）。干种子不能接受春化；离体胚在有氧、水分和糖类的情况下，才能发生响应，完成春化作用。

温度作为一种外界的信号，植物感受低温的部位主要是茎尖的生长点，如种植在温度较高的温室中的芹菜，由于得不到适当低温而不能开花。如果将通以冰冷水流的橡皮管缠绕于茎的顶端，使生长点获得低温，就可通过春化，在长日照条件下开花结实。

春化过程中细胞内发生着一系列代谢变化，RNA和蛋白质含量增加，代谢加速。

如将通过春化的天仙子的叶片嫁接到没有春化的同种植株上，可诱导没有春化的植株开花。这个实验证明，通过春化的生长点细胞内可能产生了一种信息物，可以传导出去，人们把这种物质称为春化素。但春化素是否存在，如果存在，是什么物质？由于至今没有被分离出来，尚无定论。

2. 光周期诱导

有些植物通过春化作用以后，还需要一定的光周期诱导后才能开花。光周期是指一昼夜间光暗交替的现象。光照长短对植物开花的效应称为光周期现象。根据开花与光周期的关系，可将植物划分为以下若干类型：

（1）短日（照）植物

短日（照）植物是要求经历白昼短于一定长度，黑夜长于一定长度（称为临界暗期）的时期才能开花的植物。延长暗期有利于成花。这类植物多半起源于低纬度热带地区，也包括一些温带地区早春或晚秋开花的植物，如菊花等。

（2）长日（照）植物

长日（照）植物是要求经历一段白昼长于一定长度（临界日长），黑夜短于一定长度的时期才能开花的植物。延长光照时间，缩短黑暗时间，可以提早成花。这类植物包括许多起源于温带的植物和晚春、初夏开花的植物，如石竹等。

（3）日中性植物

还有些植物的成花对昼夜长短无一定要求，在任何日长条件下都能开花，称为日中性植物，如月季、凤仙花、非洲菊等。

（4）中口性植物

还有些植物对日照长短要求严格，只有在某一范围的日照长度下才能成花，日照过短或过长均不利十廾花，称为中日性植物，如甘蔗等。

长日照植物与短日照植物的区别，不在于临界日长是否大于或小于12小时，而是在于要求日长大于还是小于某临界日长。此外，有些植物需要长日照后，随后再有短日照，才能最后形成花器官，这类植物称为长短日植物，如大叶落地生根等；与此相反，还有短长日植物，如风铃草等。

应当指出，植物开花的光周期反应不是绝对不变的，栽培植物往往由于人们逐步引种驯化，对日照长短的适应范围逐渐扩大，如菊花原是典型的短日照植物，经过长期驯化，许多品种已对日照长度的反应不敏感。牵牛是短日照植物，它们仅限于20~25℃条件下需要短日照，而处于15℃或温度更低情况下，可在长日甚至连续光照下开花。

植物发育到一定阶段，在适宜的环境因子，如低温春化和光周期诱导下即可成花。研究春化作用和光周期诱导不仅有助于揭示植物成花机理，而且在生产实践上有重要意义，如引种、控制开花等。

二、成花的内因学说

植物由生长转入发育，是从植物茎内生长锥转向形成花芽时开始。这种生理上的转变，是在外界条件的影响和内部的某些变化共同作用下引起的。对于植物成花的外界条件，前面已有叙述。关于成花的内在因素，主要认为是与植物体内水分、营养状况和激素有关。目前主要有下面几种看法：

1. 碳氮比例学说

碳氮比例学说是较早的一种学说。根据这个学说，对植物开花、结实起决定作用的，并不是什么特殊物质，也不是某类物质的绝对量，而是碳氮之间的比例。当植物体内积累的碳水化合物（糖）比含氮化合物多，即碳/氮比值高时，有利于生殖体的形成，促进花芽分化；当含氮化合物太多，碳/氮比值下降，有利于营养生长，花芽形成则延迟。生产中，如遇水分、氮肥供应过多，使植物体内含氮化合物增多，降低了碳/氮比值时，从而出现枝叶徒长，花期推迟。但如注意碳、氮等元素的适当配合，人为控制碳/氮比值，是可以达到早开花的目的的，如在果树栽培中应用环状剥皮、绞缢树干等方法，使其上部的枝条积累较多的糖，提高碳/氮比值，就能促进开花。

碳氮比例学说的缺陷是对某些短日照植物的开花并不适用。例如，向日葵、菊花等在氮肥正常或偏高时开花较快。因此，这种学说有它的局限性。

2. 开花激素学说

开花激素学说认为植物成花的原因，是植物体内存在一种促进开花的物质，称为成花素或开花激素。这种成花素可以传导至分生区，而发生花芽分化，成花素还可以通过嫁接而传导。但成花素究竟是什么物质，直到目前还不清楚。

许多试验也发现赤霉素能部分代替低温和长日照的作用，能使许多需要低温春化的植物不用经过低温就能开花，也可以使许多长日照植物在短日照条件下开花。同时，这些植物经过低温和长日照条件开花后，体内赤霉素含量也有所增加。但是，赤霉素不能使短日照植物在长日照条件下开花。所以有人提出开花激素可能不只是一种物质，而是由几种物质组成。长日照植物在短日照条件下，可以形成其他的开花激素，但不能形成类似赤霉素的物质，因而不能开花。这时如供应赤霉素，就能开花，短日照植物在长日照条件下，因缺少的不是类似赤霉素的物质，而是另外一些开花激素，因而外加赤霉素不起什么作用。这另外一些开花激素，有人认为是脱落酸一类物质。因为试验表明，脱落酸可使一些短日照植物在长日照条件下开花。

另外，还有人认为开花激素是经赤霉素形成的，而赤霉素本身并不能促进开花。也

有人认为赤霉素对某些植物开花激素的产生有促进作用。总之，对成花素的解释，直到目前还没有得到一致的看法。

3. 内因周期学说

近年来有人提出，植物的各种生理现象都有其固有的某种内在节律，称为“内因周期”。他们认为因环境的昼夜变化引起植物体内部的节奏变化，是由于生物在进化过程中，环境的昼夜节奏长期影响所造成的。由于生物体内产生的昼夜周期，是近似24小时（一般在22～28小时之间），因此，又称为生物钟和生理钟。

生物钟这种内在节律对于高等植物表现得很普遍，如细胞分裂、气孔开闭、呼吸作用、光合作用、中间代谢、伤流液的流量和其中氨基酸的浓度与成分等生理现象及代谢状况，都存在有昼夜的周期节律。

植物的成花也同样，如光周期现象实际就是植物体内部对自然界光照昼夜变化（光周期）长期适应的结果。也就是说，植物体内由于存在内在的生物钟，因此才出现植物因光周期长短不同引起开花迟或早的现象。这就是光能否诱导成花的内在因素。

第三节　植物在环境胁迫条件下的生长

环境胁迫是指环境对植物体所处的生存状态产生的压力。随着人类活动范围的扩大、程度的加深，环境资源受到了很大的破坏，环境对很多植物体引起的胁迫也日益严重。在环境胁迫条件下植物表现出来的异常生理现象被称为植物的抗逆生理。

一、温度与植物生长

如前所述，植物正常生长发育要求有适宜的温度条件。温度过高或过低均会对植物造成不利或危害。通常，环境温度过高多导致植物生长不良，少数情况下导致植物的死亡，而环境温度过低对植物的影响更大，常会使植物致死。

1. 低温对植物的危害

低温对植物会造成危害，但植物对低温具有一定的抗性，这种抗性称为植物的抗寒性。所谓植物的抗寒性是指植物对低温的忍耐性。掌握植物的抗寒性对园林植物的生产和养护具有现实意义。

（1）低温对植物危害的类型

低温对植物的危害，按低温程度和受害情况，可分为冻害和寒害两种。

1）冻害。冻害是环境温度降至0℃以下，植物体发生冰冻而使植物受伤甚至死亡的现象。植物受冻害是由于结冰引起的，其有细胞间结冰和细胞内结冰两种类型。

细胞间结冰通常在0℃以下的不太低的温度范围内缓慢降温所致。其对植物的影响是细胞间隙结冰后使细胞间隙内的溶液浓度提高，导致细胞内水分外渗，造成原生质严重脱水；

同时，细胞间隙内的冰晶体对细胞产生机械损伤。细胞间隙结冰不一定导致植物死亡，危害的程度取决于降温后升温的速度，升温解冻缓慢，能使细胞逐渐吸收水分而恢复正常，而升温解冻迅速，水分很快散失，植物就会因短时大量脱水而死亡。

细胞内结冰通常是在0℃以下的大幅度迅速降温所致，细胞内的冰晶使细胞遭受机械损伤而使植物的局部或整体死亡。

2）寒害。寒害是在0℃以上的低温对植物造成的伤害。寒害多见于热带、亚热带喜温植物。引起寒害的原因一方面是破坏原生质的结构和代谢的协调性，因为低温能使水解酶的活性增高，水解作用大于合成作用，呼吸作用不正常地增强，导致大量消耗有机物质，同时代谢也失去协调性，使某些物质积累而致细胞中毒，从而使原生质结构破坏，细胞膜失去半透性。另一方面是植物在遭受寒害后，气温升高较快，土温仍较低的话，由于根系吸水较弱，叶面蒸腾较大，使植物体内的水分不能保持平衡，造成生理干旱，出现枯芽、枯梢、落叶等现象。

（2）植物的抗寒适应性

植物在长期进化过程中对低温在生长习性和生理生化方面形成了特殊的适应方式。一些植物以休眠器官的形式度过一年中寒冷季节，如一年生植物主要以干燥种子形式越冬，大多数多年生草本植物则以地下休眠器官，如鳞茎、块茎或根状茎等形式越冬。另一些植物则通过抗寒锻炼，提高抗寒性而度过寒冷季节。植物的这种随着气温下降，体内发生了一系列适应低温的生理生化变化，逐渐增强抗寒能力的过程叫作抗寒锻炼。尽管植物抗寒性强弱是由遗传决定的，但应指出的是，即使是抗寒性很强的植物，在未经抗寒锻炼前，对寒冷的抵抗能力还是很弱的。例如，寒温带分布的植物通常能忍耐−40~−30℃的严寒，但未经抗寒锻炼的这类植物，在稍低于0℃的情况下就可能受冻害。经过抗寒锻炼的植物，植株含水量下降，细胞内亲水胶体加强，使束缚水含量相对提高而自由水含量相对减少；呼吸作用减弱，减少糖分的消耗；淀粉水解为糖旺盛，使细胞液浓度增高；细胞大量积累蛋白质、脂肪、核酸等。通过这些生理生化变化提高了植物的抗寒能力。另外，落叶树种落叶，进入休眠也是为了提高抗寒能力。

（3）提高植物抗寒性的栽培措施

为了使栽培植物增强抗寒性，安全越冬，在栽培抚育管理中应注意以下四个方面：一是入秋后要控制植物的生长，防止生长过旺而降低抗寒性。主要措施为少施或停施氮肥，多施磷、钾肥，提高植物体内物质转化的能力，促进成熟。二是适当控水，使根系发达并能深入土壤深层。三是采取保护措施，避免低温危害。四是冬季合理灌溉，提高土壤导热率，部分地弥补地面辐射冷却所失去的热量。

2. 高温对植物的危害

高温会对植物产生伤害作用，使植物生长发育受阻，特别是开花结果期最易遭受高温的伤害。高温主要是破坏了植物的光合作用和呼吸作用的平衡，使呼吸作用超过光合作用，致使

植物因长期饥饿而死亡；高温还能促进蒸腾作用的加强，破坏水分平衡，使植物萎蔫干枯；高温加速植物的生长发育，缩短植物的整个生育期，而使生长量相应减少；高温促使叶片过早衰老，减少了有效叶面积；过高的温度还能促使蛋白质凝固和导致有害代谢产物的积累而使植物中毒。另外，高温还会使树皮灼伤，甚至开裂，导致病虫害入侵。

（1）植物对高温的适应

植物对高温的适应表现在遗传、形态和生理等方面。在遗传方面，为了适应高温环境，有些植物形成了夏季休眠的习性，因为植物的休眠体与处于生长状态相比具有最强的忍耐性，如郁金香、石蒜等。种子或果实对高温的忍耐性也很强。这是因为休眠器官的代谢非常低，对外部环境的变化最不敏感。在形态方面，为了适应高温环境，植物体表面具有绒毛、鳞片等附属物，形成了革质发亮的叶片的特征，有的植物在高温时叶片可折叠起来，减少光的吸收面积，有些植物还具有很厚的木栓层起隔热的作用。在生理方面，为了适应高温环境，一是在细胞内增加糖或盐的浓度，同时降低含水量，使细胞内原生质浓度增加，增强原生质抗凝结的能力，同时代谢减慢，增强了抗高温的能力。二是蒸腾作用旺盛，能有效降低植物体温，但气温过高导致气孔关闭则植物会失去蒸腾散热的能力，这时植物最易受高温危害。

（2）提高植物耐热性的栽培措施

为了使园林植物安全度过高温季节，常可采取如下栽培措施：遮阳以减弱光照强度；灌水或喷雾以降低环境温度；施用鳞、钾肥以促进植物体内物质的转化；树干涂白以反射太阳辐射等。

二、水分与植物生长

水分是植物生长所必需的，所以土壤要有适宜的含水量，如果土壤缺水会导致植物受旱，而土壤水分过多则会使植物受涝。

1. 旱害及植物的适应性

植物耗水大于吸水而出现水分亏缺的现象叫作干旱。植物水分亏缺时细胞失去紧张度，叶片和茎的幼嫩部分下垂，这种现象称为萎蔫；当植物白天出现萎蔫后到晚间蒸腾作用下降时能恢复原状，叫作暂时萎蔫。如果土壤已无可供植物吸收利用的水，虽然降低蒸腾仍不能消除水分亏缺以恢复原状的萎蔫，叫作永久萎蔫。永久萎蔫时间持续过久，植物会死亡。

干旱时幼叶向老叶夺水，促使老叶死亡；影响花果的发育。干旱使气孔关闭，蒸腾减弱；促使水解酶的活动加强，合成酶的活动降低甚至完全停止；引起叶绿体受伤，光合作用显著下降，最后完全停止；同化产物运输速度受阻；呼吸速度增强，但能量不能被有效利用，而是以热形式被消耗掉；蛋白质分解加快。

（1）植物对干旱的适应

当植物个体受到干旱胁迫时，植物体在形态、结构和生理上都会发生一系列的抗御干旱的变化。主要表现为：在缺水的威胁下，植物会加速发育，尽早结束生活史或进入休眠；增加细胞液浓度，提高吸水能力和保水能力；为了能从土壤深层吸收水分，根系会长得更庞大更深；为了减少体内水分的丢失，会将气孔关闭，还会加厚角质层和蜡层的厚度；出现干旱落叶，减少蒸腾作用面积；使叶平面与太阳入射角减小，减少截获的辐射。

（2）提高园林植物抗旱性的栽培措施

为了提高植物的抗旱性，在栽培中常可采取如下栽培措施：一是在干旱来临前适当少供水，促使植物形成深而广的根系，这种栽培措施俗称“蹲苗”；二是多施有机肥，提高土壤的持水能力和供水能力；三是适当多施磷、钾肥以促进植物体内物质的转化，提高植物的抗旱性。

2. 涝害及植物的适应性

土壤水分过多对植物生长造成的危害称为涝害。涝害严重时也会使植物死亡。涝害对植物造成的危害主要有：由于土壤空隙被水充满，缺乏氧气，根系不能进行有氧呼吸而以无氧呼吸作为补偿时，大量消耗可溶性糖，积累酒精或乳酸，导致细胞中毒死亡。另外，土壤缺氧使有机质分解不彻底，形成有机酸等有害物质，使根细胞中毒死亡；再是土壤不透气造成CO_2的积累，导致细胞膜透性减小。由于上述原因，植物遭受涝害，导致烂根而吸水量锐减，表现出萎蔫状态，由于其症状与干旱相似，称为生理干旱。如烂根严重，会造成植物死亡。

（1）植物对湿生或水生环境的适应性

湿生或水生植物对土壤水分过多或水生环境的适应性表现为：植物体内形成通气组织，能将叶片吸收的氧气运输到根部，保持根系的有氧呼吸，使根系能正常吸水。形成呼吸根，使根部抬升出地面或水面进行呼吸。对于耐涝性强的植物，根的皮层细胞壁木栓化，可避免土壤缺氧产生的有害物质进入根系，这类根就不容易腐烂。

（2）提高园林植物耐涝性的栽培措施

为了使园林植物免受水涝的危害，在栽培中要避免土壤积水，特别是在雨季要保持土壤排水畅通，土壤空隙有足够的空气，使根系能良好地进行有氧呼吸，保证根系能正常吸水，保持植物体内的水分平衡。在雨后或灌溉后，如果土壤板结，要及时松土，保持土壤的良好透气性。对于一些不耐涝的植物，在生产时或配植时应选择高燥地，避免土壤积水而烂根。

三、土壤盐碱与植物生长

在气候干燥和地下水位较低的地区，由于蒸发大，雨量小，盐分随水分上升而较多地积累在土壤浅表层中。此外，沿海地带的土壤，由于地下水含有较多盐分，所以这些地区的土壤含盐量也较高。这些含盐较多的土壤称为盐土。如果土壤所含盐类为碱性盐，则

土壤不仅含盐量高而且土壤溶液呈碱性，这种土壤称为盐碱土。另外，设施栽培和长期大量施用化肥等，园林植物生产用地也会盐化或盐碱化。

植物正常生长，需要从土壤中吸收矿质元素，但土壤盐分过多，特别是易溶解的盐类（如$NaCl$、Na_2CO_3、Na_2SO_4等）过多时，对大多数植物是有害的，尤其是对小苗和新移栽苗木。其主要原因有以下三个方面：一是土壤盐分过多使土壤溶液的浓度过大，造成根吸水困难，使植物难于获得所需要的水分，甚至发生根细胞内水分外渗，造成植物萎蔫。二是土壤中含有各种盐类，但往往以一种盐类为主，这样就会使细胞原生质过多累积某一盐类的离子而发生单盐毒害作用，轻则抑制生长发育，重则死亡。三是植物受盐害时叶绿体受到破坏，叶片失去绿色。同时盐害还破坏蛋白质的合成，使体内积累过多的氨基酸和氨，氨和许多氨基酸的含量过多，对植物会发生毒害。

1. 植物的抗盐性

某些植物在系统发育中，由于长期在盐碱地生长，因此对盐分具有高度的适应能力，能在含盐分很高的土壤中生长，这些植物称为盐生植物。

盐生植物的共同适应特征是具有高浓度的细胞液，可以从多盐的土壤溶液中吸收水分。盐生植物的另一个特点是对高浓度的盐有很强的抵抗力，也就是原生质对盐的透性很低，限制过多的盐分进入植物体内，以免除盐分过多造成的毒害。

在园林植物中，几乎没有真正的盐生植物，只有机能性盐生植物。它们也具有一定的抗盐性，常见的如苦楝、臭椿、乌桕、刺槐、紫穗槐、泡桐等。

2. 提高植物抗盐性的途径

盐碱对植物危害的主要原因是土壤含盐过多，因而改良土壤是解决这个问题的根本办法。另外，也可以通过栽培措施加以缓解，或从生理上提高植物的抗盐性。其主要途径有以下几种：

（1）泡水洗盐淡化土壤

在盐碱地区，表土含盐量常在1%以上，对于这种土壤，多数植物难以正常生长，应该用淡水浸泡，洗去土壤中大部分的盐，然后再种植植物。用作培育种苗的苗床，面积不大，可以用深挖0.5～1 m，埋入20 cm厚的一层秸秆，再填土使用的方法。通过填埋秸秆，可有效切断土壤毛细管，隔断土壤深层盐分上升的路径，达到降低土壤浅层盐分的作用。

（2）种植绿肥，大量施用有机肥及增施磷肥

盐碱土地区可以种植田菁、苕子、柽麻等绿肥作物。这样地面有绿肥覆盖，土壤水分的蒸发减少，地下水中盐分上升的速度也减慢，从而降低了表土盐分的积累。多施有机肥，可以改良土壤的物理性质，提高土壤肥力，特别是土壤腐殖质增加，能起吸附盐离子的作用。同时，有机物分解时，会产生各种有机酸，增加土壤中盐类的溶解度和中和土壤的碱性，从而降低土壤的盐碱性。磷能加速植物的生长发育，促进蛋白质的合成和提高细

胞原生质的亲水性，所以增施磷肥也可以提高植物的抗盐性。

（3）选育抗盐品种提高植物抗盐性

抗盐性是在个体发育中形成的，是对土壤盐渍化的适应。植株在幼龄期的可塑性高，适应能力强。因此，在播种前用盐溶液（浓度视不同种类的植物而定）处理已发芽的种子，可以提高种苗的抗盐能力；用一定浓度的盐溶液浸种一定时间后再播种，可以提高种子在盐土上的萌发率，有利于幼苗生长。

另外，也可以在盐碱土上选择抗盐力强的植株留种。这些植株的种子在形成过程中曾经受一定盐类的影响，由它长成的植株便具有较强的抗盐能力。

思考练习题

1. 种子萌发需要满足哪三个条件?
2. 何为植物生长的周期性现象?
3. 植物体生长有哪些周期?
4. 什么是春化作用? 简述低温与成花的关系。
5. 什么是光周期和光周期现象?
6. 简述碳氮比学说的作用。
7. 冻害和寒害对植物造成的影响有哪些?
8. 如何避免或减少盐碱地对植物生长的影响?

第三章　植物激素及其应用

植物激素是指植物体内合成的、对植物生长发育有显著调节作用的微量有机物。它们在某些组织中产生，既可以在产生它的组织中，也可运输到其他组织中发挥作用。人们在弄清植物激素的分子结构和生理作用以后，模拟合成、筛选出一些分子结构和生理效应与植物激素相似的有机化合物，如吲哚丁酸等；还合成了一些结构与天然激素不同，但生理效应相似的有机物，如矮壮素、三碘苯甲酸等。这些人工合成的具有植物激素活性的物质称为植物生长调节剂。植物激素和植物生长调节剂合称为植物生长物质。植物生长物质已在农业生产上被广泛应用，在园林植物生产、养护中也得到了普遍应用。

一、植物激素的种类及其作用

植物激素有生长素、细胞分裂素、赤霉素、脱落酸和乙烯五大类。一般来说，前三类是促进生长发育的物质，脱落酸是一种抑制生长发育的物质，乙烯主要是促进器官成熟的物质。

1. 生长素

植物体内自身合成的生长素是吲哚乙酸，此外，在个别植物中还发现有吲哚乙醛、吲哚乙醇等。生长素由叶原基、幼叶、发育中的种子等生长旺盛的部位或器官合成。生长素具有极性运输的特征，即从形态学上端向形态学下端运输，根中自基部向根尖运输。

生长素的主要生理效应：促进植物生长、促进细胞分裂和分化（主要是细胞的伸长）、确立顶端优势、促进形成层活动和维管组织分化、抑制叶和果实的脱落、刺激乙烯产生、刺激果实发育。

2. 细胞分裂素

细胞分裂素是腺嘌呤的衍生物，最普遍的是玉米素，此外还有玉米素核苷、二氢玉米素等，合成部位主要在根尖。细胞分裂素通过木质部从根向苗运输，无极性。

细胞分裂素的主要生理效应：促进细胞分裂和扩大（主要是细胞分化）；延缓叶片衰老；促进侧芽生长，抗顶端优势；组织培养中诱导芽的分化。

3. 赤霉素

赤霉素是双萜类化合物，已发现80余种，最常见的是赤霉酸。发育中的种子、正在生长的苗端和幼根是其合成部位。由筛管下运，通过导管上运，无极性。

赤霉素的主要生理效应：促进植物生长；促进α–淀粉酶的形成；打破休眠，促进萌发；促进长日照植物和两年生植物开花。

4．脱落酸

脱落酸是含15个碳原子的倍半萜化合物，合成部位为成熟叶片和根冠中（特别是水分亏缺条件下），种子和茎等处也可合成，运输无极性。

脱落酸的主要生理效应：促进脱落、促进休眠、促进气孔关闭、提高抗逆性、促进光合产物自叶向种子或根运输。

5．乙烯

乙烯为不饱和碳氢化合物，是植物激素中唯一的气体激素。植物体各部分均可产生（特别是在逆境条件下），正在成熟的果实、萌发的种子及伸展的芽和叶片中含量高。运输方式是气态扩散。

乙烯的主要生理效应：促进果实成熟、促进器官衰老和脱落、抑制茎的伸长，促进横向生长、促进某些植物开花。

二、植物生长物质在园林植物生产中的应用

植物激素已在生产中得到广泛的应用。但是，植物激素进入植物体后很容易被相关的酶降解而失效，在人工合成了植物生长调节剂后，则更多地应用后者。在生产上应用植物生长物质只是对植物体内的内源激素的一种补充。

1．调节营养生长

生长素、细胞分裂素和赤霉素对植物生长有促进作用，利用上述三类植物生长物质，可以起到促进或抑制植物营养生长的生产目的。

（1）茎的伸长

生长素对茎的伸长有明显的作用。茎尖合成的生长素下运，刺激节间伸长。如将茎尖切去，则节间伸长受阻。如在去掉茎尖的茎顶端放一块含有适当浓度吲哚乙酸的琼脂块，则又可像未去掉茎尖的茎那样伸长。

赤霉素也有刺激茎伸长的作用，在矮生植物上外施赤霉素表现得最明显。外施赤霉素可促进植物体内源性生长素增加，原因是赤霉素可促进生物合成生长素的前体（色氨酸），并进一步合成吲哚乙酸；赤霉素还可提高蛋白酶的活性，加速蛋白质水解，从而使色氨酸的积累增多，有利于吲哚乙酸的合成；赤霉素又可抑制吲哚乙酸氧化酶的活性，抑制吲哚乙酸的氧化分解；赤霉素还可使体内束缚态吲哚乙酸转变为自由态吲哚乙酸。由此可见，赤霉素从多方面提高植物体内生长素的水平，这说明茎的伸长是由生长素和赤霉素共同作用而促进的。根据上述原理，在某些切花的生产中，为了提高切花品质，使切花的花枝粗壮、长度达到要求，可施用赤霉素。

某些植物生长调节物质，具有抑制赤霉素合成的作用，如矮壮素（CCC）、多效唑（PP333）等，可应用于某些高干花卉，如菊花、一串红等的矮化处理，并使叶片肥厚和花朵增大，提高花卉的观赏价值。

（2）顶端优势

一些针叶树，如杉、松等，主茎高高挺立，侧枝从上到下长度不等，距顶端越近侧枝越短，离顶端越远则越长，整个树冠呈宝塔形，造型美观，从中可以看出，植物各部分的生长互相有着密切的关系。主茎顶端生长抑制侧芽生长，这种现象叫作顶端优势。不同植物顶端优势的表现不同，松柏类植物顶端优势强，蜀葵、向日葵、黄麻等草本植物顶端优势也很明显，桃、垂柳、早熟禾等植物的顶端优势不明显，在营养生长初期就可滋生许多分枝或分蘖。

激素的调节是产生顶端优势的原因。生长素通过极性运输，自茎尖向下传递，在茎中形成生长素浓度梯度。上部侧芽附近的生长素浓度比下部高。侧芽对生长素浓度较顶芽敏感，因而侧芽生长受到抑制，离顶端越近，生长素浓度越高，抑制作用越明显。如果人工摘除顶芽，侧芽就萌动生长；如用含有生长素的琼脂块放在去顶的截面上，侧芽生长又会被抑制。

细胞分裂素可促进侧芽伸展，消除顶端优势。实验证明，如果用细胞分裂素处理侧芽，可促使侧芽生长，这时再用生长素处理去顶枝条的顶端，则生长素不能起到抑制侧芽生长的作用。

植物体内存在着自上而下的生长素浓度梯度和自下而上的细胞分裂素浓度梯度，它们协调作用，维持着植物正常的生长和分枝。一旦由于某种因素打破了体内原有的激素平衡，就会出现异常。有些树木受到能分泌细胞分裂素类物质的病原体侵袭，会打破原来顶端生长抑制侧芽生长的原状，产生许多分枝，形成“扫帚病”。

赤霉素有加强顶端优势的作用。在生产上，人们根据需要，维持植物的顶端优势或削弱其顶端优势。例如，观赏小乔木通过摘心或短截修剪促进分枝，以期达到多开花（结果）的目的。用人工合成的整形素、青鲜素（顺丁烯二酰肼）可抑制顶端优势，起到同摘心或短截相似的效果。

（3）根和芽的分化

生长素最先应用于生产实践中是诱导不定根的形成。用吲哚乙酸或萘乙酸（一种人工合成的生长素类物质）等处理植物插穗，能使插穗生根快而根系发达，现已大量用于扦插生根困难的树木育苗中。当用生长素类物质处理插条基部时，促进那里的薄壁细胞分化，恢复分裂机能，产生愈伤组织，然后长出不定根。人们在实践中得出经验，如在插条上保留正在生长的芽和幼叶时，容易生根。这是因为芽和幼叶中合成的生长素，通过极性运输向下输送，使插穗基部得到生根所需的足量的生长素。生长素用于扦插繁殖已有制成品，叫作生根粉，生产上只要遵照使用说明使用即可达到理想的使用效果。

愈伤组织分化出根和芽是组织培养成功的关键。大量实验证实，通过调整生长素和细胞分裂素之间的平衡关系，可以在一定程度上定向诱导根和芽的分化。一般来说，生长素有利于愈伤组织中根的分化，细胞分裂素则有利于形成芽。烟草愈伤组织中根和芽的分化决定于吲哚乙酸和激动素的比例。当吲哚乙酸与激动素比值高时，容易生根；吲哚乙酸与激动素比值低时，容易形成芽。不同外植体所要求的生长素和细胞分裂素的浓度比例不同，与该外植体的内源激素水平有关。

2. 调节生殖生长

从营养生长到生殖生长是植物生活史中的重大转折。在适宜条件下，植物体在营养生长基础上分化出生殖器官，开花结实。

（1）植物激素与开花的关系

开花是人们在日常生活中非常熟悉的自然现象。不同植物在不同时间开花，而且性状各异。

在初步了解植物开花需要营养、温度和光周期以后，人们一直在寻找它们之间的内在联系。成花素假说认为，既然叶子是感受光周期诱导的器官，而花的形成却在茎的顶端，表明叶子在接受光周期信号以后，产生了某种开花刺激物，运到茎的顶端，引起开花，嫁接实验便证实了这一点。但是这种被假设为“成花激素”的物质尚未分离得到。虽然成花激素还没有找到，但成花激素假说对开花机理研究起了重要的推动作用。

五大类植物激素在植物成花反应中不同程度地起着作用，其中最有影响的是赤霉素、生长素和细胞分裂素。

1）赤霉素的作用。现已确定，赤霉素可使一些长日照植物，如天仙子、金光菊等在短日条件下开花，对某些冬性长日照植物，如胡萝卜、甘蓝等可代替低温，不经春化即可开花。这些实验说明，赤霉素与植物开花有密切关系。为此，成花激素假说修正为：成花素由两类物质共同组成，即赤霉素和尚未确定的开花素，根据这个假说长日照植物在长日照条件下，短日照植物在短日照条件下都具有开花素和赤霉素，所以能开花。长日照植物在非诱导条件下有开花素，但没有赤霉素，因此用赤霉素处理可使长日植物开花；而短日照植物在长日照条件下，由于缺乏开花素，所以不能开花。然而开花素是什么？至今未能分离出来，而且这个假说不能解释下列事实：非诱导条件下的短日照植物（按照上述假说，应有赤霉素）嫁接到非诱导条件下的长日照植物（应有开花素），未能使之开花。

赤霉素对成花的作用与植物种类有关。赤霉素可促进裸子植物球花的产生，但对一些木本植物，特别是果树则抑制成花反应。

赤霉素对成花的作用与赤霉素的分子结构有关。到目前为止，从低等植物到高等植物中分离出的赤霉素已有80余种，根据发现的先后顺序，以GA_1，GA_2，GA_3等代表不同的赤霉素。其中，GA_3极性最强，促进成花的效果最好；GA_1对茎伸长有很强的促进作用，但对成花转变没有影响。这说明赤霉素促进茎伸长和促进开花的机制不同。

赤霉素的成花作用与环境条件也有关，赤霉素对凤仙花开花的促进效应只在高温时有效，低温条件下则无效。

总之，赤霉素参与许多植物的成花转变过程，它的生理效应与其分子结构、植物种

类、使用浓度和时间等因素有关。

2）生长素的作用。传统观点认为，生长素抑制短日照植物的光周期诱导过程，实际上，生长素对植物开花既有抑制作用，也有促进作用，其效果与多种因素有关。外源生长素处理或内源生长素测定实验表明，花的发生需要低浓度生长素，高浓度则抑制成花。生长素的作用与其使用时间有关。如暗期前用吲哚丁酸（一种人工合成的生长素）处理苍耳可抑制开花，暗期后处理会促进成花反应。又如烟草花梗薄层培养时，早期低浓度萘乙酸有利于花芽形成，后期则高浓度促进花芽发育。生长素在成花中的作用机理尚不清楚。它可能通过影响植物的生理年龄、对光周期信号的敏感性以及与其他激素的相互作用而影响植物的成花反应。

3）细胞分裂素的作用。细胞分裂素参与许多植物的成花过程，但表现不一致。它与赤霉素和生长素相似，对成花作用与其使用浓度、“靶”组织的敏感性和生理状态，环境及其他激素间相互作用等因素有关。如烟草外植体培养时，低糖条件下激动素抑制成花，高糖时则促进开花。在非诱导的长日照条件下，细胞分裂素可促进苍耳开花，短日照条件下则抑制开花。细胞分裂素参与许多果树的成花调节，如玉米素可刺激苹果树翌年花的数量增加，激动素可促进葡萄花序的产生。

细胞分裂素与其他激素配合使用更好。将激动素与赤霉素混合应用，如对菊花的成花效果好。烟草薄层培养时，激动素与生长素以适当比例配合，对成花最有效。

光周期诱导期间，内源细胞分裂素水平提高，如长日照植物白芥成花诱导过程中，根、叶、顶芽中细胞分裂素含量迅速增加。实验暗示，长日照诱导使叶片产生某种信号，传送至根，引起根中细胞分裂素合成增加，或向地上部分输出增加。细胞分裂素作为一种长距离运输的信号，使茎的顶端分生组织进入成花启动前的细胞分裂状态。如果在长日照诱导时将白芥置于饱和湿度下，使蒸腾作用停止，抑制木质部汁液从根向枝条流动，就可以抑制开花反应。

4）乙烯的作用。现在关于乙烯与成花诱导的研究较少。乙烯可促进菠萝开花，其效应与处理时间有关。乙烯生物合成抑制剂（氨基乙氧基乙烯基甘氨酸），可以完全抑制菠萝开花，这种抑制作用可以随后用乙烯处理逆转。

乙烯在植物体内的含量与植物种类有关，如冬小麦经春化处理后内源乙烯减少，杜鹃花在低温处理后乙烯增加，在花芽显著伸长前尤为明显。

5）脱落酸的作用。关于脱落酸对开花作用的报道较少。研究表明，植物组织内脱落酸含量与光周期诱导、花芽启动之间无稳定关系。脱落酸一般对长日照植物开花起抑制作用，对短日照植物在长日照条件下可促进开花。如水生植物微青萍是短日照植物，它的开花需高水平内源脱落酸和低水平赤霉素。

除五大类植物激素外，其他一些内源生理活性物质，如水杨酸、多胺、茉莉酸、玉米赤霉烯酮、寡糖等与成花也有一定的关系。今后还可能发现新的成花刺激物质。

植物成花是一个复杂的多层次、多元化的反应过程，它受外界因子（如光周期、春化作用等）和内部因子（如激素等生理活性物质、营养物质等）的调节。从营养生长到生殖生长转变的每一步反应都可能存在调节位点及相应的调节物，每一种激素或其他因子只能引起成花反应过程的部分变化。内外因子的作用机理以及植物细胞内部生理状况与外部因子作用之间的关系至今不甚清楚，还需要深入研究。

（2）植物激素对性别分化的作用

以果实、种子为栽培目的的雌雄异株植物，如银杏，则需要大量的雌株；有些雌雄异株的园林树木，如其果实为浆果，落果时会污染环境，或对游人会造成不良影响，生产上希望雄株多一些。

植物激素对性别分化有重要影响。应用外源激素可影响植物的性别表达，甚至使其发生性别逆转。例如，吲哚乙酸可使黄瓜雌性化；细胞分裂素可使菠菜和大麻的雌花数量增多；赤霉素可使菠菜、黄瓜雄性化，使玉米雌性化；乙烯可使黄瓜雌性化，使菠菜雄性化。这说明不同激素对植物性别分化有不同的功效，而且同一激素对不同植物的效应也不同，这与植物内源激素和使用激素的种类、浓度、时间等因素有关。但是，目前植物激素对园林植物的性别调控还缺乏研究。

植物性别分化既受遗传因子的控制，还受多种内外因素的影响，其中激素是重要的因素。植物性别分化是十分复杂的，不可能受单一因子的影响而决定，不同植物的性别分化也可能有不同的机制。激素能够逆转性别表达说明花原基具有双性潜势，激素调节性别决定基因的表达，改变性别决定的程序。对于激素调控植物性别的研究只有一些零星的案例，至于激素怎样调控植物性别决定过程，目前仍然不清楚。至今，科学家没有发现影响性别分化特有的雌性激素和雄性激素。

（3）乙烯对果实成熟的调节

果实成熟是指果实生长停止后，发生一系列生理生化变化达到可食状态的过程，是趋向衰老死亡的前奏。这些变化包括：叶绿素降解，叶绿体中类胡萝卜素的颜色显现，或由于其他色素的形成使果实颜色改变；果胶酶和其他一些酶的活性提高，细胞壁中层的主要成分果胶质分解，细胞壁内各种多糖间连接松散，使果实变软；淀粉和有机酸等储藏物质转化为糖；芳香物质合成等，使果实变为色、香、味俱佳，有商品价值的果品。

乙烯在果实成熟过程中有明显的作用。果实成熟过程中，内源乙烯明显增加，同时出现上述与成熟有关的变化。用外源乙烯处理可诱导和加速果实成熟；用乙烯生成抑制剂处理果实，抑制乙烯生成，也抑制了果实成熟。

3. 调节衰老

衰老是一个复杂的生物学问题，对于它的机理见解不一。有人以营养亏缺来解释；有人认为自由基是衰老的根源；又有些科学家认为衰老是遗传控制的过程；有些植物学家则认为衰老是由激素调控的。众说纷纭，各个学说都有正确的一面，但往往不能全面地揭

示衰老的机制，它仍然是一个需深入研究的重要领域。

生物有机体衰老无法避免，但是可以调节。植物生理学研究资料已积累了许多关于激素调控衰老的知识。总的来说，在五大类激素中，生长素、细胞分裂素和赤霉素可以延缓衰老，脱落酸和乙烯则促进衰老。

细胞分裂素对延缓衰老有明显的作用，如离体叶片培养期间，叶片中蛋白质减少；当长出不定根以后，蛋白质含量又上升了。实验分析证实，不定根产生了细胞分裂素，运输到叶片，促进蛋白质和核酸的合成，延缓衰老。将苍耳叶切下，漂浮在清水上，叶片将在10天左右渐渐变黄；如水中含有10 mg/L激动素，则叶片保持鲜绿。如在衰老着的烟草叶片上加一滴激动素溶液，处理部分可保持鲜绿，而周围部分继续变黄；又如香石竹花瓣内源细胞分裂素水平随花瓣衰老而降低，细胞分裂素通过抑制乙烯生成和降低花瓣对乙烯的敏感性而延缓花的衰老。细胞分裂素中的激动素和6-苄基腺嘌呤常作为花瓣衰老延缓剂而广泛应用于香石竹、玫瑰、郁金香、菊花等切花保鲜。细胞分裂素通过促进蛋白质和核酸的合成、防止叶绿素的破坏、保护膜的完整性、引导溶质向细胞分裂素处理部位运输、抑制乙烯生成等途径延缓叶片衰老，还可通过对基因表达的调节影响叶的衰老。

赤霉素对许多植物离体叶的衰老没有影响，但对酸模、蒲公英、旱金莲等草本植物有推迟衰老的作用，对某些植物的处理效果甚至超过细胞分裂素。赤霉素溶液对推迟水稻叶片衰老也有一定的作用。

生长素对延缓落叶树（如樱桃叶等）和矮生菜豆果皮的衰老有效，对推迟草本植物叶的衰老没有作用。

脱落酸和乙烯有促进衰老的作用。脱落酸能抑制叶绿素、蛋白质和核酸的合成，促进蛋白质、核酸降解，气孔关闭。脱落酸还可提高细胞膜的透性，使细胞内的一些物质泄漏。脱落酸通过这些生理作用而促进衰老。在逆境（如水涝、盐渍、黑暗等）条件下，叶片内脱落酸增加，加速衰老。脱落酸含量可作为植物对逆境反应的一种指标。

乙烯可使果实提早成熟，在促进花、果实衰老的作用方面已确定无疑，对叶片的衰老也有促进作用。

讨论激素作用时，必须考虑到各种激素的相互作用。激动素和赤霉素能部分或完全克服脱落酸的作用，幼叶中脱落酸含量很高，激动素含量也很高，因而叶片不表现衰老；当发育到一定阶段，激动素含量减少，逐渐消失时，叶片的衰老才明显加速。它们的相互作用还表现在激动素能促进脱落酸降解。脱落酸和乙烯间的相互作用较为复杂，在一定情况下，脱落酸能促进乙烯合成，乙烯可使脱落酸生成。植物的衰老是植物体各部分合成的多种激素相互作用的结果。

思考练习题

1. 植物激素有哪些种类?
2. 简述乙烯的生理效应。
3. 何为植物的顶端生长优势?
4. 植物生长物质在园林植物生产中的应用有哪些?

第三篇　植物生态知识

学习目标

◆了解植物群落的结构及功能，掌握建立具有良好群落结构的园林植物群落的意义及植物多样性原理在园林绿化中的应用

◆了解自然植被的知识，理解建设合理的城市植被类型的意义

◆认识植物改造环境的作用，理解城市绿化的意义

生态学是研究有机体与其周围环境——生物环境和非生物环境相互关系的科学，生物环境是指同种和异种的其他有机体，非生物环境是指光、温、水、营养物等理化因素。植物生态学是研究植物与环境相互关系的规律的学科。包括：植物种的个体对不同环境的适应过程和环境对植物种的塑造作用；植物群体或群落在不同环境中的形成及其发展过程和植物群落对环境的改造作用。植物与环境之间的关系可以分三个层面来概括：植物个体与环境的生态关系，植物群体与环境的生态关系以及生态系统中物质循环和能量流动中植物的作用。

第一章　植物群落

由一定种类的植物种群以一定的内在联系组合在一起，叫作植物群落。自然界中，相同的植物群落在环境相似的不同地段可以重复出现。

第一节　植物种群

每一个植物种都是由许多个体组成的，这些个体占据着一定的分布区域。凡是占据某一定地区的某个种的一群个体，叫作种群。如在我国长江中下游流域山区常见的马尾松种群、杭州植物园的木兰山茶园中的山茶花种群等。种群具有自己独立的特征、结构和机能。对植物种群的认识是了解植物群落和生态系统的基础。

一、种群的基本特征

种群不仅是某一个种的个体的总和，而且是具有自己独特的特征、结构和机能的总体。每一个种群均具有其数量变动、年龄组成、空间分布格式、种群内个体间以及与其他物种之间的关系以及自动调节的能力。这些都是种群在适应环境和改造环境的过程中动态形成的。

1. 种群的数量特征

每个种群都是由一定数量的个体组成的。种群数量就是指在一定面积中某个种的个体总数。种群的数量变化取决于增长率（出生率与死亡率之差），在稳定的自然生态系统中，增长率接近于零，即种群的数量相对稳定。从表面看，种群数量取决于增长率，而本质上，种群数量是由环境承载力决定的。作为植物种群而言，其环境承载力主要决定于光照、气候、土壤养分、环境质量等环境资源。

种群数量受外界环境因素和种内因素的影响。外界环境因素包括光照、气候、土壤、营养条件、环境污染等，其中环境污染是当今导致种群数量急剧减少或种群绝灭的最重要因素；而种内因素主要指由密度所制约的种群自动调节能力、种群增长率、种群抗逆性、种群遗传结构等。尤其是种群自动调节能力，它是一种负反馈机制，通过负反馈作用，保持种群数量处于相对稳定状态。而人工园林植物种群数量除上述种内外因素外，还极大地受人为因素控制。

2. 种群的年龄结构

不同年龄的个体在种群内的分布情况，即数量比率，是种群的重要特征之一。种群中不同年龄的个体数，组成了种群的年龄结构，是种群结构的重要要素。年龄结构越复杂，种群的适应能力越强；反之，年龄结构越简单，种群受外界干扰的影响越大。种群的年龄结构包括休眠期、幼年期、成年期和老年期四个时期的个体在种群中的比率（见图3—1）。

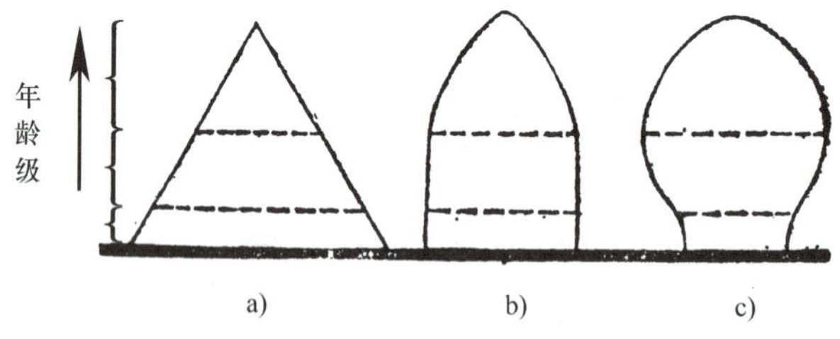

图3—1 种群的年龄结构

a）增长种群 b）稳定种群 c）衰退种群

注：增长种群是指有许多幼年个体，补充率大于死亡率，种群继续扩大。稳定种群是指补充率大致等于死亡率，种群的大小趋于稳定。衰退种群是指大多数个体已经过了生殖年龄，种群的大小趋向于减小。

由于植物的繁殖能力与其年龄有着密切的关系，所以了解种群的年龄结构情况，可以预测这个种群的发展趋势。通常，一个正在增长的种群具有很大的幼年个体的百分数和较少的老年个体的百分数，幼年个体除了用于替代死去的老年个体外还有剩余，这种年龄结构说明环境条件对种群很有利，种群正在发展之中。一个稳定的种群，各个年龄级的个体数的比例接近相等，即在每一个年龄级上的死亡率接近于进入该年龄级的新群的大小，这种年龄结构说明种群与环境之间处于相对稳定的平衡状态。在一个衰退的种群中，较低年龄段的个体很少，而老年的个体数很大，这种年龄结构说明环境条件对种群不利。

种群中不同年龄个体分布于不同层次，如乔木种群的幼苗处于地被层，幼树处于中层，成年树和老年树处于上层。它们对环境条件的要求不尽相同，且处于不同的空间位置，所获得的环境资源也不尽相同，所以，同一种群的不同年龄组的个体，在同一种群中的生长状况是不一样的。

人工园林植物种群常缺乏年龄结构，其对外界环境条件的变化适应能力比较差。在历史悠久的古典园林中，常见年龄偏大的植物种群，有的甚至处于衰老阶段，如曲阜孔庙中的桧柏种群等。

3. 种群中个体的分布

种群中个体的空间分布格局，经常反映出环境因子对种群中个体生存和生长的影响。种群中个体的空间分布状态或其格局通常可以区分为均匀型、随机型和群聚型三种类型（见图3—2）。前两种在自然界较少见，后者较多见。

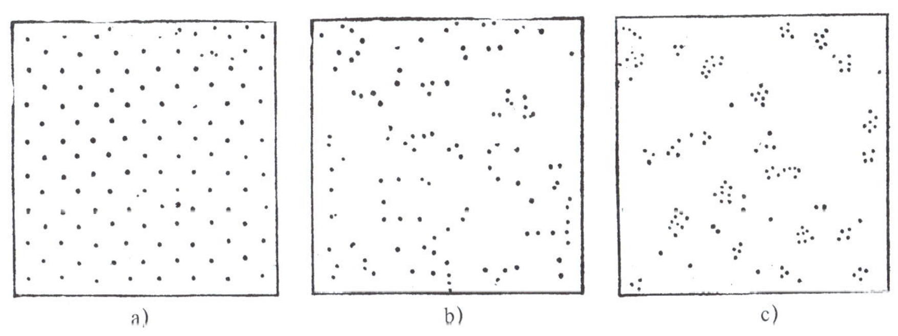

图3—2　种群内个体的分布格局

a）均匀分布　b）随机分布　c）群聚分布

4. 种群的遗传特征

在一定环境中，种群的数量大小还依赖于种群的遗传结构。种群内个体间是有差异的（这种个体间的异质性分为基因型和表现型两类），在种群密度增加时，种群内那些遗传型较差的个体也被保存下来，但是这些低质的个体，在自然选择作用下被淘汰，于是使种群数量下降，这是通过遗传反馈机制对种群密度的调节。

此外，由于种群内个体间的基因不完全相同，因而对环境的忍耐力也略有差别，适应性越强的遗传型，对极端环境条件的抗逆性越强。在一个种群内，通过自然选择，较能适应当地环境的个体保存下来，不能适应的个体趋于淘汰。存在下来的个体相互杂交，进行基因交换，使得每个种群的遗传结构常常不同于同一个种的其他种群。变异性多的种群能更有效地适应环境的复杂变化。较大的种群具有较多的遗传变异性，对环境的变化也有较强的适应和利用能力。所以，在种群与环境之间也具有反馈关系。

二、种间关系

种群不是孤立存在，而是和其他种的种群有联系的。在靠近生长的两个种之间必然发生种间关系。一般来说，种群的相互关系是比较复杂的，其复杂性主要是由下列因素导致：种群的密度和个体生长发育状况；种群内部和种群之间个体与个体之间的直接影响；群落内部的环境变化以及植物本身的变化。种间关系有对抗性的，如种间竞争关系；有互助性的，如共生关系；有的是彼此不受影响的，如附生关系。

1. 竞争与结合

竞争是指两个种在所需环境资源或能量不足的情况下，或因某种必需的环境条件受限制或因空间不够而发生的相互关系。在这种相互关系中，对竞争个体生长和种群数量的增长都有抑制作用。当环境资源不足时，那些最能充分利用环境和能量的种，获得较好的生长，这样就减少了其他种所能得到的资源和能量，因而其他种的生长和生存就受到资源和能量不足的影响，也有的时候是两个或两个以上种可能都受到竞争的影响。种间的竞争能力取决于种的生态习性、生态幅度，而生长速度、个体大小、抗逆性、叶片和根系数量等也都会影响竞争能力。具有相似生态习性的植物种群之间竞争剧烈。

种间结合是指两个或更多的种彼此较贴近地共同生长在一起，而且常常是有规律地重复出现。植物种间相似的生态习性、生态幅度、地理分布及不同的生活型，对于种间结合是起决定作用的因素。生态幅度、地理分布或生态习性类似的种群，常常共同结合在一起出现，如苦槠、木荷、冬青、石楠等常共同生长在一起，成为亚热带常绿阔叶林的主要树种，主要是由于它们都是亚热带分布的生态习性相似的植物；而生活型不同的植物种类，也常结合在一起出现，因为它们能分别利用环境中的不同时间和不同空间，如深根性植物和浅根性植物生长在一起就可以减少和避免彼此对土壤养分的竞争。

2. 寄生、共生和附生

寄生关系是指一个种（寄生者）靠生活于另一个种（寄主）的体内或体表而生存。所以寄生关系是以营养和空间关系为基础的种间关系。由于这样的营养关系，寄生者从寄主体内吸收营养，使寄主长势减弱，严重的直至死亡，而寄主则对寄生者有加速生

长的作用。寄生有半寄生与全寄生之分，前者如槲寄生，仅从寄主体内吸收水分和矿物质，自己能行光合作用；后者如菟丝子，生长发育所需的水分、矿物质和有机质均从寄主体内获取。此种种间关系在温暖湿润的热带地区多见，越往北越少。

共生关系是两个种相互有利的共居关系，彼此间有直接的营养物质的交流，一个种与另一个种彼此间有促进生长的作用。熟知的有：地衣是藻类和真菌的共生体；松科植物的菌根是真菌包裹于根尖及细根的共生体，真菌帮助松科植物的根系吸收水分和矿物质，而松科植物的根系供给真菌必需的有机养分；豆科植物的根瘤是细菌寄生于豆科植物根系形成的瘤状体，细菌将分子态的氮固定后供给豆科植物氮素营养，而豆科植物供给细菌生活的必需营养。

附生关系是指附生植物与被附生植物在定居的空间上紧密联系，但彼此没有积极的影响，也不进行营养物质的交流。一般附生植物定居在其他植物的体表，如地衣、苔藓附生在树皮上等。而在热带雨林里有更多的高等植物营附生生活，如常见栽培的蝴蝶兰、龟背竹、鹿角蕨等在野生状态下扎根于乔木树干的死树皮上等。热带附生植物具有很好的景观效果。

第二节　自然植物群落的结构特征

在自然界，任何植物都极少单独生长，几乎都是聚集成群的。一方面，植物群居在一起，在植物与植物之间就会发生复杂的相互关系。就绿色高等植物而言，这种相互关系包括生存空间，各个植物对光能的利用、对土壤水分和矿质养分的利用，植物分泌物的彼此影响，以及植物之间附生、寄生和共生的关系，等等。另一方面，群居在一起的植物在受环境影响的同时，又作为一个整体影响于一定范围的外界环境，起到改善环境的作用。这种群居在一起的植物组成了植物群落。所谓植物群落是指在特定空间或特定生境条件下植物种群有规律的组合。

群落内部能形成特有的“植物环境”（包括小气候和土壤）；由群落“改变了的”环境又反过来影响群落中的植物本身。以上种种，使得群居在一起的植物，其生长发育乃至生存都决定于这些相互关系和影响。这就是说，群落内的植物并非杂乱的堆积，而是一个有规律的组合，这种组合在环境相似的不同地段会有规律地重复出现。植物群落是不同植物有机体的特定结合，在这种结合下存在植物之间以及植物与环境之间的相互关系，并且具有一定的形态结构、营养结构，执行一定的功能。

植物群落的基本特征是植物与植物之间、植物与环境之间具有相互关系。这些相互关系的可见标志是群落中各种植物在空间上和时间上的配置状况，即群落的结构。植物群落的结构特征主要表现为一定的种类成分、群落外貌、垂直和水平结构等几个方面。

一、群落的特征

任何植物群落都是由一定的植物种类组成的。每一种植物的个体都有它一定的形态和大小，它们对周围的生态环境各有其一定的要求和反应，它们在群落中各处于不同的地位和起着不同的作用。组成植物群落的种类成分及其结构是群落特征的基础。

1. 群落的植物种类组成

群落的植物种类数目的多少与环境条件的优越程度有关。一个群落中的植物种类数目越多、结构越复杂，表明环境越优越；反之，表明植物生长的环境比较恶劣。我国亚热带区域的植被由于温度适宜、雨量充沛，植物种类比较丰富，其主要植物种类多属于壳斗科、樟科、山茶科、木兰科和金缕梅科等，这几个科的常绿树种就成了常绿阔叶林的标志。

植物群落中的植物种类数目随环境条件的变化具有梯度变化的特征：随着纬度增加和海拔高度增高，植物种类数目逐渐减少。如在我国东部地区，自南向北，群落中的植物种类渐少。

2. 群落的盖度

植物枝叶所覆盖的土地面积叫作盖度。盖度标志着植物占有的水平空间面积，在一定程度上反映植物对光能的利用率。特别是处于主要层的植物种类，其盖度的大小决定了群落内植物环境的形成和特点，并影响次要层植物的种类、个体数量和生长情况。盖度通常可按层、种和个体分别计算。由于植物枝叶互相重叠，当按层或按种测定盖度时，其数值的总和总是会大于群落的总盖度。

3. 群落的优势种和建群种

在一个植物群落中，对群落的结构和群落环境的形成有明显控制作用的植物种称为优势种。它们通常是那些个体数量多、盖度大、生活能力强的植物。群落的不同层次可以有各自的优势种，如森林群落中的乔木层、灌木层和草本层分别存在各自的优势种。其中乔木层的优势种对整个群落的影响极大，被称为建群种。如亚热带常绿阔叶林上层（常绿乔木层）中个体数最多、盖度大、生长良好的那个种，通常为木荷、苦槠等，即为该群落的建群种。毫无疑问，优势种是对该群落所在地的环境最适应的植物种，与其他植物的种间关系达到生态上的高度成功，同时，该树种对该群落所在地的环境改造能力也最强，而这种作用是群落中其他植物无法达到的。所以，如果把群落中的优势种（尤其是建群种）去除，必然导致群落结构、性质和环境的变化；而把非优势种去除，群落只会发生较小的或不明显的变化。

4. 群落中种的竞争与结合

如前所述，在同一个群落中如果有两个种群具有相同的生态习性、生态幅度，必然会发生生存竞争，最终导致一个种群从群落中消失而另一个种群得到发展。

与此同时，在相似的环境条件下，天然群落中常可见到两个或更多的种彼此贴近生长，这就是种的结合。结合在一起的种，往往有相似的生态幅度和地理分布范围，只是生活型不同（如深根性和浅根性树种的结合），避免了种间个体的竞争。还有，如一种植物依靠另一种植物的遮阴，或者因营养物质如寄生植物与寄主。这种结合可能是极其紧密的，以致在群落中往往找到某种植物就能找到与之结合的另一种植物。种的结合如果发生了变化，那就预示着群落所处的环境可能发生了变化。

群落中种的竞争或结合，我们可以用生态位的概念加以解释。所谓生态位，是指某一生物单位，包括植物个体、种群、群落等，在环境中的功能、作用和地位，或所需资源的集合。通俗地讲，就是每一种植物、每一个种群或每一个群落都有自己特有的生态位空间。生态位是由植物所占的空间、光照强度、温度、土壤养分、土壤水分、土壤酸碱性等因素构成的一个多维结构。正是由于种群在群落中具有各自的生态位，种群间能避免直接竞争。园林植物群落的建植，实质上就是要在进行植物配植时，选用的植物要按其生态位进行合理配置。

二、群落的外貌和结构

群落的外貌和结构是群落中植物与植物之间、植物与环境之间相互关系的可见标志。群落的外貌决定于群落的层片结构，而群落的结构则包括垂直结构和水平结构两个方面。

1. 群落的外貌

群落的外貌是群落长期适应外界环境的一种外部表征。在一定地区的自然环境条件下，群落表现为一定的外貌；不同的群落类型之间，其外貌特征也是不同的。植物群落的外貌决定于群落的层片结构，特别是决定于对群落生活起着重要作用的主要层片。层片由在群落中的同一生活型的植物所组成。

（1）植物的生活型

生活型是植物对外界环境适应的外部表现形式。生活型的分类有许多种，其中以休眠芽在不良季节的着生位置作为划分生活型的标准，并得到人们普遍的接受。因为这一标准既反映了植物对环境（主要是气候）的适应特点，又简单明确，所以该系统被广为应用。根据这一标准，把陆生植物划分为五类生活型（见图3—3）。

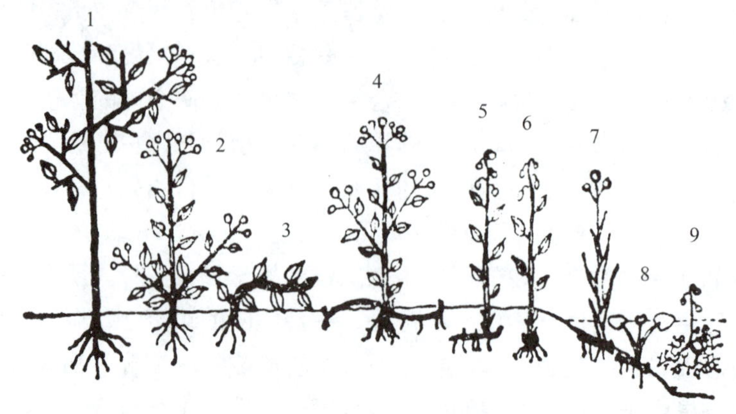

图3—3　植物的生活型图解

1—高位芽植物　2、3—地上芽植物　4—地面芽植物　5～9—隐芽植物

注：图中绘黑色的植物部分能越冬，非黑色部分在冬季死亡。

1）高位芽植物。高位芽植物是休眠芽位于距地面25 cm以上，包括乔木、灌木和大草本。其又依高度分为四个亚类，即大高位芽植物（高度＞30 m）、中高位芽植物（8～30 m）、小高位芽植物（2～8 m）及矮高位芽植物（25～200 cm）。

2）地上芽植物。地上芽植物是更新芽位于土壤表面之上，25 cm之下，它们受土表的枯枝落叶的保护，多为半灌木或草本植物。

3）地面芽植物（亦称为浅地下芽植物或半隐芽植物）。地面芽植物是更新芽位于近地面土层内，冬季地上部分全部枯死，它们受土壤和枯枝落叶的保护，即为多年生草本植物。

4）隐芽植物。隐芽植物是更新芽位于较深土层中或水中，多为鳞茎类、块茎类和根茎类多年生草本植物或水生植物。

5）一年生植物。一年生植物是只能在良好季节中生长的植物，以种子度过不良季节。

（2）群落的层片结构

每一类植物群落都是由几种生活型的植物所组成的，它们构成群落的层次，但往往其中有一类生活型占优势。例如，大高位芽植物群落至少可分为乔木层、灌木层和地被层。群落中的生活型组成，是群落对外界环境最为综合的反映和指示。通过分析群落中各种植物所属生活型的类型、每一类生活型中植物的种数及其个体数量、以及它们所占据的空间，无论是对植物群落的结构，还是群落生活与环境的关系，都能予以更深入的了解。例如，一般凡高位芽植物占优势的，就反映了群落所在地的气候在植物生长季节

中温暖多湿；地面芽植物占优势的群落，反映了该群落所在地的气候夏季炎热多雨，但有一个较长的严冬季节。所以，根据群落中植物生活型的比例，可以分析当地的气候状况。又由于不同生活型常常具有不同的地理起源，故它能使我们洞察群落的发展演变。

（3）群落的季相

群落中各种植物的生长发育随着气候季节性的交替而相应地有规律地进行。其中，主要层植物的季节性变化，使得群落表现为不同的季节性外貌，即为群落的季相。群落外貌常常随时间的推移而发生周期性的变化，这是群落结构的另一重要特征。群落的季相变化，其主要标志是群落主要层片的物候变化。如我国长江中下游地区处于中亚热带，降水充分、四季分明，当地植被以常绿落叶阔叶混交林为主，这类植物群落，春季树木萌芽开始生长，夏季翠绿连片，秋季秋色显著，冬季落叶树种落叶，表现出明显的季相变化。所以，我们在园林植物配植时，要充分运用植物群落的季相变化，展现风景林的秋色和春色之美。

2. 群落的结构

（1）群落的垂直结构

植物群落在其形成过程中，由于环境的逐渐分化，导致对环境有不同需要的植物生活在一起。它们各自占据一定的空间，并以它们的同化器官、吸收器官排列在空中的不同高度和土壤的一定深度中。群落中植物按高度（或深度）的垂直配置，就形成了群落的层次，即为群落的成层现象。群落的成层性保证了植物群落在单位空间中能够更充分地利用自然环境条件。

成层现象包括地上部分和地下部分。决定地上部分分层的环境因素主要是光照、温度和湿度等条件；而决定地下分层的主要因素是土壤的物理性质和化学性质，特别是水分和养分。由此看来，成层现象是植物群落与环境条件间相互关系的一种特殊形式。植物群落所在地的环境条件越丰富，群落的层次就越多，层次结构也越复杂；反之，则层次越少，层次结构也就越简单。在完全发育的森林群落中，通常可以将群落划分为乔木层、灌木层、草本层和地被层四个基本结构层次。作为一个层次，都有一定的植物种类及其个体数量，每个层次各具有一定的小生境的特点。

在多层结构的群落中，各个层次在群落中的地位和作用各不相同，各层中植物种类的生态习性也是不同的。以一个郁闭的森林群落来说，最高的那一个层次既是接触外界大气候变化的“作用面”，又因其遮蔽阳光的强烈照射，从而保持了林内温度和湿度不致有较大幅度的变化，这就是说，这一个层次在创造群落内特殊的小气候环境——植物环境中起着主要的作用，是群落的主要层。上层以下的各层次中的植物自上而下耐阴性逐渐增强。在群落底层光照最微弱的地方，则生长着阴性植物。主要层以下的植物都程度不同地依赖于主要层所创造的植物环境而生存，由这些植物所构成的层次在群落内植物环境的创造中起着次要的作用，它们是群落的次要层。次要层中植物的种类、个体数量及着生情况，常因主要层的结构（特别是疏密状况）而有较大的变化。

植物群落中除了自养、直立的植物所形成的层次以外，还有一些植物，如藤本和附生、寄生植物，它们并不独立形成层次，而是分别依附于各层次中直立的植物体上，称为层间植物。层间植物主要在热带、亚热带森林中生长发育，而不是遍及于所有类型的群落中，但它们也是群落结构的一个部分。

地下（根系）的成层现象和层次之间的关系，同地上部分是相应的。一般在森林群落中，草本植物的根系分布在土壤的最浅层，灌木及小树的根系分布较深，乔木的根系则深入地下更深处。地下各层次之间的关系，主要围绕着水分和养分的吸收而实现。

（2）群落的水平结构

植物群落的结构特征不仅表现于垂直方向上的成层现象，而且也表现于水平方向上。在一个群落中的某些地点，植物种类的分布是不均匀的。例如，在森林中，林下阴暗的地点有一些植物种类形成小型的组合；而在林下较明亮的地点是另一些植物种类形成的组合。植物群落内部这样一些小型的植物组合，可以叫作小群落。它们只是整个群落的一小部分。小群落形成的原因，主要是环境因素在群落内不同地点上的不均匀作用，例如，小地形和微地形的变化、土壤湿度和盐渍化程度的不同以及群落内植物环境，如上层遮阴的不均匀，等等。同时，植物种类本身的生态生物学特点也有重大作用，特别是种的繁殖特征（营养繁殖或种子繁殖）和迁移特征（大量传播体的同时迁移），以及种在一定环境条件下的竞争能力等，也具有巨大意义。

每一个小群落具有其一定的种类成分和生活型组成，是群落水平分化的一个结构部分，其形成在很大程度上依附其所在的群落。小群落形成群落的镶嵌性。

3. 群落演替及顶极群落

任何一个植物群落都不会静止不变，而是随时间的进程处于不断地变化和发展之中。植物群落的变化其根源首先是由于组成群落的各种植物都有其生长、发育、传播、死亡的过程。植物之间的相互关系则直接或间接地影响着这个过程。同时，外界环境条件也在不断变化，这种变化也在每时每刻地影响着群落变化的方向和进程，加之由于植物的生活活动而改变环境，改变了的环境又反过来影响植物。植物群落的变化，其中最明显而集中的变化是一个群落被另一个群落所取代的过程，即为植物群落间的演替。植物群落的演替大多数是由植物群落的季节变化和逐年变化所积累而成的。也就是说，在环境条件和群落结构的数量变化之中，发生植物群落质的变化。

（1）植物群落形成的过程

在裸地上，植物群落形成的过程大体可以分为以下三个阶段：

1）第一阶段是开敞的植物群落。这一阶段的特征是：偶尔结合的植物种所形成的极为单纯的植丛，一般情况下地上部分并不郁闭，有很多植物具有易于传播的种子，还有一两年生草本植物；而在多年生草本植物中，具有匍匐茎、萌蘖枝或具蔓（即可借助营

养器官移动而繁殖）的种类占优势。这些植物都是阳性的种类，都能忍受地面温度和水分较大幅度的变化。

2）第二阶段是郁闭混合的植物群落。其特征是个别植丛的郁闭和混合状斑块结构，一两年生草本植物逐渐消失而为能适应竞争的植物所代替。

3）第三阶段是相对密闭的植物群落。这一阶段的群落结构已有分化，植株过分密集处，一些生长落后的个体死亡，所有植物种类均匀混合，能适应于长期生长在该地区的多年生植物占优势。在这类群落中，通过植物种类之间竞争的结果，出现了个体数量占优势的种类，由于这些种类的存在和生长繁殖，改变了原有生长地的环境条件，创造了群落内所特有的植物环境。适应于这种植物环境的其他植物种类能够在群落中存在；不适应于这种环境的植物种类不可能进入群落，原来生长着的也逐渐退出，也就是说，要进入这种群落的新种类，要受到植物环境的选择，这就是群落的密闭性。由此可见，在裸地上植物群落的形成，是逐渐地由不密闭而达到密闭。

在创造植物群落内部特有的植物环境，引起群落内种类组成发生很大变化（甚至重新组合）方面起主要作用的植物，即为群落的建群种。建群种基本上都是本地植物区系中的固有成分，这些种类生活力强，繁殖较迅速，而且生态适应能力也强，特别是在其分布区中心。一般情况下，群落的建群种也就是群落主要层的优势种。

（2）植物群落发育的时期

从一个群落形成到被另一个群落代替，每一个植物群落都有一个发育过程。一般可以把这个过程划分为三个时期，即群落发育的初期、盛期和末期。

1）群落发育初期。在这一时期中，群落建群种的良好发育是一个主要标志。由于建群种的动态能力，引起其他植物种类的生长和个体数量上的变化。因此，这一时期的群落中的植物种类成分是不稳定的，每种植物的个体数量变化也较大。群落的结构尚未定型，主要表现为层次分化不明显，每一层中的植物种类也不稳定。在生态方面，群落所特有的植物环境正在形成中，特点不突出。同样，群落的生活型组成和植物的物候进程都还没有一个明显的特点表现。

2）群落发育盛期。在这一发育时期，适应群落中植物环境的植物种类大多存在，并得到良好的发育。因此，群落的植物种类组成相对比较一致，从而有别于不同类型的其他群落。群落的结构已经定型，主要表现为层次有了良好的分化，每一层都有一定的植物种类，呈现明显的结构特点。在生态方面，群落的生活型组成、季相变化以及群落内植物环境都具有较典型的特点。

3）群落发育末期。在一个群落发育的整个过程中，群落不断对内部环境进行改造。最初，这种改造作用对该植物群落的发展起着有利的影响。但当这一改造作用加强时（例如：光照和空气的流动降低，温度和湿度改变；植物的残落物层的加厚，这些残落物影响土壤温度和腐殖质的形成；改变土壤水分、有效养分、酸度和通气性，以及植物根系分泌物；等等），则被群落改变了的植物环境条件往往对它本身产生不利的影响。表现为原来的建群种生长势逐渐减弱，缺乏更新能力，与此同时，一批新的植物迁入和定居，并且旺盛生长。由于这些原因，到了这个时期，植物种类成分又出现一种混杂的现象，原来群落的结构和植物环境的特点也逐渐发生变化。

一个群落发育的末期，也就孕育着下一个群落发育的初期，一直到下一个群落进入发育盛期，被代替的那个群落的特点才会全部消失。在群落的自然演替中，这种上下阶段之间群落发育时期的交叉和逐步过渡的现象是常见的。

（3）原生演替

从原生裸地上开始的群落演替，即为群落的原生演替，而且由顺序发生的一系列群落（演替阶段）组成一个原生演替系列。一般对原生演替的描述都是采用从岩石表面开始的旱生演替和从湖底开始的水生演替。这是因为岩石表面和湖底代表了两类极端类型：一个极干，一个又多水。在这样的生境上开始的群落演替，其早期阶段的群落中植物生活型的组成几乎到处都是一样的。因此，可以把它们作为一个模式来加以描述。

1）旱生演替系列。对于植物的生长来说，裸露的岩石表面上环境条件是极端恶劣的，没有土壤，光照强，温度变化大，十分干燥。

第一阶段：地衣植物阶段。在裸露的岩石上，最先出现的是地衣，其假根分泌有机酸以腐蚀岩石表面，加之岩石表面的风化作用及壳状地衣的一些残体，就逐渐形成了一些极少的土壤。地衣植物阶段首先出现的是壳状地衣，其次出现叶状地衣，最后出现枝状地衣。

第二阶段：苔藓植物阶段。生长在岩石表面的苔藓植物与地衣相似，可以在干旱的状况下停止生长，进入休眠，待到温和多雨时又大量生长。这类植物能积累的土壤更多些，为以后生长的植物创造了更多的条件。以上两个阶段与环境的关系主要表现为土壤的形成和积累，至于对岩面小气候的影响很不显著。

第三阶段：草本植物阶段。草本植物中首先是蕨类植物及一些被子植物中的一年生或两年生植物，大多是低小和耐旱的种类，它们在苔藓植物群落中，开始是个别植株出现，以后大量增加而取代苔藓植物。土壤继续增加，小气候也开始形成，多年生草本植物就出现了。开始，草本植物全为高20～30 cm以下的低草，随着条件的逐渐丰富，中草（高60 cm左右）和高草（高1 m以上）相继出现，形成群落。在草本植物群落阶段中，原有岩面的环境条件有了较大的改变。首先在草丛郁闭下，土壤增厚，有了遮阴，减少了蒸发，调节了温、湿度变化，土壤微生物的活动也增强，生境再也不那么严酷了。

第四阶段：木本植物阶段。在草本植物群落发展至一定时期，首先是一些喜光的阳性灌木出现，与高草混生而形成“高草灌木群落”。以后灌木大量增加，成为优势的灌木群落。继而，阳性的乔木树种生长，逐渐形成森林。至此，林下形成荫蔽环境，使耐

阴的树种得以定居。随着耐阴性树种增加，阳性树种因在林内不能更新而逐渐从群落中消失，林下生长耐阴的灌木和草本植物复合的森林群落就形成了。

在整个原生演替旱生系列中，旱生生境因群落的作用而变为了中生生境。在这个演替系列中，地衣和苔藓植物群落阶段延续的时间最长，草本植物群落阶段演替的速度相对最快，而后，木本植物群落演替的速度又逐渐减慢，这是由于木本植物的生长时间较长所致（见图3—4）。

a)　b)　c)　d)　e)　f)

图3—4　裸岩植物群落的演替

a）裸岩阶段　b）地衣阶段　c）苔藓阶段　d）草本植物阶段　e）灌木阶段　f）森林阶段

2）水生演替系列。在淡水湖沼情况下，最充分的是水，而最为缺乏的是光照和空气。在一般的淡水湖泊中，只有在水深5～7 m以上的湖底，才开始有较大型的水生植物生长。在这一深度以下，就是水底的原生裸地了。

第一阶段：自由漂浮植物阶段。在这一阶段，湖底有机质积聚主要依靠浮游有机体的死亡残体，以及湖岸雨水冲刷所带来的矿质微粒。日久天长，湖底逐渐抬高。

第二阶段：沉水植物阶段。在水深5～7 m处，首先出现的是轮藻属植物，由于它的生长，湖底有机质积累快而多，加之轮藻的残体在湖底嫌气条件下分解不完全，湖底进一步抬高。至水深2～4 m时，高等水生植物种类出现，这些植物生长繁殖能力更强，垫高湖底的作用也更强些。

第三阶段：浮叶根生植物阶段。随着湖底变浅，浮叶根生植物出现，主要是睡莲科和水鳖科的一些种类，由于这些植物的叶是在水面或水面以上，当它们密集后就将水面完全盖满，使得光照条件变得不利于沉水植物生长，它们就从原来生长的水域消失而推向水较深的地方去。浮叶根生植物的体形比较大，积聚有机质的能力也比沉水植物更大，湖底垫高的过程进行得更快。

第四阶段：直立水生植物阶段。湖底继续抬高，直立水生植物出现，并替代上一阶段的群落。这类植物中以芦苇最为常见，其根茎极为茂密，常纠缠绞结，不仅使湖底迅速抬高，而且可以形成一些浮岛。在湖底填平作用的这一阶段，原来被水淹没的土地开始露出水面与大气接触，开始具有陆生环境的特点。

第五阶段：湿生草本植物阶段。新从湖底水中升起的地面，含有极丰富的有机质，而且有近于饱和的土壤水分。湿生的沼泽植物开始在这种生境中生长，主要是莎草科和禾本科中一些湿生的种类。

第六阶段：木本植物阶段。在湿生草本群落中，首先出现湿性的灌木。而后，随着树木的长入，逐渐形成森林，地下水位降低，大量地被物也改变了土壤条件，湿生的生境变成中生生境。

这样看来，水生演替系列也就是湖沼填平的过程。这个过程是从湖沼的周围向湖沼的中央而顺序发生的。因此，可以观察到，在离湖岸不同距离的不同水深处，同一演替系列中，不同阶段的群落环带状顺序分布着。每一带都为次一带的“进攻”准备了土壤条件。而且，也很容易观察到，演替系列中每一阶段的群落，在随时间变化的同时也在空间上改变其位置（见图3—5）。

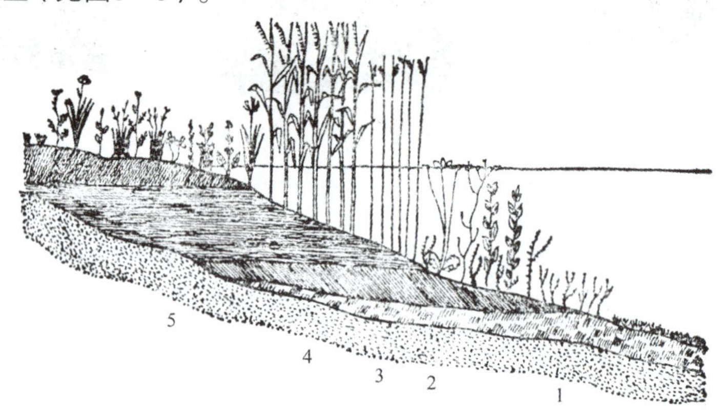

图3—5　池塘水生植物带的演替

1—沉水植物　2—浮水植物带　3、4—直立水生植物带　5—湿生草本植物带

植物群落的演替，实质上是群落的植物生活型组成和植物环境的更替。每一个阶段的群落总是比上一阶段群落结构复杂，高度增大，因此，利用环境更为充分，改变环境的作用更强。这样也就为下一个群落创造了条件，使得新的群落得以在原有群落的基础上形成和产生。群落能演替到哪一个阶段，与环境条件相关。

群落的演替一般是以上述系列而达到森林群落阶段的，而当环境条件变得恶劣时，则会发生向结构趋于简单的逆行演替。逆行演替如果是人类活动的影响而发生的，则是短暂的和小范围的，而在气候改变的影响下发生的，则是在巨大的范围内进行的，而

且是长期的。但是，只要环境条件得到改善，植物群落总是会朝着群落结构由简单到复杂、更能充分地利用环境条件的方向演替。

（4）次生演替

在天然条件下，缺少外界因素或人为严重干扰的各类植物群落，统称为原生植被。原生植被受到了破坏，就会发生次生演替，并由各种各样的次生植物群落形成一个次生演替系列。

次生演替的最初发生是外界因素的作用所引起的。外界因素除火烧、病虫害、严寒、干旱、长期水淹、冰雹打击等以外，最主要和最大规模的是人为的经济活动。次生演替的一般特点主要体现在以下几个方面：

1）次生演替速度。大多数的次生裸地上，还多少保存着原有群落的土壤条件，甚至还保留了原来群落中某些植物的繁殖体，裸地附近也可能存在着未受破坏的群落。总之，具有一定的土壤条件和种实来源。因此，次生演替系列中的各个阶段，演替速度一般都较快。

2）次生演替趋向。一般当停止对群落施加外力时，群落的次生演替即开始，并趋向于恢复到受破坏前原生群落的类型。复生后所形成的群落，只是在类型上和原来的群落相同，但质量上已经完全不同了。

3）次生演替所经历的阶段。次生演替从破坏到什么程度，就从相应的演替阶段开始群落演替。例如，马尾松林被砍伐，原来的群落退到裸地阶段，群落的次生演替就从草本植物阶段开始。

（5）顶极群落

不论是旱生演替系列还是水生演替系列，当到达稳定阶段后，群落结构与气候条件保持协调和平衡，这种群落就是顶极群落。在任何一个具体地区内，一般的演替系列的终点决定于该地的气候性质，主要表现在顶极群落的优势种，能够很好地适应于该地区的气候条件，只要是气候保持不急剧地改变，只要没有人类活动和动物的显著影响，或其他侵移方式的发生，它们便一直存在，而且不可能出现任何新的优势植物，这样的群落称之为气候顶极群落（亦称为单元顶极）。根据这种理论的解释，一个气候区只有一个潜在的气候顶极群落，这一区域内的任何一种生境，如给予充分的时间，最终都能发展到这种群落。从这个观点出发势必得出结论：一个气候相当一致的区域，最终将有一种连续的和整齐一致的植被普遍地覆盖着。事实上，从来不是这样。在一个气候区域中，总是有土壤的或地形的差异，这些局部环境因素的复合，同普遍的气候环境有很大的差异，在这种生境中，虽然演替进展到稳定的和永久性的群落，但和典型的气候顶极不同，气候顶极可能永远也不会在这种生境中发生。因此，在一个气候区域内，群落演替的最终结果不一定都汇集于一个共同的气候顶极终点，除了气候顶极外，还可以有土壤顶极、地形顶极以及复合型的顶极，如地形—土壤顶极等（多元顶极）。

第三节　园林植物群落及其生境条件

园林植物群落是城市中人工营造的植物群落。这种植物群落受城市生境的影响很大，同时与人为的“设计”或植物配植有密切的关系。下面我们用前述的自然植物群落的理论来分析园林植物群落。

一、园林植物群落的生境条件

所谓生境是指植物生长的环境类型。自然植物群落生长的环境类型，如海拔高度、地形位置等，而城市园林植物群落生长的环境类型，如道路边、建筑的不同侧面等。园林植物生活于已经长期人为改变了的城市里，其赖以生存的外部环境条件与自然界相比发生了变化，这些对园林植物的生活造成了巨大的影响。园林植物群落的生境条件及其特点主要体现在以下几个方面：

1. 光照

城市环境的光照条件，既有与广阔的大自然相似的一面，即来自太阳的直接辐射；又有不相同的一面。不同之处在于城市环境中的光照条件受到了人为的影响。除了大型公共绿地的光照条件接近自然状况外，在城区内或各种单位内部绿地的光照条件由于受到高大建筑等的影响差异很大。归纳起来大概有以下三种类型。

（1）建筑的不同方位

由于建筑遮挡了阳光，其不同方位的光照强度和光照时间不同，对光照强度有不同生态适应性的植物在建筑的不同方位生长状况不同。在建筑密集区域，光照强度还受幢间距的影响。因此，在进行植物配植时应充分考虑建筑方位造成的光照因子的变化。

建筑的东侧：早晨有阳光照射，接近中午时即处于建筑的阴影内；

建筑的南侧：阳光充足，几乎全天有光照；

建筑的西侧：上午无直射光，午后才有阳光直射，墙面辐射强烈，夏季光照极强；

建筑的北侧：夏季早晚有短时间的光照，冬季几乎均为散射光。

（2）高架路下

由于架空路面的遮阴，除了早晚有斜阳照射外，光照时间很短，这种光照状况在南北走向的道路比东西走向的道路要稍好些。目前，我国杭州在高架路下主要种植八角金盘、熊掌木、洒金东瀛珊瑚、吉祥草等植物，但除八角金盘和熊掌木生长较好外，其他植物生长均不十分理想，这除了光照因子的作用外，水分因子也是重要影响因素。

（3）城市街道两侧

城市街道两侧的光照条件可能有点极端，由于建筑具有一定的高度，路面宽度有限，早晚各有一段时间没有直射光，通常日照时间比较短；但光照强度却比较强，尤其

是在夏季的中午或午后，除了有阳光直射外，更有建筑的外墙，特别是幕墙玻璃的强烈反光，使街道上的光照强度进一步增强。这样的光照强度除了强阳性植物外，对其他植物多少会有不良影响。

2. 温度

城市的温度环境与自然环境有很大的差异，主要表现为“热岛效应”。所谓“热岛效应”是指城市整体和局部温度高于周围地区的现象。“热岛效应”不仅表现为整个城市与周边地区相比温度偏高，还表现为局部温度过高。“热岛效应”是由于城市人口密度大、建筑密集、能源消耗大、绿地率较低而又有硬化下垫层等所致。一般情况下，现代城市平均气温要比周边地区高2℃左右，而有的城市的气温则更高。“热岛效应”与城市大小成正比，与风速成反比。城市局部地段，如繁华街道上或高楼密集区等，在中午及午后甚至会出现暂时的40～50℃，甚至更高的气温。这种温度条件对植物正常生长会造成很大的影响，甚至一些耐热性差的植物可能就难以生长了。

城市“热岛效应”会随着城市绿地率的提高、城市生态环境的改善而减弱，植物生长的温度条件会朝着有利于植物生长的方向发展。

3. 水分

城市的水分环境与自然的水分环境也有很大的差异。一方面，由于地势和土质的原因，局部差异较大，有的可能是山体的延伸，地势比较高燥，有的原来可能是水田，地下水位比较高。另一方面，尤其是在城区内，大量的土地因为地面硬化处理而造成透水性和透气性减弱，给植物根系生长和伸展带来诸多不利。而园林植物都有其各自对土壤水分的适应性，同种植物在城市的不同局部由于土壤水分的差异而生长情况有很大的差异。

另外，城市的空气湿度与自然环境相比也有很大的不同，通常空气相对湿度要比自然环境的空气湿度小，会对植物的生长带来不利的影响，如杜鹃、山茶等园林植物在城市中的生长情况就要比在自然环境中的差。

4. 土壤

城市土壤环境与自然土壤环境有很大的差异。城市土壤环境对园林植物生长有较人影响，主要体现在以下几个方面：

（1）地面垫层导致土壤硬化并使土壤与空气隔开

城市里很多场合的土壤往往被硬化并铺上各种铺装块，这样的土壤条件使得植物根系伸展阻力增大和呼吸困难，影响植物的正常生长发育。很多情况下，凡是有地面垫层的场所，大乔木也只是留出直径或边长1～1.5 m的种植池，而其根长至少有几米以上，这不难看出对根系生长的影响。

（2）地下管线限制根系生长

城市绿地的浅层土壤中往往分布着大量的各种管道和电缆等，这些管线的存在，对树木根系的伸展造成很大的障碍。在道路边缘和建筑边缘可能还会因建设上的要求，有块石的铺垫，更进一步加大对根系伸展的阻隔。由于这种原因，有些树近似于种在花盆里。

（3）土壤化学性质发生改变

有些局部区域的土壤，特别是在道路和建筑边缘的土壤，因施工时建筑材料的作用，导致原来酸性的土壤碱化甚至盐碱化。这样的土壤对园林植物的正常生长发育会造成明显的不利影响，特别是对于那些较典型的酸性土植物的影响尤其明显。如桂花、山茶、杜鹃等常用园林植物由于土壤化学性质改变而生长不良的现象时有发生。

另外，有些局部区域以填土抬高地面，如果使用以深层土壤或水田土壤（俗称“生土”），而由于土壤未充分氧化而呈还原态，有机质含量低而缺乏团粒结构等原因，对植物的正常生长影响也比较大。

5. 空气

城市空气受到工业和交通工具排放的有害气体的污染，这与未遭空气污染的森林环境相比，对植物正常生长发育的毒害作用非常明显。一些对空气污染比较敏感的植物如果应用于这样的城市环境中，往往会表现出生长不良，严重的甚至无法成活。因此，在城市绿化的植物配植中要多选用抗污染性强的或比较强的植物，特别是乡土植物。

另外，空气中的浮尘对植物也有较大的影响，如果叶面积尘，一方面，会影响植物吸收光能而影响光合作用；另一方面，灰尘会堵塞气孔，影响植物气体交换。由于城市空气有各种各样的污染，故对园林植物的生长发育有不同程度的影响。

以上讲述的城市园林植物生境状况，会对园林植物的正常生长发育造成不同程度的影响。随着城市绿化的不断深入，对城市园林绿化的质量和标准越来越重视，园林植物的生境条件将会得到更好的改善。由于园林植物群落改善城市生态环境作用的增强，园林植物的生长环境也会得到进一步的改善。

二、园林植物群落的组成和结构

园林植物群落是人工营造的植被，群落结构受植物配植原理影响极大，与自然植物群落有很大的差异。园林植物群落根据植物配植形式来分有混交林、纯林、疏林草地、灌丛、花坛、花境、草坪等几种。这些人工植物群落各具自己的植物种群组成和群落结构。

1. 混交林和纯林

上层为大乔木（大高位芽植物）的园林植物群落，在气候适宜的环境中是非常普遍的植物群落形式，这种植物群落既有多种植物组成的混交林，也有单种植物组成的纯

林。前者可能是残存的自然植被或半自然植被，也可能是人工植被；后者多为人工植被。

作为混交林，从植物种类组成来讲，具有多种植物组成，从群落结构来讲，具有层次结构。如以枫香、枫杨——紫楠、广玉兰——长柱小檗、八角金盘——一两年生草本植物组成的植物群落，具有丰富的层次、明显的季相变化，景观效果良好。这种群落自然的成分越少、人工养护的影响越大，植物成分更替的可能性越小；反之，林下会有或多或少的小苗，树林具有更替的潜在可能，也就是说，如果有足够的时间，可能发生群落的演替，最终可演替成为当地条件的顶极群落。

以单种乔木配植而成的人工植物群落，如水杉林、白杨林、香樟林等，往往在乔木下面只有地被而缺乏中间层次，结构比较简单，自我调节的能力比较差，在人为因素的影响下，通常不发生群落演替。如果是落叶林，具有明显的季相变化，而作为常绿林，能做到四季常青。

以上两种园林植物群落，常以风景林、防护林、道路两旁绿化带等形式出现，对保护和改善环境有较大的作用。

2. 疏林草地

疏林草地群落以大面积的多年生草本植物（地上芽植物或地面芽植物）为主，上层有少量疏植的乔木组成。这种群落乔木主要起景观效果，改善环境的作用有限，而草地在群落中是主要层，由于植物个体矮小，其改善环境的作用远不如树林。在群落演替方面，人工栽培的草地植物种类生存竞争的能力不及野草，如不加人工精细管理，用不了2～3年，人工草地就会被野草所替代；另外，又由于上层郁闭度小，有充足的光照，如不加人工管理，灌木或乔木会随时侵入，逐渐演替成灌丛，甚至树林。所以，为了保持这种人工植物群落的稳定，必须进行人工养护管理。草地的植物种类有常绿的（地上芽植物）和落叶的（地面芽植物）两类。这两类草组成的不同的疏林草地的观赏效果是不同的。其中，以禾本科常绿草种，如黑麦草、高羊茅等组成的疏林草地，由于多不耐高温，如夏季有较长时间30℃，甚至35℃以上高温的地区，其存活或保持草地的完整性难度很大。另有以多年生双子叶植物，如白三叶草、红花酢浆草等作地被的观赏性疏林草地，由于这些植物不耐践踏，其上不能有人为活动。以禾本科夏绿型草种组成的疏林草地，如结缕草、狗牙根等作地被的疏林草地，冬季地上部分枯黄，草地会出现季相变化，暗示人们自然界四季的更替。

疏林草地园林植物群落常用于广场、公园游憩地等。

3. 灌丛

灌丛群落是由丛生灌木（小高位芽植物和矮高位芽植物）组成的人工植物群落。有的灌丛内由于郁闭度高缺乏下垫层；有的灌丛比较稀疏，常有下垫层存在，下垫层为野生杂草或人工种植的地被植物。组成灌丛的灌木既可以是常绿灌木，也可以是落叶灌木，并多以单种灌木组成为特点。如月季园、牡丹园、杜鹃园等，丛植的日本海棠、蜡梅等。这种群落从园林角度讲，以体现观赏价值为主，改善环境条件的作用由于植物个体比较小效果不及混交林和纯林。通常在人为的养护管理下，灌丛一般不会发生群落的演替。

灌丛常根据园林植物配植的要求，自成一体或作为其他植物群落的配套，发挥植物群落的园林综合功能。

4. 花坛

由草本花卉（地面芽植物、隐芽植物或一年生植物）或某些灌木（矮高位芽植物）以密集的规则式配植方式配植起来的具有一定图案效果的人工植物群落。这种群落或配植于由建筑材料砌成的种植池里，或配植于草坪上。或由单种植物配植而成，或由少数几种植物镶嵌排列或交替排列而成。这种群落的更替完全由人为控制，且比较频繁，尤其是由一两年生花卉组成的花坛，常在一年内更替花卉5～8次。即使是由灌木组成的群落，由于园林功能的需要，通过修剪后郁闭度很高，下垫层也无法生长。

花坛主要体现观赏功能，其改善环境的作用比灌丛更小。

5. 花境

花境是由少则3～4种，多则十几种植物配植而成，地面由草坪完全覆盖，种类成分多由花、果、叶、形的观赏价值较高的植物组成，植物生活型组成以地面芽植物、隐芽植物和一年生植物为主，也可有少量的地上芽植物和极个别的矮高位芽植物。组成群落的植物作自然式带状配植，有草原植物群落的特征，只是群落面积比较小，通常在几平方米至几百平方米不等。花境植物群落除了人工种植的植物外，常会发生植物的自然侵入，会发生一定程度的群落演替，但由于人工定向控制的成分较大，群落演替常会被中止。

花境常配植于庭院或草坪边缘、树林边缘，主要起观赏作用，改善环境的作用与花坛和草地相似，比较有限。

6. 草坪

草坪由多年生草本植物组成，有夏绿（地下芽植物）和常绿（地面芽植物）两类。夏绿型草坪一般由结缕草、狗牙根等草种单种组成，能耐高温和寒冷；常绿型草坪多以多品种混合播种培育而成，喜凉爽怕高温。草坪群落易被杂草侵入，且杂草比栽培种生长势旺盛，如不加以人工除杂草，很容易演替成为其他植物群落。草坪的作用主要是用来覆盖地面，并达到一定的景观效果。由于植株矮小，且进行修剪控制高度，其改善环境的作用有限。

草坪多见于各种园林、广场，也有各类专用草坪，如足球场草坪、高尔夫球场草坪等。

第四节　植物多样性原理及其在园林绿化中的应用

城市园林绿化的目的是要让城市具有良好的生态环境，保持植物多样性是生态学原理之一。为了使城市生态系统发挥其应有的生态效益，必须坚持植物多样性。

一、植物多样性原理及其保护

植物多样性是指植物的个体、物种、种群、群落、栖息地以及生态系统的各种形式。植物多样性是地球上的植物经过漫长的发展进化的产物，也是人类社会赖以生存的物质基础。每一种植物都是大自然的杰出创造，失去则不可能复得。植物多样性是生物多样性的组成部分，合理利用和保护植物多样性成为当今人类环境与发展领域的中心议题。综上所述，植物多样性从三个水平体现出来：遗传多样性、物种多样性和生态系统多样性。我国自然条件复杂，南北跨越多个气候带，东西方向随着逐渐远离大海，水分供应渐趋减少，因此，具有极丰富的植物资源。丰富的植物资源为城市园林绿化提供了各种各样的植物材料。

但是，人类需求的不断增长和无节制的活动，导致植物多样性趋于枯竭或绝灭，土壤、水和大气资源的质量恶化，正在继续威胁着人类赖以生存的各种自然资源。植物多样性所承受的压力越来越大，大致包括以下几个方面：

一是栖息地的减少和改变。一方面，随着城市的扩大、工业化的发展，大片的土地被开发利用，使植物栖息地不断减少；另一方面，森林乱砍滥伐、盲目开荒，草原的过度放牧和沼泽的不合理开发以及水利建设等，都会引起植物生存环境的改变和污染。栖息环境的减少和改变是植物濒危和灭绝的主要原因。

二是人类的过度利用。由于不加控制地过度采集，使得一些植物无法及时增殖个体，导致植物濒危和绝灭。

三是污染。由于工业发展，严重的环境污染造成植物的生存环境发生很大的变化，使得植物无法生存而导致植物濒危和绝灭。

四是气候变化。如全球气温变暖，造成植物的固有生存地气温发生变化导致植物濒危和绝灭。

由于植物多样性承受各种压力而导致植物种类数量的急剧减少，对此，人类必须采取措施，阻止这种趋势的进一步发展，保护植物多样性。解决的办法主要有以下几个：

一是保护森林和草原等自然植被，使植物有良好的栖息地。

二是合理利用，保持一定的种群数量，保证其不断进行生长、繁殖和更新，避免植物资源枯竭。

三是治理和改善环境，使植物有适宜的生境条件。

四是建立植物种质资源库，人为保护植物多样性。

二、植物多样性原理在园林绿化中的应用

我们已经知道植物多样性从遗传、物种和生态系统三个层面表现出来。那么，应该怎样来理解和应用植物多样性原理，为园林绿化服务呢?

1. 保护园林植物遗传多样性

任何生物，包括植物，在进化过程中，每个物种都具有丰富的遗传基因，也就是具有各种各样的基因型和表现型，有些基因型或表现型可能在某种情况下不受人们欢迎，但在别的情况下可能是需要的。以常用花卉鸡冠花为例，在F_1代品种广泛应用之前，一般品种的鸡冠花种植很普遍，但当F_1代品种应用后，人们觉得其整齐的品种特性具有很高的使用价值，尤其是在配植花坛时觉得特别适宜，于是就广泛使用F_1代品种而将一般品种逐渐抛弃了。如今，要寻找普通鸡冠花已很难，这种植物基因的丢失是无法弥补的。因此，对于每种园林植物，不能应用一部分基因型而放弃另一部分基因型，应该收集每种园林植物的各个品种，不管是认为有用的还是没有用的，建立基因库把它们保护起来，为持续利用和保护园林植物的遗传多样性做出我们的贡献，造福子孙后代。

2. 物种多样性

从自然界来讲，首先要保护自然环境，增加植被覆盖率，创造适合植物生长的生境条件；其次应大力保护珍稀濒危植物，避免物种绝灭；最后应建立自然保护区用以保护植物多样性。只有在有足够数量的物种和种群数量时，植物群落才能保持相对稳定。如果植物生长的环境遭到人为破坏，有些不能适应变化了的新环境的植物可能就会生长不良，直至死亡。特别是在很脆弱的生态系统中，更要保护和改善环境，创造植物生长的良好生境，确保植物多样性。

从园林建设来讲，在植物配植时应考虑植物多样性原理，确保园林植物种群和群落良好生长发育是必要的。我们知道，森林中存在各种各样的病原，包括昆虫和真菌、细菌等，但是森林植物并未因此而遭受严重危害和形成灭顶之灾，就是因为森林群落是由种类繁多的植物组成的，并且这些植物在群落中是随机的或镶嵌分布的，这种植物的多样性，保证了群落中的植物不致于因病虫害而导致灾难性的后果。园林植物配植也同样，只有做到了植物多样性，园林人工植物群落才能保持良性发展。

自然式园林源于自然而高于自然，植物配植也不例外。各种园林植物群落在建植时必须考虑植物多样性问题。植物多样性原理在园林植物配植中应体现以下几点：

（1）园林植物群落应有一定的物种组成

无论是位于城郊的风景林、近郊或郊外道路边的道路附属绿地（绿色走廊），还是各类公共绿地，都要避免由单种植物建植而成，而要建植成由多种植物组成的群落。只有这样，才能确保这些园林植物群落正常生长发育而发挥其园林综合功能。在实际工作中，一般情况下应建植混交林，保持植物种类的多样性。尽量不建或少建由单一种群组

成的园林植物群落，如近年来常见的所谓“色块”这种配植形式，即由色叶灌木组成的模纹花坛，一旦遭遇病虫危害，由于没有他种植物的间隔或隔离作用，其危害可能会很大。如果风景林也是由单种乔木组成的，一旦环境发生了不利于其生活的变化或遭受严重病虫害时，其后果是可想而知的。

（2）园林植物群落应有一定的层次结构

层次结构是自然植物群落的基本特征之一，一个良好的园林植物群落也应该具有这种群落结构。从理论上讲，园林植物群落可以有大乔木层、小乔木层、灌木层和地被层四层。群落层次越丰富，其适应和改造环境的能力越强，群落的生长发育越良好；反之，群落层次越简单，其适应和改造环境的能力也越弱，群落的生长发育也越差。在风景林、较大面积绿地中多见层次结构比较丰富的园林植物群落；较小面积绿地或街道绿地的层次结构多比较简单。从功能性园林植物群落而言，以行道树的群落结构最简单，行道树往往是以单种树木以较大的株距列植而成，几乎呈孤植状，没有任何群落结构可言。近年来，街道绿地的结构已经发生了较大的改善，在作为行道树的乔木下方至少种植灌木或草本地被植物（由于交通的原因，不能有中层），形成具有上层和下层的两层群落结构，这种群落的内部环境要比仅种植孤树状的行道树好得多。

（3）园林植物群落应有一定的年龄结构

在自然界，组成自然植物群落的种群具有年龄结构，也就是每一个自然种群都由不同年龄的个体组成，具有自我更新的能力。作为园林植物群落，往往由大小相近的个体建植而成，即使若干年后有自播小苗，这些幼苗也会由于人工养护和认为不符合配植要求而清除殆尽，无法实现更新，缺乏年龄结构。作为园林植物群落，尤其是风景林等比较接近自然植物群落的人工植物群落，应该重视其自我更新。近年来，在城市绿化中有一种倾向，即热衷于种大树。大树移植，不仅对植物个体本身有极大的危害，而且进一步造成年龄结构的不平衡，且大树多挖自山林，对自然植被的破坏很大，这种对生态系统的破坏是无法用城市里种几株大树来弥补的。所以，在绿化工作中，使用少量的大树，从种群的年龄结构而言是可以的，而种群中大量的植物个体应该是苗圃培育的符合绿化要求的合格苗木，而这些合格苗木应该有允许的个体大小区别。这样的植物配植，能体现种群的年龄结构，符合生态学原理。

3. 生态系统多样性

所谓生态系统就是在一定的时间和空间内，生物的与非生物的成分之间，通过不断的物质循环和能量流动而互相作用、互相依存的统一整体，构成一个生态学的功能单位。生态系统的范围可大可小，整个地球、一座山、一条河、一座城市、一个公园都是一个生态系统。每个生态系统中都存在着物质循环和能量流动。所谓物质循环是指化学元素由无机物合成为有机物，再由有机物分解为无机物的过程。以碳元素为例，植物从大气中吸收二氧化碳，合成为碳水化合物，并在生物体中转化为各类其他有机化合物，这些有机化合物通过呼吸作用又转化为二氧化碳释放到空气中，完成一个循环；而能量流动是指太阳能被绿色植物固定下来，并在生物界中通过食物链逐级传递的过程。所谓食物链是指生产者（绿色植物）被动物（食草动物）所食，食草动物又被别的动物（食肉动物）所食……这样一种生物之间的“吃”与“被吃”的关系。食物链上的每一环节叫作营养级，一个简单的食物链一般可以划分成3～4级，每一营养级一般只有10%的能量传递到下一营养级，所以食物链的级数不会很多。

城市生态系统指的是城市空间范围内的居民与自然环境系统和人工建造的社会环境系统相互作用而形成的统一体，属人工生态系统。它是以人为主体的、人工化环境的、人类自我驯化的、开放性的生态系统。在城市生态系统中，植物群落的第一生产者的作用属于次要地位，而其美化和净化环境的作用则是主要功能。城市生态系统的特点是：人口的发展代替或限制了其他生物的发展；环境主要部分变为人工的环境；是一个不完全的生态系统；能量流动以人工为主，有一部分以“三废”形式排入环境，使城市遭到污染。而且，城市生态系统中的植物群落在人为的干预下，其演替偏途化，即不能演替成地带性顶极群落，而只能以人们的意志或要求演变。

在城市生态系统中植物的生长发育受人为干预很大，同样的植物群落的发展和演替无不打上了城市环境及人为活动的烙印。人们在建设城市，发展生产的同时，正如恩格斯所说的：“我们不要过分陶醉于我们对自然界的胜利，对于每一次这样的胜利，自然界都报复了我们，每一次胜利在第一步都的确取得了我们预期的效果，但是在第二步和第三步都有了完全不同、出乎预料的影响，常常把第一个结果又取消了。”人们在建设城市、发展生产的同时，由于对由此产生的自然界的反作用认识不足，造成了不利于自身的环境。

要解决这个问题，方法之一是要在城市和郊野建立新的生态平衡。把人工建立的新森林社会、植物群落重新引入城市中来，使之在城市中人工地恢复自然环境，形成人工的自然植物群落，进而减少、缓冲由于大规模的建造以及生产过程造成的环境恶化。为了实现上述目标，我们应在城郊多植风景林，在道路两侧建设绿色走廊，在河网地区更好地保护和恢复湿地；在城内要利用一切可以利用的空间进行绿化，除了平地要绿化外，更要将水体、墙面、屋顶、高架路等一切可以绿化的地方都绿化起来，建植各种人工植物群落，创造城市生态系统的多样性，形成城市环境的良性发展和环境的可持续发展。“植物改造环境，改造了的环境又作用于植物”。所以，作为一个城市的绿化，要从生态学的高度加以认识，建设良好生态城市。

在此有必要提一下，当前对生物多样性的论述，增加了第四个层次，即景观多样性。景观在生态学中是比生态系统更高层次的单位。景观多样性是指不同类型的景观在空间结构、功能机制和时间动态方面的多样化和变异性。景观要素可分为斑块、廊道和基质。斑块是景观尺度上最小的均质单元，它的大小、数量、形态和起源等对景观多样

性有重要意义。廊道呈线状或带状，是联系斑块的纽带，不同景观有不同类型的廊道。基质是景观中面积较大、连续性高的部分，往往形成景观的背景。

思考练习题

1. 学习植物生态知识的指导作用是什么?
2. 生态学的定义是什么?
3. 植物与环境之间的关系可以用哪三个层面来概括?
4. 什么是植物群落?
5. 什么是种群?
6. 种群的基本特征有哪些?
7. 什么是当今导致种群数量急剧减少或种群绝灭的最重要因素?
8. 种内因素主要指什么?
9. 种群的年龄结构包括哪几个时期?
10. 种群中个体的分布形式通常有哪几种类型?
11. 两个或多个种群争夺同一对象的相互作用被称为什么?
12. 什么是寄生关系?
13. 下列选项中的哪一项关系属于共生关系? (　　)

    A.鸟与树　　B.豆科植物与根瘤菌

    C.豆科植物与禾本科植物　　D.青蛙与水稻
14. 群落的特征有哪些?
15. 什么是盖度?
16. 什么是群落的优势种?
17. 什么是生态位?
18. 陆生植物可划分为哪几类生活型?
19. 什么是群落的季相?
20. 简述植物群落形成的过程。
21. 简述植物群落发育的时期。
22. 什么是原生演替?
23. 什么是顶极群落?
24. 什么是生境?
25. 进行植物配植时应怎样充分考虑建筑方位造成的光照因子的变化?
26. 什么叫“热岛效应”?
27. 城市土壤环境对园林植物生长的影响主要体现在哪几个方面?
28. 园林植物群落根据植物配植形式来分可以分成哪几种类型?

29. 植物多样性从哪几个水平体现出来?
30. 什么是植物多样性?
31. 植物多样性所承受的压力越来越大，大致包括哪几个方面?
32. 保护植物多样性的解决办法主要有哪些?
33. 什么是生态系统?
34. 城市生态系统的特点是什么?
35. 什么是景观多样性?

第二章　自然植被与人工植被

所谓植被，是指一个地区植物群落的总体，分为自然植被和人工植被。自然植被是在过去和现在的环境因素影响下，出现在一个地区的植物的长期历史发展的结果。人工植被是由人工植物群落组成的，如农田、果园、园林植物群落等。本章用自然植被的知识来解释园林人工植被。

第一节　自然条件与区域性自然植被

地球是一个球体，不同地区的太阳入射角不同，接受到的热能也不一样；离开海洋的距离不等，不同区域的降水量相差悬殊；具有起伏不定的地形。由于这些原因，地球表面的自然条件相差迥异，在不同的环境条件下，发展形成了能适应特定环境条件的植物群落。我国幅员辽阔，南北跨越多个气候带；东西长达数千千米，由海洋性气候过渡到大陆性气候。下面以沿海的海洋性气候地区为例，介绍与气候条件相适应的典型植被。

一、常绿阔叶林及其气候条件

中亚热带常绿阔叶林是亚热带地区最典型的地带性植被类型之一。其分布范围大体上在长江以南至南岭的福建、广东、广西、云南北部、四川之间的广阔山地丘陵及西藏南部的山地区；其分布的海拔高度在西部为1 500～2 800 m，至东部渐降至海拔1 000～2 000 m以下。

本类型分布地区具有明显的季风气候特征，四季比较明显，春、秋季略短而夏、冬季稍长，为典型的季风亚热带中部气候。年平均气温为16～21℃，1月份平均气温为3～12℃，7月份平均气温为28～30℃，绝对最低气温在东段可达－10℃以下，但为时较短暂，而西段受西南季风控制，则冬季较温暖和夏季凉爽。年积温为5 000～6 500℃。年降雨量均在1 400～2 100mm，但降雨季节分配不均匀。霜期较短，一般霜期为64～120天，基本上由南向北递增。

本类型分布区的土壤类型，在低山丘陵林下的土壤主要为红壤；丘陵至中山的林下为山地黄壤；中山地海拔1 400 m以上的林下为山地黄棕壤或山地森林棕壤。

本类型群落外貌终年常绿，一般呈暗绿色而稍微闪烁反光，林冠整齐，由于上层大树的树冠浑圆而林冠呈微波状起伏。上层乔木主要由壳斗科、樟科、山茶科、木兰科的常绿阔叶树种组成。小乔木层常见为樟科、杜英科、山茶科、木兰科、金缕梅科、豆科、桑科、藤黄科、野茉莉科、山矾科、山龙眼科等的一些树种。灌木层较高的灌木多为杜鹃属、乌饭树属、山矾属、山茶属、柃木属、山胡椒属、新木姜子属、木姜子属等；而低矮的灌木则为紫金牛属、虎刺属等。草本层以蕨类植物为主，还有莎草科、禾本科、百合科、天南星科等的一些植物。在常绿阔叶林的一些地段尚有藤本植物和附生植物等层间植物存在，这些植物越是在分布区往南的地段上越是显著（见图3—6）。

图3—6　钩栲林剖面图

1—钩栲　2—狭叶杜英　3—栲树　4—青冈　5—乌药　6—粗叶木　7—狗脊　8—猴欢喜　9—苔草

二、常绿落叶阔叶混交林及其气候条件

常绿落叶阔叶混交林是常绿阔叶林与落叶阔叶林之间的过渡类型，在我国亚热带地区有较广泛的分布，是亚热带的地带性植被类型之一。这一类型的群落，一般均无明显的优势种，林冠郁茂，参差不齐，多呈波状起伏，因有落叶树种的存在，具有较明显的季相变化，在落叶树的落叶季节，林冠呈现一种季节性的间断现象。由于种类组成复杂，加以季相变化明显，群落外貌色彩丰富多样。群落结构通常可分为乔木、灌木和草本三个层次，有时还有苔藓活地被层，层间植物种类虽有但种类不多。乔木可分2～3层，最高的一层在北亚热带往往由落叶阔叶树组成，而在中亚热带则是常绿和落叶两类树种均等混合组成，第二、三层以常绿阔叶树为主。常绿阔叶树总是在落叶阔叶树之下。

作为地带性植被类型，本类型的典型分布区是在北亚热带的丘陵、低山，北起我国秦岭淮河一带，遍及整个亚热带地区。土壤类型以页岩、花岗岩、片麻岩等为母质的山地黄棕壤、森林棕色土、黄壤、山地紫色土等酸性土壤为主，也有以石灰岩发育而成的中性到微碱性的钙质土，如黄褐土和黄棕壤等。这一地带年平均气温14～16℃，1月

份平均气温为2.2～4.8℃，7月份平均气温为28～29℃，无霜期240～260天。年积温为4 500～5 000℃。冬季气温虽较低，但绝对低温尚稍高，因此较喜温的落叶阔叶树与较耐寒的常绿阔叶树均能生长，在同一地段上混交成林。

本类型系由常绿与落叶两类阔叶树种混合组成。其中落叶阔叶树，在北亚热带不少为暖温带分布的相同种类，至中亚热带则以南方种类为主，其中有很多与暖温带同属不同种的种类。常绿阔叶树在北亚热带内，大多是能耐寒的种类，常见的有苦槠、青冈、冬青及石楠等（见图3—7）。

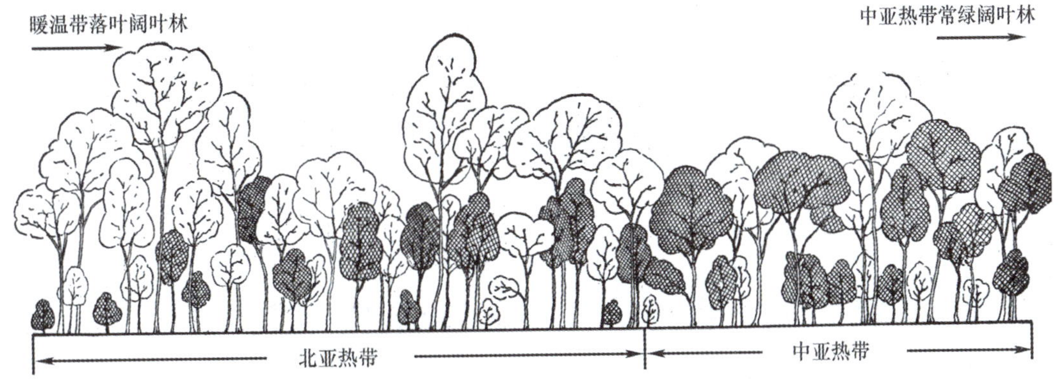

图3—7　常绿落叶阔叶混交林示意图

三、落叶阔叶林及其气候条件

落叶阔叶林是指以壳斗科的栎属、桦木科的桦木属和桤木属、槭树科的槭属、榆科的榆属、杨柳科的杨属和钻天柳属、蔷薇科的苹果属等落叶树种为主要优势种所组成的群落。这类落叶阔叶林主要分布在温带和暖温带地区。

本类型是我国温带和暖温带中最主要的植被类型，群落外貌的季相变化明显。分布地区的气候，夏季受东南季风影响，酷热而多雨，冬季受西伯利亚寒流的控制，严寒而晴燥。以暖温带的气候为例：年平均气温为9～14℃，1月份平均气温为－13～－2℃，绝对最低温达－30～－20℃，7月份平均气温为24～28℃，全年无霜期为180～240天，年积温为3 200～4 500℃。

本类型分布地区的土壤为褐色土和棕色森林土。

落叶阔叶林群落的成层结构明显而简单，可分为乔木层、灌木层和草本层，层间植物种类很少。乔木层以壳斗科、桦木科、榆科、槭树科、杨柳科、金缕梅科等的落叶乔木为主。林下灌木层主要由豆科的胡枝子属和木兰属、蔷薇科的绣线菊属及蔷薇属、桦木科的榛属等落叶的种类组成。草本层主要由禾本科的野古草属和大油芒属、莎草科的苔草属、蔷薇科的委陵菜属、菊科的蒿属等的种类组成，且冬季地上部分全部枯死或以种子越冬（见图3—8）。

图3—8　落叶阔叶林示意图

第二节　合理选择与营造城市人工植被

自然植被类型与当地的自然条件相适应。城市处于一定的自然条件下，其周边的自然植被具有区域特征，因此在营造城市人工植被时，要结合城市所在地的自然条件，发挥人工植被的景观效益和生态效益。

一、不同植被类型的外貌特点

本章第一节介绍了三类建群种为乔木的植被类型，它们是对不同气候类型长期适应的产物。组成这些植被类型的群落的外貌特征是非常鲜明的。

常绿阔叶林分布于温暖湿润的气候环境条件下，群落外貌四季常青，群落内层次结构复杂，且有较多的层间植物。

常绿落叶阔叶混交林分布的区域气温有所下降，只有抗寒性强的常绿树种能够生长，群落中有了落叶树种，这种群落在冬季落叶树种落叶越冬，具有良好的秋色和季相变化。群落的层次结构仍较复杂，中下层仍有众多的常绿树种，仍有一定数量的层间植物。

落叶阔叶林地处温带，冬季寒冷，以落叶树种为主组成，季相变化非常明显。群落虽仍有三层结构，但比混交林要简单，层间植物已很少。

二、植被类型的选择

不同的气候地带具有各自独特的自然植被，植物类型与气候条件相一致，也就是在特定的气候条件下，各种不同群落通过演替，最终会成为该气候带的顶极群落。而园林

植物群落是人工建植的植物群落，群落类型可以在气候条件允许的情况下人为选择。选择什么样的群落类型，除了符合气候条件外，人们更看重园林植物群落的景观效果。那么，应该怎样选择园林植物群落的类型呢?

对于选择什么样的群落类型的问题，在南亚热带及以南地区和温带及以北地区往往没有什么可选择的。因为在南方，气候条件适合常绿树生长，即使人为选择并种植一些温带落叶树种，或是生长情况不正常，或是冬季几乎不落叶，无法产生落叶树的固有景观效果。而在北方，由于冬季气温较低，多数常绿树不能忍耐低温而无法正常生长，难以形成常绿树的景观效果。可以说，在南亚热带及以南地区或温带及以北地区几乎没有选择的余地。而位于长江两岸的中、北亚热带地区，具备耐寒常绿树和喜温暖落叶树生长的气候条件，前述三种群落特征的园林人工群落均可供选择。

选择常绿阔叶林可以达到四季常青的效果，但缺少季相变化；选择落叶阔叶林虽季相变化明显，但冬季显得萧条；而常绿落叶阔叶混交林则兼有前两者的特征，既能保持冬季的绿色，又能表现出明显的季相变化，有良好的秋色景观，具有很好的景观效果。通常情况下，选择混交林比较合适。例如，风景区的山林、城郊的风景林、公园的树丛、湖畔绿地、河道和道路两侧的绿地等。当然，在特定场合，使用常绿林或落叶林也是可选的，前者如苦槠林、香樟林等；后者如湿润地带的水杉林、道路边的杨树林等。

总而言之，群落类型的选择，既要考虑气候条件，又要满足景观要求。

思考练习题

1. 什么是植被?
2. 中亚热带常绿阔叶林的分布范围在哪里?
3. 落叶阔叶林分布地区的土壤是什么?
4. 如何合理选择和营造城市人工植被?

第三章　植物改造环境的作用

如前所述，我们已经知道，植物生长发育需要一定的环境条件，包括气候、水分、土壤和营养等。同时，在植物的生命过程中，植物又对其生存的环境有改造作用。植物除了可以美化我们的生活外，还可以改造环境。

第一节　防护作用

植物的生活需要具备一定的环境条件，同时，通过其生命活动可以对环境发挥积极的作用。

一、保持水土涵养水源

由于树冠的截流、地被植物的截流以及地表植物残体的吸附和土壤的渗透作用，植物能够减少地表径流量和减缓径流流速，从而起到保持水土涵养水源的作用。

树林的林冠可以截留一部分降水量，树种不同，雨水截留率也不同。通常，枝叶稠密、叶面粗糙的树种，其截留率大，雨水截留率针叶树比阔叶树大，耐阴树种比阳性树种大。总的来说，林冠的截留量为降水总量的15%～40%，其截留量与降雨大小有关。

在园林绿化中，为了涵养水源保持水土，应选植树冠厚大，郁闭度高，截留雨量能力强，耐阴性强而生长稳定和能形成富于吸水性落叶层的树种。根系深广也是选择的条件之一，因为根系广、侧根多可加强固土固石的作用，根系深则有利于水分渗入土壤的下层。许多草本植物由于具有发达的根系，也可用作护坡，保持水土。

为了提高保持水土涵养水源的能力，在江河的源头及沿流域的丘陵、山区，大力提倡植树造林、封山育林对防洪抗旱是非常有意义的。

二、防风固沙

树林具有减弱风速的作用。在人工林的前面有5倍于人工林高度的距离处，其后有25倍于人工林高度的距离处，风速至少可以减弱10%，我国一般将林后的防护距离定在林高的20倍。当防风林的透风性达到40%时，效果最好。紧密结构的林带因形成不透风的树墙，会造成空气回流，防护范围比透风性林带小。落叶树林在冬季落叶时期的防风作用约为夏季的60%（见图3—9）。

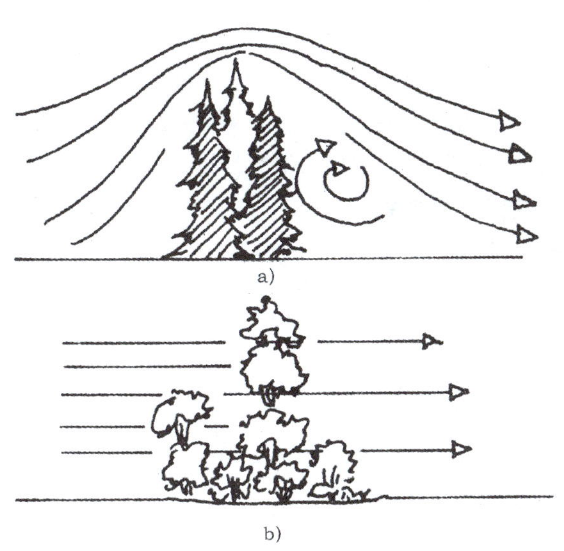

图3—9　不同人工林的防风效果

a）密集的人工林　b）稀疏的人工林

注：密集的人工林会形成回旋气流，防风效果较小；稀疏的人工林，风能穿透林带，防风效果较好。

为了防风固沙而种植防护林带时，在选择树种时应注意选择抗风力强，生长快且生长期长而寿命亦长的树种，最好是最能适应当地气候、土壤条件的乡土树种，其树冠最好是呈尖塔形或柱形而叶片较小的树种，如杨树、桦树等。

防风林以减弱风速来保护人们的生产、生活，同时用来减少沙尘的移动，而根系和地表的草本植物才能像保持水土那样，真正起到固沙的作用。

三、防火

在地震多发地区的城市以及木结构建筑较多的居民区，为了防止地震引起的火灾蔓延，以及其他原因的火灾，可以用不易燃烧的植物作隔离带，既起到美化作用又有防火作用。常用的抗燃防火树种有银杏、苏铁、青冈栎、栲属、榕树、珊瑚树、槲树、棕榈、桃叶珊瑚、女贞、红楠、山茶、厚皮香、柃木、八角金盘、交让木等。总之，树干有厚木栓层和富含水分的树种抗燃能力比较强。

四、抗放射性

大面积的树木和森林可以减少空气中的放射性为害。尽管树木不能破坏放射现象，却可使之消散。当空气中带有放射性微粒时，被调查的树木叶片迎风面放射性物质的总量高达背风面的4倍。即使在绿地很少的城区，其放射尘量也只为没有植物生长地区的60%～70%。森林能减少降落放射性物质的30%～60%，有助于保护人们的健康和生命。如果人体接受600放射剂量会造成几乎100%的死亡率；减少1/3的剂量，死亡率约减少50%；如剂量减少2/3，则死亡率接近于零。美国近年发现酸木树具有很强的抗放射性污染的能力。此外，栎属树木种植成一定结构的林带，也有一定的阻隔放射性物质辐射的作用，它们可起到一定程度的过滤和吸收作用。

五、监测大气污染

某些园林植物对空气中存在有毒气体很敏感，在有毒气体浓度很低时即表现出受害症状，故可以利用它们对大气中有毒物质存在的敏感性作为监测手段以确保人们能在合乎健康标准的环境中生活。

1. 对二氧化硫的监测

二氧化硫（SO_2）的浓度达到1～5 mg/kg时人才能感觉到其气味，当浓度达到10～20 mg/kg时，人就会有受害症状，例如咳嗽、流泪等现象。但是敏感植物在SO_2的浓度为0.3 mg/kg时经几小时就可在叶脉之间出现点状的黄褐色斑或黄白色斑，而叶脉仍为绿色。

二氧化硫的监测植物有地衣、苔藓、紫花苜蓿、凤仙花、翠菊、锦葵、月季、紫丁香、杏、山荆子、枫杨、连翘、白蜡、雪松、油松等。

2. 对氟的监测

氟气（F_2）在空气中会迅速变为氟化氢（HF），后者溶于水变成氢氟酸。氟及氟化氢的浓度在0.002～0.004 mg/kg时对敏感植物即可产生影响。敏感植物叶片的坏死斑最初多表现在叶端和叶缘，然后逐渐向叶的中心部扩展，受害组织与正常组织之间有明显界线，浓度高时整个叶片枯焦而脱落。

氟的监测植物有锦葵、萱草、翠菊、榆叶梅、葡萄、杜鹃、杏、李、桃、月季、雪松等。

3. 对氯的监测

氯气（Cl_2）在浓度为5～10 mg/kg时即可产生刺激作用。氯气由呼吸道进入人体后溶解于黏膜上的水，并与水中的H结合变成氯化氢（HCl，盐酸）而有烧灼作用，同时从水中游离出的O对组织也有很强的作用。Cl_2及HCl可使植物叶片产生褪色点斑或块斑，但斑界不明显；严重时会使叶褪色而脱落。

氯的监测植物有波斯菊、金盏菊、凤仙花、蛇目菊、福禄考、一串红、石榴、竹、桃、苹果、柳、油松等。

4. 对臭氧的监测

臭氧（O_3）在光化学烟雾中占90%，人在浓度为0.5～1 mg/kg 的O_3下会受到危害。臭氧可以抑制植物的生长以及在叶表面出现棕色、黄褐色的斑点。

臭氧的监测植物有矮牵牛、蔷薇、牡丹、木兰、垂柳、早熟禾、梓树、皂荚、葡萄等。

5. 对其他有毒物质的监测

汞的监测植物如女贞等；氨的监测植物如向日葵等；乙烯的监测植物如棉花等。

第二节　改善环境

如前所述，园林植物的生长需要有适宜的环境条件；反之，园林植物通过其生命活动，对环境有改造作用。利用园林植物改善环境也是城市园林绿化的重要目的。园林植物改善环境的作用主要表现在如下五个方面。

一、改善空气质量

植物通过其生命活动，能够吸收、阻滞对人体有害的物质，同时能释放对人体有益的物质，有利于人们的身心健康。

1. 吸收二氧化碳放出氧气

植物是环境中二氧化碳和氧气的调节器，植物在光合作用中每吸收44 g二氧化碳可放出32 g的氧气。虽然植物也进行呼吸作用，但在日间由光合作用所放出的氧气是由呼吸作用所消耗的氧气量的21倍。一个体重75 kg的成年人，每天呼吸需氧气量为0.75 kg，排出二氧化碳量为0.9 kg。通常每公顷森林每天可消耗1 000 kg二氧化碳，放出730 kg氧气。所以每人若有10 m^2树林，即可满足呼吸氧气的需要。生长良好的草坪，每平方米每小时可吸收1.5 g二氧化碳，即约合10 000 m^2吸收15 kg，而每人每小时呼出37.5 g二氧化碳，所以每人有50 m^2草坪可以满足呼吸的平衡。若以公园绿地而言，因为不完全是由树木构成，所以城市中人均绿地面积达30～40 m^2才能满足呼吸的需要。

2. 促进空气负离子化

空气中存在空气负离子，其含量为800～1 000个/cm^3，而大城市和工矿区的空气负离子仅100个/cm^3。树木能以其生命活动提高空气天然离子化，绿化林对增加空气负离子浓度有巨大作用。在森林覆盖率为35%～60%的地方，空气负离子浓度最高，在森林覆盖率小于7%的地方，空气负离子浓度仅是前者的1/2～2/5。

3. 吸收有毒气体

城市空气中由于工业生产、交通工具运行等，会产生许多有毒气体，包括二氧化硫、氯气和氯化氢、氟化氢、氮氧化物、臭氧、重金属蒸气等。植物的叶片可以将它们吸收降解或富集于体内而减少空气中的有毒气体含量。因此，在有明显空气污染区域进行绿化，为了达到人们的健康目的，不仅要选用抗污染性强的植物，而且要选择有较强净化能力的植物。

吸收二氧化硫能力较强的植物有合欢、悬铃木、夹竹桃、木槿、垂柳、女贞等。

吸收氯气或氯化氢能力较强的植物有夹竹桃、梧桐、女贞、珊瑚树、大叶黄杨、樱花、紫薇、构树等。

吸收氟化氢能力较强的植物有樟树、朴树、棕榈、梧桐、悬铃木、女贞、夹竹桃、海桐等。

吸收二氧化氮能力较强的植物有栾树、刺槐、桧柏、杏、桃、大叶黄杨等。

吸收臭氧能力较强的植物有侧柏、桧柏、垂柳、槐、桑树等。

吸收重金属能力较强的植物有槐、女贞、紫藤、木槿、大叶黄杨等。

吸收光化学烟雾能力强的植物有刺槐、悬铃木、紫穗槐、珊瑚树、桂花、杜鹃等。

4. 减少粉尘污染

植被具有除尘效应，空气中携带的尘埃当进入树林后，多半被植物所滞留。在几乎没有树木的某城区，降尘量年平均超过850 mg/（m^2·d），而在城郊种植树木的地区和城区的公园区测量的结果表明，降尘少于100 mg/（m^2·d）。道路分车带绿篱的减尘率可达40%以上；街道上绿化的地段比未绿化的地段的含尘量少50%以上。

滞尘的效果与树林的疏密程度有关。由于密林阻力大，在密林内尘量迅速减少，但通过密林后尘量再次上升。而在分散的疏林地带，随着离尘源渐远，以比较稳定的比率下降。故滞尘效果疏林比密林好。总之，滞尘林带的结构与效果的关系同防风林的结构与效果基本一致。

滞尘的效果还与树种有关。针叶树的滤尘作用优于阔叶树。

二、夏季降温

研究表明，当房屋庭院中气温为26℃时，在种有树木的林荫道上的气温只有24℃，而同时间的森林中只有23℃，事实证明在树木多的环境中气温较低，这是树木的吸热量高的缘故（树木能吸收太阳辐射量的50%～70%）。夏季某城市的城市中心广场的气温为33.5℃，城市周边绿地的气温为30℃，温差为3.5℃，这种降温作用随着气温的升高而更加明显。树木降温效果的好坏，与树冠大小、叶片疏密度、叶片质地、叶片伸展方向有关。

当树木种植成树林后，不仅能降低树林内的气温，而且由于林内外气温差造成的空气对流而形成的微风，可以把降温的效果影响到树林周围。所以，提高城市绿地率或绿化覆盖率及在城郊多营造风景林可有效降低夏季气温。

树木降温的效果，一天中以中午和下午的效果最明显，一年中以夏季的效果最显著。

三、降低地下水位，提高空气湿度

种植树木对改善小环境内的空气湿度有很大作用。例如，一株中等大小的杨树，在夏季白天每小时可由叶部蒸腾25 kg水至空气中，一天即达半吨，相当于在相同面积上每天喷雾同等重量的水分来增加空气湿度。因此，选择蒸腾能力较强的树种对提高空气湿

度有明显的作用。一般来说，在树林内的空气湿度比空旷地的湿度高7%～14%，而且这种提高空气湿度的作用可影响到林外，树林面积越大，其增湿效果越好。

树木蒸腾到空气中去的水分是根系从土壤中吸收的，所以树木在提高空气湿度的同时，可以有效地降低种植地的地下水位。在潮湿地区，这种降低地下水位的作用是非常明显的。例如，20世纪60年代在我国杭州西湖边种植的水杉林，对降低种植地的地下水位起到了很好的作用。

四、改善光质

城市中公园绿地中的光线和街道、建筑间的光线是有差异的。这是由于阳光照射到树林上时有20%～25%被叶面所反射，有35%～75%为树冠所吸收，有5%～40%透过树冠投射到林下。又由于植物所吸收的光波段主要是红橙光和蓝紫光，而反射的部分主要是绿色光，所以从光质上来讲，林冠及草坪上的光线具有大量绿色波段的光。这种绿光要比街道广场铺装路面的光线柔和得多，对眼睛保健有良好作用。就夏季而言，绿色光能使人在精神上觉得爽快和宁静。

五、减弱噪声

噪声对人们的生活、工作和学习有不利影响，种植乔灌木对降低噪声有作用。例如：城市街道上的行道树对路旁的建筑物来说，可以减弱一部分交通噪声，路上的汽车噪声在穿过12 m宽的悬铃木树冠到达其后面的三层楼窗户时，与同距离的空旷地相比，噪声的减弱量要大3～5 dB。18 m宽的桧柏、雪松林带（枝叶茂密、上下均匀），与同距离空旷地相比，可多减弱9～10 dB。树木虽都有减弱噪声的作用，但不同的树种减弱噪声的能力是不一样的。通常，叶片坚硬而大的树木减弱噪声的效果好，且枝叶密度越大减弱噪声的能力越强。实践证明，我国较好的隔音树种有雪松、桧柏、龙柏、柏木、柳杉、水杉、悬铃木、樟树、榕树、栎树、珊瑚树、椤木、海桐、桂花、女贞等。

思考练习题

1. 植物的防护作用有哪些?
2. 常用的抗燃防火树种有哪些?
3. 二氧化硫的监测植物有哪些?
4. 氟的监测植物有哪些?
5. 氯的监测植物有哪些?
6. 臭氧的监测植物有哪些?
7. 园林植物改善环境的作用主要体现在哪几个方面?
8. 吸收二氧化硫能力较强的植物有哪些?
9. 吸收重金属能力较强的植物有哪些?

10. 树木降温效果的好坏与哪些因素有关?

11. 提高城市绿地率或绿化覆盖率及在城郊多营造风景林为什么能有效降低夏季气温?

12. 较好的隔音树种有哪些?

第四篇　植物分类知识

学习目标

◆ 了解植物界的基本类群，建立起植物系统进化的概念
◆ 掌握植物分类的基本知识，了解园林常用植物科
◆ 掌握植物学名知识，了解植物学名在实际应用中的意义和作用

植物在长期的发展过程中，从原始的单细胞植物逐渐演化产生了多细胞的、具有高度器官分化的被子植物。人们要认识和利用植物，必须对植物界有一个全面的了解。本篇简要介绍植物界的基本类群，以及基本的植物分类知识。同时，结合园林绿化专业实际，介绍种子植物常见的植物。

第一章　植物界的基本类群

植物界是一个庞大的世界，地球上现存植物约有50万种。这些植物不仅分布广、形态和结构差别大，而且生活方式也各不相同。由于它们起源于共同的祖先，所以具有一些共同的特征。又因各类植物产生的先后和生活环境的不同，其进化程度也有很大的差异。总的进化趋势是由低级到高级，由简单到复杂。具体表现为：在植物的结构方面，由单细胞到群体，再到多细胞；在机能方面，由不分化到初步分化，直到高度分化；在生活环境方面，由水生到陆生。

根据植物体的结构和机能的分化、生活方式、生殖类型等方面的差异及进化顺序，将植物界分为：藻类植物、菌类植物、地衣植物、苔藓植物、蕨类植物、裸子植物和被子植物。其中，藻类植物、菌类植物和地衣植物为低等植物，苔藓植物、蕨类植物、裸子植物和被子植物为高等植物；藻类植物、菌类植物、地衣植物、苔藓植物和蕨类植物用孢子繁衍后代，叫作孢子植物，裸子植物和被子植物用种子繁衍后代，叫作种子植物。

第一节　低等植物

低等植物是地球上出现最早的一群古老植物。植物体的结构比较简单，是单细胞的或结合成群体，或是多细胞的丝状体或叶状体，叶状体有分枝或不分枝，但没有根、茎、叶的分化；生殖器官是单细胞的；它们的生殖过程也很简单，受精卵（合子）不形成胚而直接萌发成为孢子体；它们大部分生活在水中或潮湿的环境条件下。根据植物体的结构和营养方式的不同，可将低等植物分为藻类植物、菌类植物和地衣植物。

一、藻类植物

藻类植物是指一群具有光合作用色素、能独立生活的自养植物。藻类植物在形态构造上的差异较大，小的为单细胞体或群体，常常在显微镜下才能看到；大的为叶状体，肉眼可见，结构也较复杂，有的还分化为多种组织，如生长在太平洋中的巨藻，体长可达100 m。绝大多数藻类植物的细胞内含有叶绿素和其他色素，能进行光合作用。由于各种藻类植物细胞内所含叶绿素和其他色素比例不同，使植物呈现不同的颜色。如含藻蓝素的藻类呈蓝绿色，含藻褐素的呈褐色，含藻红素的呈红色，等等。藻类植物生殖器官多数为单细胞，只有少数高级藻类植物的生殖器官是多细胞的。藻类植物多为水生，少数为陆生，在世界各地的潮湿地区都可见到藻类植物。现存藻类植物有22 000余种。

根据藻类植物细胞内所含的色素不同，以及储藏物质和植物体结构、繁殖方式、细胞壁的成分等方面的差异，将藻类植物分为蓝藻门、眼虫藻门、绿藻门、金藻门、甲藻门、红藻门和褐藻门。下面主要介绍与人类关系较密切的4个门。

1. 蓝藻门

蓝藻门是简单和原始的藻类植物，约有1 500种，分布很广，多生于淡水中。植物体有单细胞、群体或丝状体。细胞无真正的细胞核，原生质体分化为周质和中心质两部分。周质位于细胞壁的内侧，含有叶绿素A和藻蓝素，所以细胞一般呈蓝绿色，但无载色体；中心质相当于细胞核的位置，但不具核膜和核仁，含有DNA。这种不具有细胞核结构的细胞称为原核细胞，具有原核细胞的生物称为原核生物。细胞壁分为内外两层，内层由纤维素构成，外层是果胶质组成的胶质鞘。蓝藻进行无性生殖，主要靠细胞分裂、群体破裂、丝状体断裂来增加个体数目，少数种类有孢子。

常见的蓝藻植物中，单细胞的如色球藻属，常生于温室的花盆上或潮湿的岩石上，也可生于淡水中；群体的如微囊藻属，浮游水中危害水生动物；丝状体的如生于淡水中或寄生在满江红叶肉中的鱼腥藻，其营养细胞为球形，连成串珠状的丝状体。藻丝上隔一定距离有一个形状有些差异的异形胞，能把空气中游离的氮合成为有机含氮的化合物，是一种生物肥料。可供食用的蓝藻有地木耳、发菜（见图4—1）。

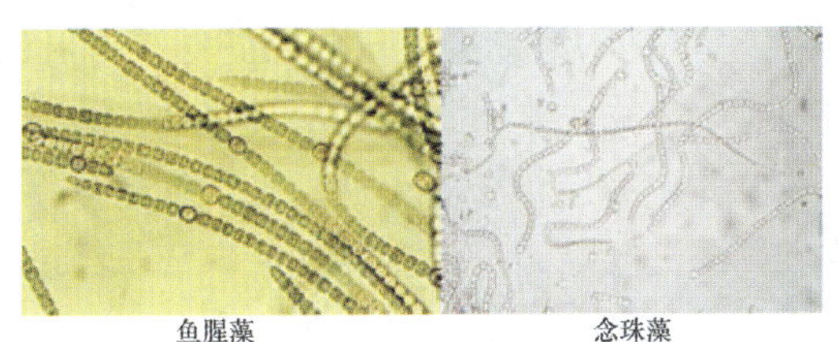

图4—1　蓝藻

2. 绿藻门

绿藻约有7 500种，植物体有单细胞、群体和多细胞丝状体、叶状体等类型。细胞内具有各种形态的叶绿体，如杯状、环状、星状、网状等；叶绿体中含有和高等植物一样的叶绿素A和叶绿素B，以及胡萝卜素和叶黄素，故植物体呈绿色。储藏的养分有淀粉和油类。叶绿体中有一至几个造粉核（蛋白核），外层多有淀粉衣鞘包被着。细胞壁的内层为纤维素，外层为果胶质并常黏液化。游动细胞有2条或4条等长的顶生鞭毛。繁殖方式多样，无性和有性生殖都很普遍，不少种类的生活史中有世代交替的现象。绿藻的分布很广，淡水中最多，常见于流水、静水、阴湿地，也见于海水中（见图4—2）。

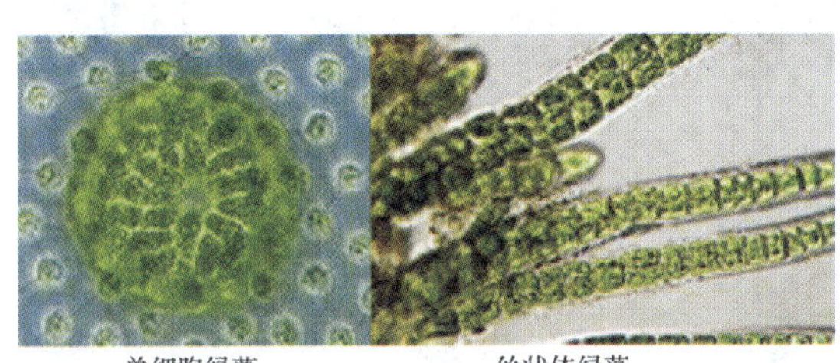

图4—2　绿藻

绿藻与高等植物在光合作用色素、储藏养分、细胞壁成分、游动细胞的鞭毛的类型等方面很相似，被认为有可能是高等植物的间接祖先，它们应在同一个演化的主枝上。

3. 红藻门

红藻门是藻类中的高级类群，约有3 900种，分布很广，主要为海产，固着于岩石等物体上生活。植物体呈丝状、片状、树枝状等（见图4—3）。细胞内含有叶绿素和叶黄素、胡萝卜素、藻红素、藻蓝素等。储藏物质为红藻淀粉。细胞壁外层为果胶质，内层为纤维素构成。无性繁殖产生不动孢子。有性生殖产生精子和卵，精子无鞭毛，靠水流传布到达雌器。

图4—3　几种红藻

常见的代表植物紫菜属，其藻体为单层或双层细胞组成的叶状体，呈紫红色、紫色或紫蓝色，基部以固着器固着于基物或岩石上，无柄或有柄，边缘全缘或有皱褶，细胞为胶质所包被，一个星芒状载色体中有造粉核。无性生殖产生孢子，可以萌发形成藻体。有性生殖产生精子囊和果胞。精子无鞭毛，卵细胞受精后，合子经过减数分裂和有丝分裂形成果孢子，果孢子成熟后脱离母体钻入文蛤、牡蛎等贝壳内，萌发成为丝状体，并在贝壳内蔓延生长，形状很不规则，是紫菜生活史中壳斑藻阶段。成熟的丝状体产生壳孢子，萌发形成小紫菜，夏季能不断地产生单孢子，再发育成小紫菜。温度适宜时，单孢子才萌发为大紫菜（见图4—4）。此外，常见的红藻还有石花菜等。

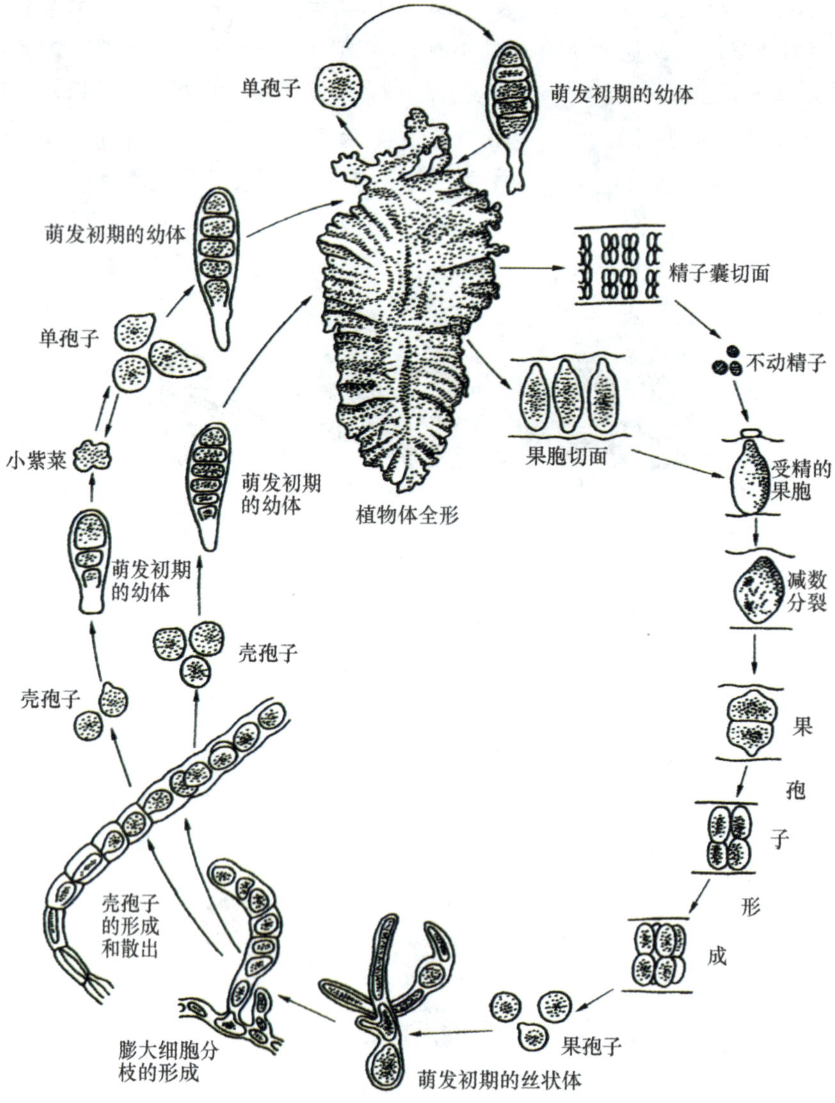

单孢子
萌发初期的幼体
萌发初期的幼体
精子囊切面
单孢子
不动精子
果胞切面
受精的果胞
小紫菜
萌发初期的幼体
植物体全形
萌发初期的幼体
减数分裂
壳孢子
壳孢子
果孢子形成
壳孢子的形成和散出
果孢子
膨大细胞分枝的形成
萌发初期的丝状体

图4—4　紫菜的生活史

4. 褐藻门

褐藻门有大约1 500种，体型大，多为海生，是结构复杂的、较高级的一类藻类植物（见图4—5）。外形上有分枝或不分枝丝状体和薄壁组织体。褐藻的细胞内有细胞核和形态不一的载色体，载色体内有叶绿素，但常被黄色的胡萝卜素、叶黄素所掩盖，故植物体常呈褐色。储藏养分是褐藻淀粉、甘露醇、油类等。生殖方式基本与绿藻相似。

图4—5　几种褐藻

常见的代表植物海带，体长1～2 m，分为表皮、皮层和髓三部分。成熟的植物体由宽大扁平的带片、细而短的柄和柄下分枝状的假根组成。带片的两面可丛生许多棒状的孢子囊，细胞在孢子囊里进行减数分裂，产生32或64个具侧生不等长双鞭毛的游动孢子。孢子成熟后，囊壁破裂，孢子散出，附在岩石上萌发成极小的雌雄配子体。雄配子体细胞小，数目多，多分枝，在分枝顶端的细胞发展成精子囊，每囊产生一个具侧生鞭毛的游动精子。雌配子体细胞较大，数目少，不分枝，顶端细胞膨大成卵囊，每囊产生一卵，留在卵囊顶端。游动精子和卵结合成合子，合子发育成新的孢子体。

海带的一生可以分为两个阶段：由受精卵开始形成假根、柄和带片的孢子体到产生幼小孢子囊为止，这一阶段的细胞核内染色体为双倍体，称为无性世代或孢子体世代；由孢子囊内进行减数分裂开始形成孢子，孢子发育成雌雄配子体，到产生精子和卵为止，染色体是单倍体，称为有性世代或配子体世代。海带的一生为无性世代和有性世代交替发生，这种现象称为世代交替。因为海带的孢子体和配子体是异形的，故又称为异形世代交替（见图4—6）。

许多藻类虽然个体非常微小，但在整个地球的水域里却构成了体积很大的浮游植物，成为鱼类和其他水生动物的主要食物，对发展水产养殖业有着重要的意义。有些藻类还可作为家畜的饲料和绿肥。藻类在进行同化作用中吸收水中的有害物质，增加水中的氧气，净化污水，清除水中腐烂的嫌气细菌。有些藻类植物需在清洁的水环境中生活，故可根据这些藻类的存在和数量来鉴定水质，测定水源清洁的程度。浮游的藻类在形成腐殖质淤泥中有重大的作用，是农业上一个很大的肥源。有的藻类能分解石灰岩，促进大量碳素的继续循环。也有一些土壤藻类有固氮作用，增加土壤中的氮素含量。除此之外，有些藻类可以食用，有些藻类是工业上和医药上的主要原料。因此，很多经济藻类已有专门的人工养殖。

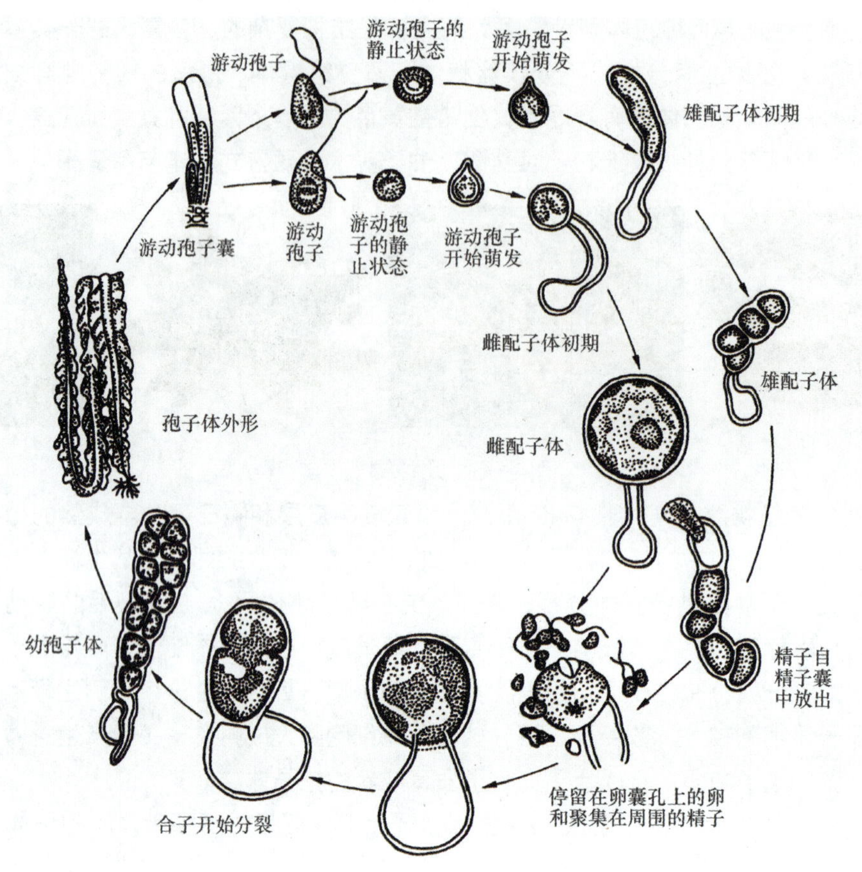

图4—6　海带的生活史

二、菌类植物

菌类植物是一个不具有自然亲缘关系的类群，菌类这个名词是为方便而设的。它们是一群依靠现存的有机物质生活的植物，没有根、茎、叶的分化，一般无光合作用色素，不能进行光合作用制造碳水化合物。这种营养方式称为异养。异养的方式有寄生和腐生两类。凡是从活的动植物体吸取养分的称为寄生；凡是从死的动植物体或无生命的有机物质吸取养分的称为腐生。有些菌类的寄生性非常强，只能寄生而不能腐生，称为专性寄生；相反地，有些菌类的腐生性强，只能腐生而不能寄生，称为专性腐生；有的以腐生为主，兼行寄生，叫兼性寄生；有的以寄生为主，兼行腐生，称为兼性腐生。

菌类植物有约90 000种，生活方式多样，分布很广，在土壤中、水中、空气中、人和动植物体内及物体表面等都有它们的踪迹。在分类上通常分为细菌门、真菌门、黏菌门三门。

1. 细菌门

细菌是一类个体极小的单细胞植物，除少数能进行光合作用外，大多数都不含光合作用色素。细菌和蓝藻相似，没有真正的细胞核，属于原核生物，约有2 000种，分布广，水、空气、土壤、人和动植物的体内和体表都存在。大多数的细菌为寄生或腐生生活，少数为自养生活。形态上可分为以下4种基本类型（见图4—7）。

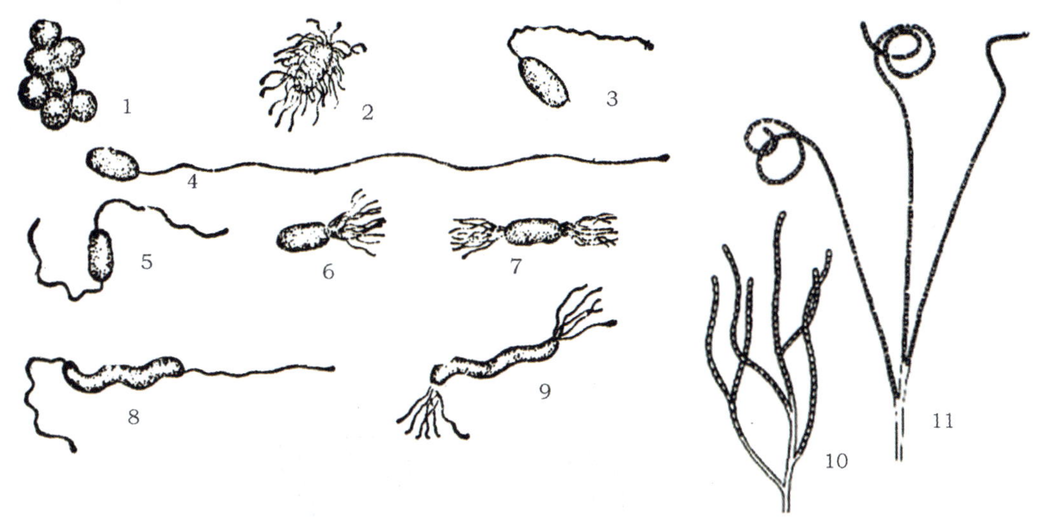

图4—7　细菌

1—球菌　2～7—杆菌　8、9—螺旋菌　10、11—放线菌

（1）球菌。球菌的细胞呈球形或半球形，根据细胞排列的情况分为单球菌、双球菌、链球菌和葡萄球菌等。

（2）杆菌。杆菌的细胞呈杆棒状，如结核杆菌等。

（3）螺旋菌。螺旋菌的细胞长而弯曲。根据细胞弯曲程度和菌体硬度又可分为：

1）弧菌：细胞略弯曲，如霍乱弧菌；

2）螺旋菌：细胞坚韧并呈螺旋状弯曲，如小螺菌；

3）螺旋体：细胞弯曲呈螺旋状，菌体柔软，如欧回归热疏螺旋体。

（4）放线菌。放线菌的菌体丝状有分枝，但无分隔，分枝的菌丝绞织成菌丝体。放线菌是抗菌素的主要产生菌。

在自然界的物质循环中，细菌占很重要的地位，细菌的活动对碳与氮的循环尤为重要。经过细菌的活动，动植物遗体腐烂分解，使复杂的有机物还原成硝酸铵、硫酸铵、磷酸盐、二氧化碳及水等简单的化合物，重新为植物所利用；将土壤中不能被植物利用的物质转化成可利用的物质，林下的枯枝落叶分解成腐殖质，从而增加了土壤肥力。细菌对人类健康有直接影响，可以引起人、禽、畜及植物发生病害，甚至造成死亡。但细菌在工业

及轻工业方面也有极大的用处，如酒精、乳酸、丙酮、丁酸的酿造提取，石油原油分解、制革、造纸、制糖等都与细菌的作用分不开。细菌在医药卫生方面的应用也极为广泛，如预防和治疗疾病的菌苗、抗病血清以及各种抗生素，都是由细菌中制取的。抗生素药物如金霉素、链霉素、氯霉素和土霉素是从放线菌中提取出来的。

2. 真菌门

真菌是一类不含光合作用色素的异养植物。真菌的细胞都有细胞核，细胞壁多含几丁质，亦有含纤维素的。菌体多由分枝或不分枝的细丝组成，少数为单细胞。每一根细丝称为菌丝，一团菌丝称为菌丝体。菌丝体或疏松如蛛网，或紧密如高等植物的组织，甚至有的坚硬如木。真菌为寄生或腐生，也有与其他植物共生。真菌的储藏物质为肝糖和脂肪，无淀粉（见图4—8）。

真菌的无性繁殖很发达，繁殖时产生各种类型的孢子。同时，又可以借菌丝断裂进行营养繁殖。有性生殖有同配、异配和卵式生殖等各种方式。

真菌的种类很多，有70 000余种，分布极广，陆地、水中及大气中皆有；尤以土壤中最多，滋生于各种动植物遗体上。寄生的种类则主要寄生于各类植物上，许多动物及人体上也有真菌寄生。

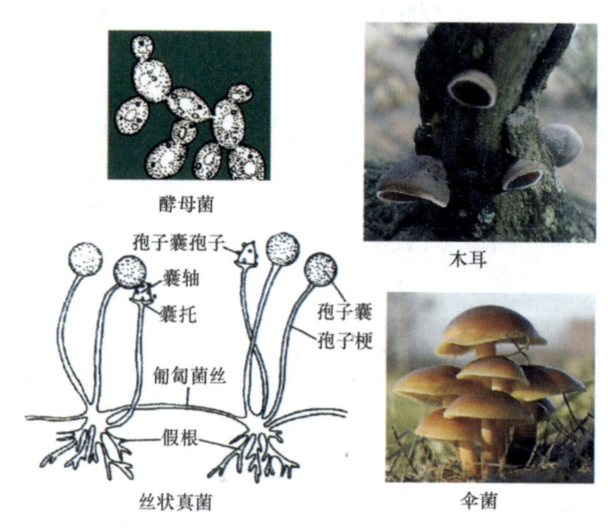

图4—8　真菌

真菌门常依据游动细胞的有无、有性阶段的有无或有性阶段的孢子特点等分为五个亚门，即鞭毛菌亚门、接合菌亚门、子囊菌亚门、担子菌亚门和半知菌亚门。

常见真菌有：曲霉、酵母菌、灵芝、蘑菇、白木耳等。

在自然界中，真菌对有机化合物进行矿化作用仅次于细菌。此外，真菌在酿造发酵工业上和医药卫生事业中都有很重要的意义。堆肥的腐熟和固氮作用增加土壤肥力，对园艺生产起着积极的作用。另一方面，真菌也常给人类造成灾害，如某些真菌能使森林、农

作物、果树、蔬菜和花卉发生病害，导致生长不良和死亡；可使木材、木桥、河船和枕木腐烂；有些真菌会引起人类及动物的疾病。

3. 黏菌门

黏菌是介于动物和植物之间的生物，约有500种。在其生活史中，一个时期是动物性的，另一个时期是植物性的。营养体是一团裸露的原生质体，做变形虫式运动，吞食固体食物，与动物相似。但在生殖时能产生具纤维素壁的孢子，这是植物性状。最常见的是发网菌属，变形体往往呈不规则的网状，在阴湿处缓缓“爬行”于朽木、腐叶上。环境不利时，变形体缩为一团，失水硬化；环境适宜时又恢复原态（见图4—9）。

图4—9　黏菌

三、地衣植物

地衣是植物界中一类特殊的植物，是由藻类和真菌类共生组成的复合体。它们的关系十分密切，使地衣在形态、构造和生理上成一个有机整体，在分类上也自成一个体系，有15 500余种。植物体的大部分由菌丝体构成，称为菌分子，多为子囊菌，少数为担子菌。藻类则分布在复合体内部，聚集成一层或若干团，是单细胞的或丝状的绿藻或蓝藻，称为藻分子。菌类在生长过程中吸收水分及无机盐供给藻类，并在环境干燥时保护藻的细胞不致干死。藻类进行光合作用制造有机物质，不仅满足自身生活的需要，而且供给菌类作生活用。它们之间的关系显然是互惠的，这种营养方式称为共生。

地衣植物可分为三种类型，如图4—10所示。

图4—10　地衣植物

1．壳状地衣

植物体扁平呈壳状，植物体紧附于树皮、岩石或其他物体上，底面与基质紧密相连，难以分离。

2．叶状地衣

植物体呈薄片状的扁平体，形似叶片，仅由下表面成束的菌丝附着在基质上，可以剥离。

3．枝状地衣

植物体直立，通常分枝，呈丛生状。

营养繁殖是地衣最普遍的繁殖方式。植物体因受风力或因其他力量的影响使部分断片脱离母体，被带到适宜的基质上，再长成一个新个体。除此之外，许多种类能形成一种特殊的无性生殖的结构称为粉芽。它是在地衣表面或特殊的分枝上，由几根菌丝缠绕着一个或数个藻细胞而成。粉芽从母体上脱落后随风传播到各处，遇适宜的环境条件即行萌发。

地衣分布广，从平地到高山，自热带到寒带到处可见，通常生长在岩石、树皮、树叶和土壤表面。地衣是多年生植物，生长极慢，抗旱性很强，只需微量的养分就能生存，所以能生长在任何其他植物不能生长的地方。地衣作为岩石生境中植物定居的先锋，在生态学上有重要的意义。地衣生长在峭壁或裸岩上，利用它特有的地衣酸腐蚀和溶解岩石。地衣死亡后的遗体经过腐化与被它分解的岩石颗粒混合在一起，逐渐形成土壤，其他植物就可以随之生长，因此地衣在土壤形成过程中起着重大的作用。

地衣对空气污染非常敏感，在含极少量的二氧化硫或氟化氢等的空气中，它们即会逐渐死亡。因此，在工业城市中及厂矿附近很少有地衣生长，在逐渐远离这些地区后，地衣也逐渐增多。因此，可以从地衣的存在与否和数量的多少来监测空气污染的程度。

第二节　高等植物

高等植物是植物界数量最大，在形态构造和生理机能上都比较复杂的一个类群。它们是从类似现代生活的低等植物的祖先进化而来的。除了少数水生类型外，都是陆生植物。由于高等植物长期适应了陆地上的生活环境，除苔藓植物外都有了根、茎、叶和维管束的分化。

高等植物的生活史具有明显的世代交替，即有性世代（配子体世代）和无性世代（孢子体世代）有规律地交替出现的现象。它们的生殖器官由多细胞构成。受精卵（合子）在母体内发育成胚，脱离母体后再发育成新植物体。

高等植物包括苔藓植物、蕨类植物和种子植物三大类群。

一、苔藓植物

苔藓植物是高等植物中最原始的陆生类群，有40 000余种。它们虽然脱离水生环境进入陆地生活，但大多数仍需生长在潮湿地区。因此它们是从水生到陆生过渡的代表类型。植物体构造比较简单而矮小，较低等的苔藓植物常为扁平的叶状体，较高等的则有茎叶分化，而无真正的根，仅有单列细胞构成的假根。茎中尚未分化出维管束的构造。在它们的生活史中，世代交替的特征为配子体世代很发达，具有叶绿体，营自养生活，而孢子体世代不发达，不能独立生活，寄生在配子体上，由配子体供给营养。它们的雌性生殖器官——颈卵器很发达，呈长颈花瓶状（见图4—11）。

图4—11　苔藓植物生活史

在植物的系统演化过程中，苔藓植物的生活史中出现了胚，具有多细胞的生殖器官已经出现了茎叶分化。根据以上这些特征，把苔藓植物列入高等植物。而苔藓植物的世代交替类型在高等植物中是比较特别的，这种以配子体世代发达为特征的世代交替类型，在植物进化过程中没有继续向前发展，到苔藓植物已经是最高阶段了。所以，生活史以配子体世代发达为特征的进化路线在植物进化过程中是一条盲支。

苔藓植物大多数生活在阴湿的土壤上或林中的树皮、树枝及朽木上，极少数生长于急流中的岩石上或干燥地区。在阴湿的森林中常形成森林苔原。苔藓植物也和地衣植物一样有促进岩石风化、加快土壤形成的作用。根据植物体的构造不同，可分为苔纲与藓纲（见图4—12）。

图4—12　几种苔藓植物

1. 苔纲

苔纲植物体为叶状体，或有茎、叶的分化。具有茎、叶分化的类型有背腹之分，常为两侧对称，有单细胞的假根。下面以常见的地钱为例说明苔纲植物的特征。地钱生于阴湿处，植物体（配子体）呈扁平二叉分枝的叶状体，匍匐生长，生长点在二叉凹陷处。以孢芽进行营养繁殖。孢芽生于叶状体背面的孢芽杯内。绿色带柄的孢芽为圆片状，两侧有缺口，成熟后脱落，能发育成新的配子体。

地钱是雌雄异株植物，着生伞状性器官的雌托和雄托分别生长在不同叶状体的背部。雌托边缘深裂，呈星芒状，腹面倒悬着许多颈卵器，颈卵器腹部有一个卵细胞；雄托边缘浅裂，状如盘，背面生有许多小腔，每一个小腔内有一个精子器，内有两条鞭毛卷曲的游动精子。精子以水为媒介游入颈卵器中与卵结合形成合子。合子在颈卵器内萌发成胚，长成孢子体。孢子体基部有基足，伸入配子体中吸收养分。上部球状孢子囊称为孢蒴，孢蒴中孢子母细胞经过减数分裂形成孢子。孢蒴下为蒴柄。孢子在适宜的环境中萌发成原丝体，进而分别长成雌雄配子体。

2. 藓纲

藓纲植物的植物体（配子体）无背腹之分，矮小，直立；具有茎、叶的分化，假根由单列细胞构成。叶常具中肋，但非维管束。植物体多为辐射对称。喜生于阴湿、含有机质或氮素丰富的地方，如房屋墙脚、沟边、林下等处，成片生长，犹如地毯。下面以葫芦

藓为例说明藓纲植物的特征。葫芦藓植物体为绿色，茎细而短，基部分枝，其下生有多细胞的假根。叶小而薄、具中肋，生于茎上。雌雄同株，雌雄性器官分别生于不同枝顶。生有精子器的枝顶密生较大的叶片，形似花状，称雄器苞。精子器丛生在雄器苞内，形似棒状，内有许多螺旋状弯曲、前端有两条鞭毛的精子。精子器之间有多数顶部膨大呈球形的隔丝。生有颈卵器的枝顶称为雌器苞，叶片紧密包被，状如芽。雌器苞内有许多颈卵器，腹中有卵，卵之间有隔丝。精子游入颈卵器与卵结合成合子。合子在颈卵器内发育成胚，由胚进一步发育形成孢子体，孢子体寄生在配子体上。成熟的孢子体分基足、蒴柄、孢蒴三部分。孢蒴的结构比较复杂，其内孢子母细胞经过减数分裂形成孢子，孢子成熟散出，萌发形成原丝体，由原丝体上的芽形成配子体。

苔藓植物可以分泌一些酸性物质，对促进岩石的分解和土壤的形成起先锋作用。它们生长快，吸水力强，含水量多，如山地大量覆被苔藓植物，对水分的蓄积和土壤保持有很大的作用。泥炭藓能形成泥炭，可当肥料，干馏可以得到染料及其他产物。苔藓包裹苗木可保持水分，长途运输中不致干死。大金发藓等可入药，用于消炎、镇痛、止血、止咳。

二、蕨类植物

蕨类植物广布全球，以热带、亚热带和温带最多，约有12 000种，我国有2 600余种。它们多为陆生，稀水生，大多数生长在林下、山野、溪旁、沼泽等阴湿的环境中。

蕨类植物的生活史具有明显的世代交替特点，孢子体世代占优势，并且朝着配子体世代逐渐退化、孢子体世代逐渐发达的方向演化。平时见到的蕨类植物是其孢子体世代，而配子体世代多是很小的叶状体，称为原叶体。孢子体世代和配子体世代都能独立生活。孢子体世代是多年生的，有根、茎、叶的分化，并出现了维管束。根为须根状不定根，茎多为根状茎，在土中横走、上升或直立。叶有小型叶和大型叶之分。蕨类植物的一部分种类为小叶型，呈针状或鳞片状；大部分种类为大叶型，常为羽状或多次分裂的叶。

蕨类植物繁殖时，多数种类在叶的背面产生许多单生或群生的孢子囊。有叶一型或二型。叶二型的种类，着生孢子囊的叶为孢子叶；不着生孢子囊的叶为营养叶。有些较原始的种的孢子叶集生茎顶形成孢子叶穗等。孢子囊中产生孢子母细胞，经过减数分裂产生孢子。孢子成熟后从孢子囊中散出，在适宜的环境中萌发成心脏形的原叶体（配子体）。配子体细胞含有叶绿体，能独立生活。生殖时，在配子体腹面（少数种在背面）产生颈卵器和精子器。卵和精子结合成合子，合子经过胚的阶段再发育成具有根、茎、叶的孢子体。下面以真蕨为例说明其生活史（见图4—13）。

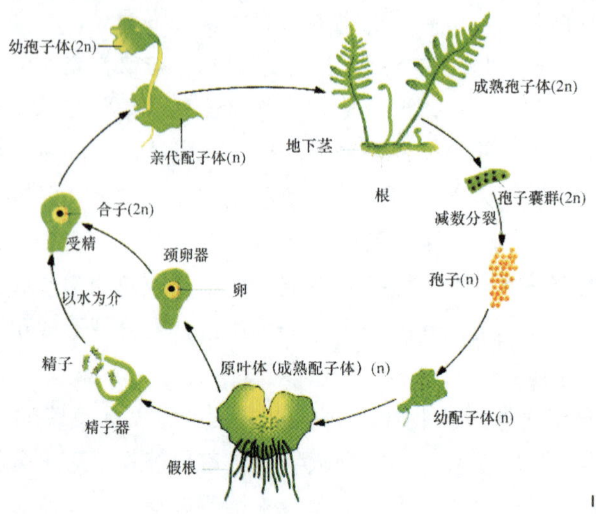

图4—13　蕨类植物生活史

蕨类植物常成为林下草本层的重要组成部分，对于森林中树木的生长和发育有一定的影响。其中一些种类是土壤和气候的指示植物，对安排农业生产、种茶和造林树种的选择有一定的指导意义。如贯众等生长于石灰岩及钙质土壤上，为石灰岩和钙质土的指示植物；芒萁等生长在酸性土壤中，为酸性土壤的指示植物。很多蕨类是著名的药材，如贯众、石松、海金沙等。古代的蕨类植物形成了煤炭。真蕨的根状茎富含淀粉可供食用。蕨的拳卷幼叶是宴席上的名菜。满江红等可当肥料和饲料。石松的孢子为冶金工业的优良脱模剂。木贼含硅质多，是良好的磨光剂。许多蕨类植物具有观赏价值，如鸟巢蕨、槲蕨、铁线蕨等。

三、种子植物

种子植物是现代地球上适应性最强，分布最广，种类最多，经济价值最大的一类植物。它们最突出的特点是用种子来繁殖。种子是由胚珠发育而来的，它是长期适应陆地生活的产物，也是保存种族适应陆地环境的最好方式。因为被保护在种皮里的胚，不但能够抵抗不适宜的环境条件，而且种子内还储存了为胚发育时所必需的养分，保证胚在休眠后继续发育。种子的出现是植物界进化过程中的一次巨大飞跃，是种子植物能够不断繁盛、广布于地球上的重要因素。另一特点是受精过程中形成花粉管，精子由花粉管输送到胚囊中并与卵细胞融合，使种子植物的有性生殖再不受水条件的限制。此外，种子植物的孢子体非常发达，有强大的根系，体内各种组织的分化越来越精细完善。种子植物的配子体极其简化，并寄生在孢子体上，从孢子体上获得水分和养分的供应。这使种子植物能更好地适应陆地生活，对植物由水生到陆生的进化有重要的意义。

根据种子是否有果皮包被，种子植物又可分为裸子植物和被子植物两大类。

1．裸子植物

裸子植物无子房构造，胚珠裸露，着生在大孢子叶上，不形成果实。在进化过程中，种子比花及果实出现得早，因而裸子植物比被子植物原始。裸子植物都有形成层和次生构造。在大多数种类中（买麻藤植物例外），木质部内只有管胞而无导管与纤维，韧皮部中只有筛胞而无筛管与伴胞。它们大部分是高大的乔木，极少数是灌木，无草本类型。裸子植物发生距今约3亿年，中生代是它们系统发育的全盛时期。现在存留的种类不多，约700种。裸子植物广泛分布于世界各地，特别是在北半球亚热带高山地区及温带至寒带地区分布较广，组成大面积的森林。为林业生产上的主要用材树种，在人类经济生活中占有极重要的地位。

现以松树的生活史说明裸子植物的生活周期（见图4—14）：

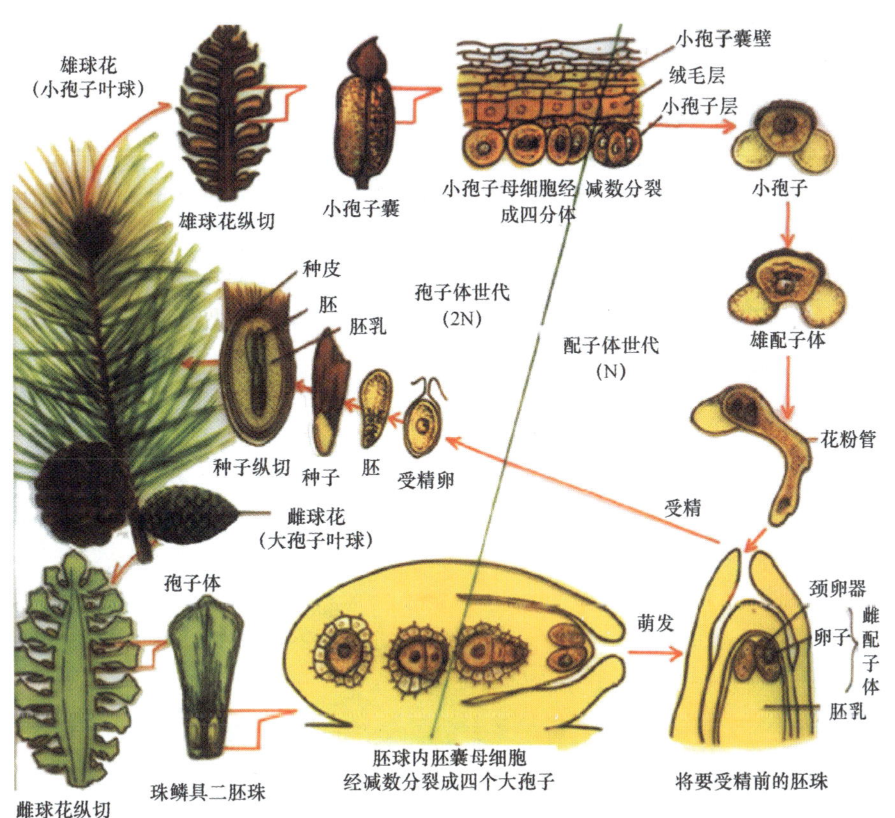

图4—14　裸子植物生活史

由于裸子植物起源年代久远，经过漫长的地质变动，可以说现存裸子植物是大浪淘沙的结果，因而在系统发育上是不连续的；但是它们的生殖行为和种子发育过程的一致性表明它们确实属于一个大的类群。

根据大孢子叶的形态，结合配子体，特别是雌配子体的发育，可以把裸子植物门划分为5个纲：苏铁纲、银杏纲、松柏纲（球果纲）、紫杉纲（红豆杉纲）及买麻藤纲（倪藤纲或盖子植物纲）。

（1）苏铁纲。苏铁纲植物茎干埋于地下或呈柱状，常不分枝，茎内形成层活动弱、生长缓慢，皮层与髓部发达，常具黏液沟。皮层和髓部与维管束的比例相对较大，因此苏铁的木材被称为“疏木”。具树蕨状或棕榈状的羽状复叶和鳞片叶，羽状叶脱落后在茎上留下叶基。大小孢子叶球单性异株。小孢子叶球呈球果状，小孢子叶呈鳞片状，数个小孢子囊聚生于小孢子叶的背面。小孢子单槽，精子多鞭毛。大孢子叶密被褐色绒毛，先端羽状分裂，基部柄状，柄的两侧生有2～8个胚株。大孢子叶丛生于茎顶，并不形成孢子叶球。胚珠大型，珠被两层，内外两层均具维管束。种子大，种皮厚，外种皮肉质，中种皮骨质，内种皮膜质，子叶2枚，胚乳丰富。

（2）银杏纲。银杏纲植物为落叶大乔木，多分枝，有长短枝之分。叶扇状，顶端常2裂，二叉脉序。孢子叶球单性异株。小孢子叶球呈葇荑花序状，生于短枝顶端的鳞片腋内。小孢子叶有1短柄，柄端有由2个（或稀为3～4个，或甚至7个）小孢子囊组成的悬垂的小孢子囊群。小孢子呈小舟状，精子多鞭毛。大孢子叶球极为简化，通常仅有1个短柄，柄端具有2个环形的大孢子叶（珠领），大孢子叶上各生有1个直生胚珠，其中只有1个成熟，作为返祖现象也可发育若干个（可多达15个）胚珠。种子呈核果状。

（3）松柏纲。松柏纲植物为木本，茎多分枝，常有长短枝之分，具树脂道。叶为针状、鳞片状，稀为条状。孢子叶常排成球果状，单性，多同株，少异株。小孢子叶细小，叶状，螺旋排列于短轴上，形成小孢子叶球（雄球花）。大孢子叶螺旋排成大孢子叶球（雌球花）。每个大孢子叶是1片宽厚的珠鳞（种鳞）。珠鳞上面载有2至数个胚珠，下面托有一片苞鳞。

（4）紫杉纲。紫杉纲植物为木本，多分枝。叶为条形或条状披针形，稀为鳞状钻形或阔叶状。孢子叶球单性异株，稀同株。大孢子叶特化为鳞片状的珠托或套被。种子具肉质的假种皮或外种皮。

（5）买麻藤纲。买麻藤纲为藤本、灌木，稀有小乔木。次生木质部具有导管，无树脂道。叶对生，阔叶状，带状或退化成鳞片状。孢子叶球序二叉分枝，孢子叶球有类似于花被的盖被，或有两性的痕迹。种子有假种皮，胚具子叶2枚，胚乳丰富。

2. 被子植物

被子植物是植物界中发展到最高阶段的类型，它们最显著的特点是在繁殖过程中产生特有的生殖器官——花，所以又称为有花植物。胚珠包被在子房里，不裸露。传粉受精后胚珠发育成种子，子房则发育成果实。种子包被在果实内，从而保护胚不受外界不良环境条件的影响，并使后代的繁殖和传播得到可靠的保证。颈卵器在被子植物中已消失，雌性生殖器官进一步简化成由助细胞和卵细胞组成的卵器。在受精过程中出现了特殊的双受精现象，除精卵结合成合子外，作为胚的养分的胚乳也是经过有性过程产生的，所以不仅

胚具有父母本的遗传性，其胚乳也具父母本的遗传性，因此加强了后代的生活力和对环境的适应能力，并丰富了它们的遗传基础。植物体在构造上也较其他类型植物更为发达完善，表现在机械组织与输导组织明显的分工。在裸子植物体内管胞不仅输导水分，也是机械支持的唯一成分，运输有机养分由单个的筛胞来完成。在被子植物体内，由多细胞组成的导管更快更有效地输导水分，由厚壁的纤维细胞起机械支持作用；输送有机养分则由较长的筛管进行。这种输导组织和支持组织的加强保证了对陆地条件更强的适应性，进一步说明被子植物比裸子植物更为进化。现用简图表示其生活史（见图4—15）。

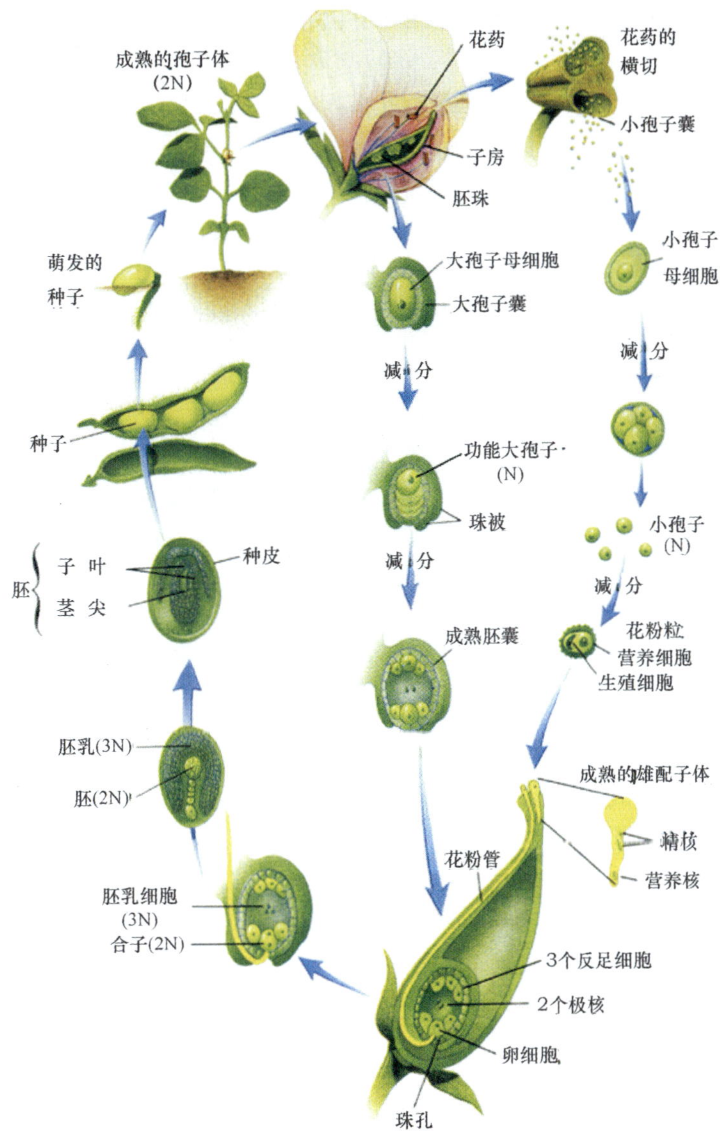

图4—15 被子植物生活史

由于被子植物具有上述各种更为适应陆地条件的形态特征，因此，被子植物发展成为地球上种类最多，适应类型最多的植物类群，约有25万种，占植物界总数的1/2以上，成为地球上最占优势的植物类群。

从系统进化角度来讲，由蕨类植物经裸子植物进化到被子植物，它们的生活史的共同特征是孢子体世代比配子体世代发达，并且形成一个序列，即蕨类植物的配子体相对最发达，能独立生活；而裸子植物和被子植物的配子体均寄生于孢子体上，且被子植物比裸子植物的配子体更简化。我们已经知道，孢子体世代发达为特征的生活史类型是植物进化的主支，而随着植物的进化，配子体有朝着简化的方向发展的趋势，由此说明，被子植物是植物界最进化的类群。

被子植物又可分为双子叶植物和单子叶植物。

（1）双子叶植物。胚具二枚子叶；通常为直根系；茎中有形成层，并能增粗生长；叶脉为网状脉序；花各部通常4或5基数。

（2）单子叶植物。胚具一枚子叶；为须根系；维管束中无形成层，一般无增粗生长；叶脉为平行脉序；花各部通常3基数。

种子植物是植物界中占绝对优势的植物类群，它们覆盖着地球陆地表面的大部分地区，在自然界的物质循环中起着很主要的作用。它们和其他绿色植物一样，通过叶绿素进行光合作用，把无机物合成为有机物，把太阳能转化为化学能，并储藏在自己的机体内，这种潜能成为地球上一切生命的动力源泉。通过这一过程把无机界与有机界紧密地联系起来。同时，它们在光合作用中放出氧气，呼吸过程中放出二氧化碳，是保持大气中各种气体平衡的重要因素之一，发挥着突出的作用。种子植物组成全部森林植被。森林对人类的生产与生活有直接影响，它可以防风、防旱、固沙、保持水土、涵养水源、调节气候、净化大气等。

思考练习题

1. 植物界可以分为哪些类型？哪些是高等植物？哪些是低等植物？
2. 藻类植物可分成几个门？
3. 简述海带的生活史。
4. 菌类植物在分类上通常可以分为哪三门？
5. 什么是地衣？
6. 地衣植物可分为哪三种类型？它们各自的特点是什么？
7. 苔藓植物有什么特征？苔纲与藓纲有什么区别？
8. 苔藓植物为什么说是植物系统进化中的一个盲枝？
9. 蕨类植物为什么比苔藓植物进化？

第二章　植物分类常识

分类是人类认识和深入研究客观世界最基本的方法之一，也就是对要认识的事物进行分门别类。植物分类学是人类在认识植物和利用植物的社会实践中发展起来的一门古老的科学，它的任务不仅仅是识别物种、鉴定名称，而且要阐明物种之间的亲缘关系，并建立自然的分类系统。现在所知，自然界的植物种类约有50万种，而且仍有新种不断被发现。只有认识了这些具体的对象，才有可能进行其他方面的研究和利用。因此，植物分类学是一门基础学科，从植物科学的各个分支到农、林、牧、副、渔，以及医药、轻工等行业都与之有着密切的关系。

对如此众多的植物进行识别与分类是一项复杂而艰苦的工作，其依据是植物在长期演化中出现的各种形态、结构等特征。

第一节　植物系统分类基本知识

植物系统分类是以植物亲缘关系的亲疏远近作为分类的原则对植物进行分门别类的方法。按照生物进化的观点，地球上的植物由于都来自共同的祖先而具有相似的遗传特性，表现出形态、结构、习性等方面的相似性。因此，根据植物间相同点的多少就可以判断彼此的亲疏程度，推断它们之间亲缘关系的远近。这种根据植物亲缘关系进行分类的方法称为系统分类法（或自然分类法），以此建立的分类系统称为自然分类系统。

一、植物分类系统介绍

植物系统分类的依据是植物之间的亲缘关系。但是，到目前为止，植物分类学家对植物之间的亲缘关系的认识还存在局限性，因此建立了许多分类系统，以力图阐述植物之间的内在联系。下面，介绍几个具有代表性的分类系统。

1. 恩格勒系统

恩格勒系统是植物分类学史上第一个比较完整的自然分类系统。该系统在1897年问世时，把植物界分为13个门，被子植物是第13门中的一个亚门，即种子植物门的被子植物亚门。恩格勒系统几经修订，到1964年，第12版由原来的55目303科增加到62目344科，并把被子植物独立成门，列为第17门，同时把原先放在系统分类前面的单子叶植物移到双子叶植物后面，双子叶植物仍保持原先的体系。

该分类系统以花部的构造，尤其是花被的特征所显示的递增的复杂性安排被子植物的系统。把无被或单被、风媒传粉的类群安排在最前面，认为它们在被子植物中处于原始的地位，花被分化成为花萼和花瓣，以及花瓣的连合代表被子植物发育的较高阶段。整个双子叶植物划分为单被花群、离瓣花群和合瓣花群，每一群又依据从明显的下位花到完全的上位花来表明演化的方向。还认为现存的多心皮类和柔荑花序类并无直接的联系，前者来自叶生胚珠的孢子叶类，后者出自孢子叶穗类，恩格勒称此为被子植物的二元起源。1964年版的恩格勒系统对目的范围和位置作了重新划分和变更，但仍以柔荑花序类作为被子植物最原始的类群。这种以柔荑花序类作为被子植物最原始的类群，认为由单被花发展到双被花，由离瓣花发展到合瓣花作为被子植物系统发育理论基础的学派称为柔荑花序学派；又由于其创始人是恩格勒，也称为恩格勒学派。这个学派认为单子叶植物是由前被子植物经过退行演化分支出来，与双子叶植物平行发展，并承认它与木兰目和毛茛目有联系。中国植物志采用1936年版的恩格勒系统（见图4—16）。

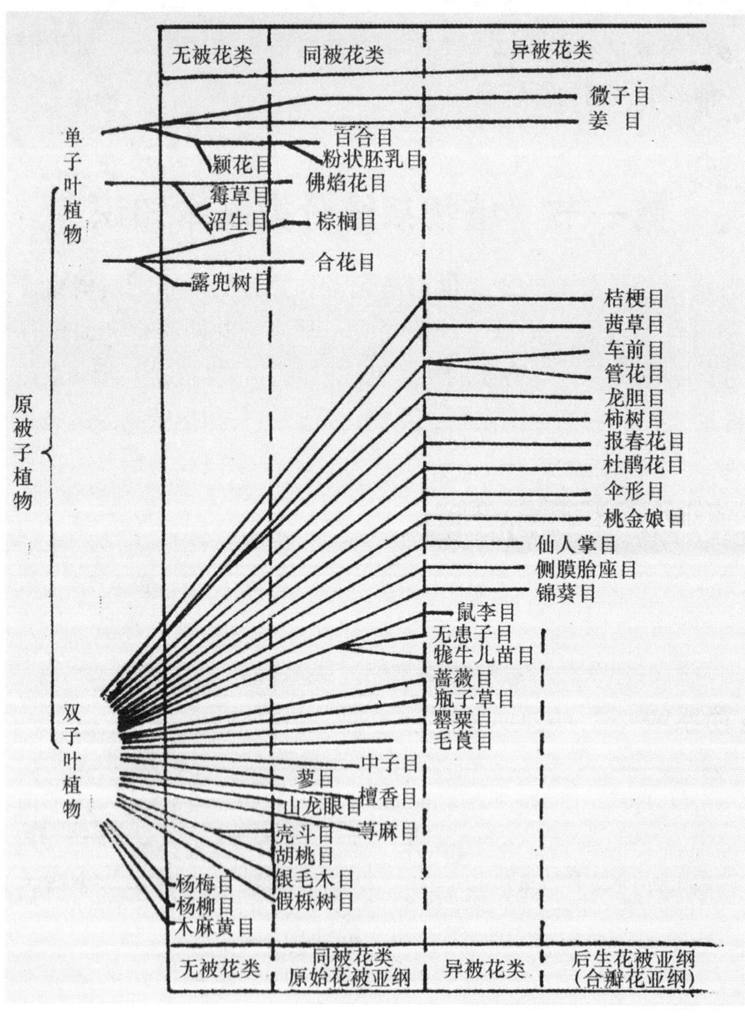

图4—16 恩格勒被子植物系统图

2. 哈钦松系统

英国学者哈钦松于1926年发表的《有花植物科志》提出了被子植物系统发育的系统树，并进行了详细的阐述。他的系统含91目411科。他的工作是在边沁和虎克的《植物属志》的分类系统基础上发展出来的。他把木本的多心皮类（木兰目）和草本的多心皮类（毛茛目）分开来，分途发展出后来的木本群和草本群。这是形式上的附会，系统发育上不存在离开生存条件多样性的影响而孤立发展的类群。哈钦松认为单子叶植物起源于双子叶植物的毛茛科，并把单子叶植物依花被特征划分为萼花类、冠花类和颖花类。哈钦松系统最后一次修订在1973年。后来把凡是认为木兰目等多心皮类是被子植物最原始的类群，或进一步认为由多心皮类发展出被子植物其他类群的学派称为多心皮学派。哈钦松系统为多心皮学派奠定了基础（见图4—17）。

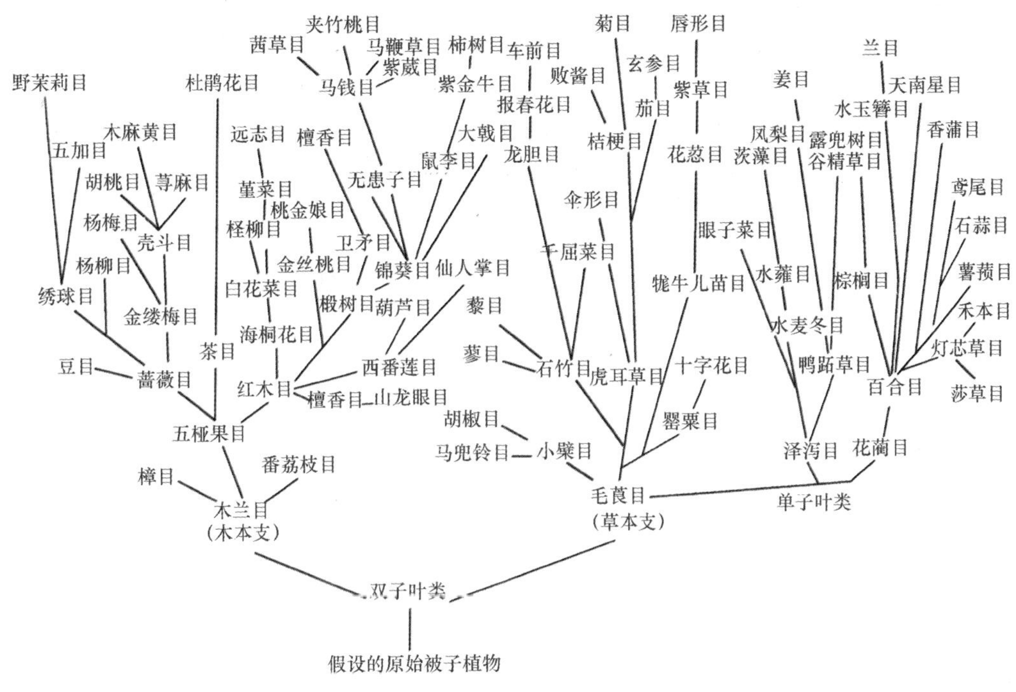

图4—17 哈钦松被子植物系统图

3. 塔赫他间系统

塔赫他间是前苏联学者，其系统是1954年公布的，并在1959年以后进行了几次修订，最后一次修订是在1987年。他认为被子植物起源于种子蕨，而不是起源于现存的裸子植物或已绝灭的本内苏铁或科达树。由于被子植物具有极为简化的雌、雄配子体和独特的双受精现象，因此提出被子植物单元起源的观点；草本由木本演化出来，单子叶植物起源于水生双子叶类具有单槽花粉的睡莲目莼菜科。木兰目是最原始的代表，由木兰目发展出全部被子植物。1987年版的塔赫他间系统含12亚纲166目533科

（见图4—18）。

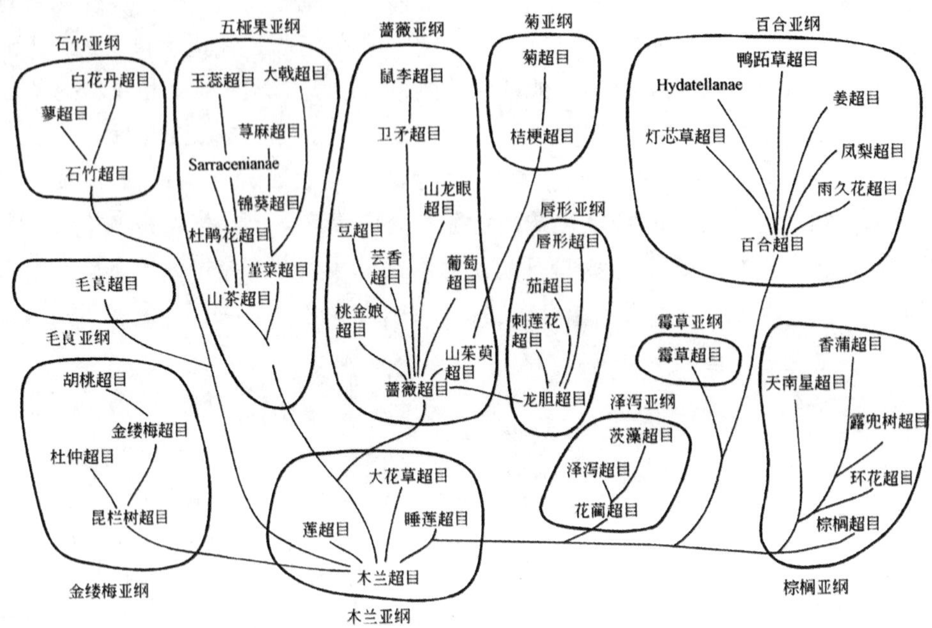

图4—18　塔赫他间被子植物系统图

4. 克朗奎斯特系统

克朗奎斯特是美国学者，他的被子植物分类系统是1958年发表的。他于1981年修订的系统将被子植物划分为11亚纲83目383科。这一新系统与塔赫他间（1980年）系统的主要观点趋于一致。例如，被子植物起源于种子蕨而非其他裸子植物；木兰目是现存被子植物最原始的类群，也是其他被子植物的出发点；单子叶植物起源于原始双子叶植物中可能与睡莲相似的草本植物（见图4—19）。

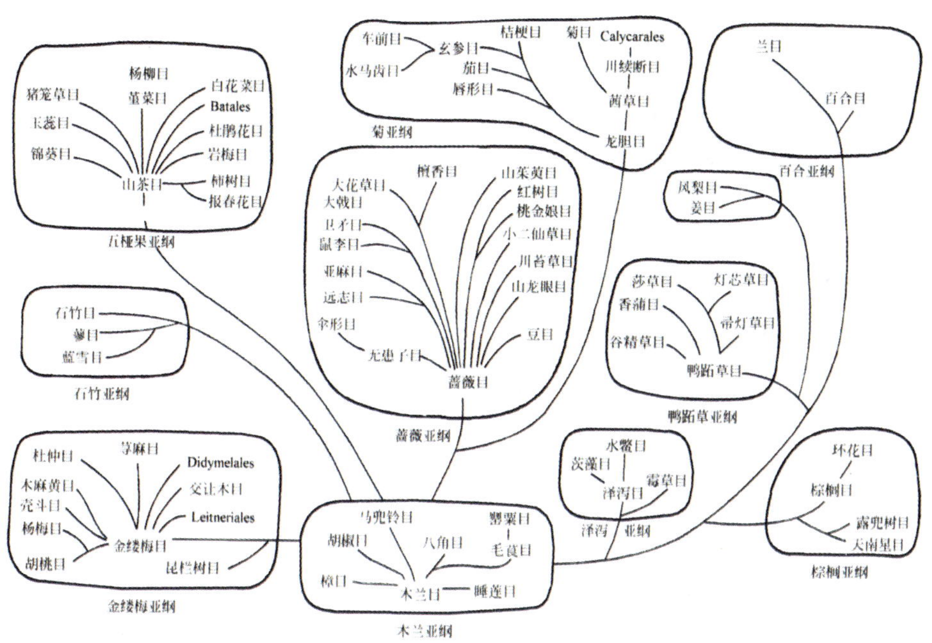

图4—19　克朗奎斯特被子植物系统图

二、植物的分类单位

植物的种类繁多，要想把所有的植物纳入一个分类系统中，就要建立一个完善的系统，这个系统中有数个层级，这些层级就是植物系统分类中的分类单位。

1. 基本单位——种

“种”是客观存在的分类学上的基本单位。“种”具有相似的形态特征，表现一定的生物学特性，要求一定的生存条件，能够产生遗传性相似的后代，在自然界中占有一定分布区的无数个体的总和。每一个“种”都具有一定的本质特性，并以此区别于其他的植物种。例如：银杏、梅花、牡丹、荷花等都是相互有区别的不同种。

2. 植物分类阶层

根据生物进化学说，一切生物均起源于共同的祖先，彼此之间都有亲缘关系，并经历从低级到高级、由简单到复杂的系统演化过程。故植物分类学将数量繁多的植物种类按照其类似的程度和亲缘关系远近，把那些相近的种归纳为属，相近的属组合为科，相近的科合并为目，以至组成纲、门、界等不同的阶层。因此，界、门、纲、目、科、属、种是分类学上的各级分类单位，即分类阶层。现以广玉兰为例说明各级分类阶层：

门：被子植物门

纲：双子叶植物纲

目：木兰目

科：木兰科

属：木兰属

种：广玉兰

3. 各级分类阶层的亚单位

在每个阶层内，如果具有明显的差异，还可分为更细的次等级，如亚门、亚纲、亚目、亚科、亚属等。另外，在亚科下还可加入族，在亚属下还可加入系和组。

种下面的单位有亚种、变种、变型及栽培变种（品种）等单位：

（1）亚种（subspecies，缩写为subsp.或ssp.）

亚种是种内的类群，与原种有较大的遗传差异。与原种之间在形态上有区别，在地域、生态或季节上有隔离的类群，称为亚种。如厚朴的亚种凹叶厚朴*Magnolia officinalis* Rehd. et Wils. ssp. *biloba* Law。

（2）变种（vatietas，缩写为var.）

某些个体积累了一定数量可遗传的、新的变异特性时，便会在种内形成变种。变种在地理分布上没有明显的地带性区域，如红花檵木*Loropetalum chinense* (R. Br.)Oliv. var. *rubrum* Yieh为檵木*Loropetalum chinense* (R. Br.) Oliv.的变种。

（3）变型（forma，缩写为f.）

变型是指种内形态性状变化比较小的遗传变异类型，比如毛的有无、花的颜色等。如白玫瑰 *Rosa rugosa* Thunb. f. *alba*（Ware.）Rehd.。

（4）品种(cultivar，缩写为cv.)

不是植物分类学中的分类单位，不存在于野生植物中，而是栽培学上的分类单位。品种通常是人类培育或发现的，一般来说在经济意义和形态特征（如大小、颜色）或口感上存在一定差异的类群，实际上是栽培植物的变种或变型，但其遗传性很不稳定。

第二节　园林植物分类常用方法、植物学名及植物检索表

人工栽培的园林植物种类也非常多，在实际工作中采用系统分类方法对园林植物进行分类。往往不便于工作。因此，人们根据应用需要，以少数植物特征为依据，对园林植物进行分类。

一、园林植物分类常用方法

1. 分类的方法

对园林植物的分类，除了学术性较强的场合采用系统分类法外，在实际应用中多采用人为分类法。因为后者掌握容易、使用方便。

所谓人为分类方法，是人们按照自己的目的和方法选择植物的一个或几个性状作为标准对植物进行分类，并将植物类群顺序排列形成分类系统，依这种方法建立的分类系统称为人为分类系统。如我国明朝著名的药学家及植物学家李时珍（1518—1593年）所著的《本草纲目》就是根据植物的外形及用途，将植物分为草、木、谷、果、菜等5个部。又如瑞典分类学家林奈（1707—1778年）根据雄蕊的有无、数目及着生情况，将植物分为24纲，其中1~23纲为显花植物（被子植物），分别称一雄蕊纲、二雄蕊纲、三雄蕊纲……上述这样的分类系统不能反映植物间的亲缘关系和进化情况，常把亲缘关系很远的植物归为一类，而亲缘关系很近的则又分开了。

2. 园林植物分类系统

园林植物这个概念的本身就是一个人为的类群。它把一切用于园林中并能发挥环境、生态等园林功能的植物都归入这一类。如园林植物可分为树木、花卉和地被，树木中又分为行道树、庭园树、花灌木等，花卉中又分露地花卉、温室花卉、木本花卉、宿根花卉、多肉植物等。由于人为分类法不考虑植物之间的演化规律和亲缘关系，因此人们在利用植物时往往是被动的。

二、植物学名

每种植物在不同的国家或地区往往有不同的名称，即使是在同一国家的不同地区其名称也常常不相同，这些同一种植物的所有不同名称均为植物的俗名。因而，经常出现同物异名或异物同名的混乱现象，给植物分类和研究利用带来了很大困难，特别是不利于国内和国际间的学术交流。因此，每种植物必须有世界上统一的、共同遵守的、唯一的名称，这种名称叫作学名。

1. 植物学名的构成

植物学名的构成是固定的，必须根据《国际植物命名法规》加以命名。种的学名用“双名法”命名，而种下单位的学名用“三名法”命名。

（1）植物种的学名

植物种的学名是以瑞典植物学家林奈（1753年）创立的“双名法”来命名的，后经国际植物学会认定为必须共同遵守的国际植物命名法规之一。双名法是用两个拉丁文单词给植物命名，第一个单词为该植物所在属的属名，是名词，其第一个字母要大写；第二个单词为种加词，一般为形容词，全部字母小写。一个完整的拉丁文学名还要在其名称之后加上命名人的姓名或姓名的缩写，其第一个字母也要大写。例如山茶花的学名为*Camellia japonica* L.，第一个词*Camellia*为属名，是名词；第二个词*japonica*是种加词，是形容词，意思是“日本的”；后面的“L.”是命名人林奈（Linnaeus）的名字缩写。

（2）植物种下单位的学名

如果是种下单位，则用三名法命名。现以广玉兰的变种狭叶广玉兰为例加以说明，命名时要在其种名后加上变种的缩写（var.），然后再加上变种加词，最后仍然要有命名人。狭叶广玉兰的学名为：*Magnolia grandiflora* L. var. *lanceolata* Ait.。种下其他分类单位的命名也采用三名法。品种的命名稍有差异，其学名的第一个字母大写，不用定命人名字，例：重瓣黄木香*Rosa banksiae* Ait. cv. Lutea。

2. 科及以上分类阶层的拉丁文名词尾

根据《国际植物命名法规》规定，科及以上分类阶层的学名具有统一的词尾。这样做的优点是，使人读到任何一个学名就知道是什么分类单位。

科的词尾是-aceae，亚科的词尾是-oideae，如木兰科Magnoliaceae。但也有少数科的学名词尾与统一的词尾不一致，是允许的习惯用法，如菊科Compositae。

目的词尾是-ales，如木兰目Magnoliales；亚目的词尾是-ineae。

纲的词尾是-opsida或-cae；（藻）-phyceae；（菌）-mycetes。如绿藻纲Chlorophyceae。

门的词尾是（藻）-phyta（phycophyta），（菌）-mycota；亚门的词尾是-phytina。

三、植物检索表

简单地说，植物分类的方法就是在不同之中找相同，相同之中找不同，前者称为归纳法，后者称为二歧法。用这种归纳与歧分的方法可以把很多植物编成一个表，将它们彼此区分开来，这种表就是植物检索表。检索表是识别和鉴定植物的钥匙，它不提供有关植物类群的详细描述，只是指出重要的、最显著而清晰的识别特征，按照科、属、种等分类单位，选用一对以上显著不同的特征，将植物分为两类，然后又从每类中找出相对的特征再区分为两类；如此下去，直到所需要的等级出现。植物检索表常用的表达方式有两种：等距（定距、锯齿）检索表和平行（阶梯）检索表。

1. 等距检索表

等距检索表是最常采用的一种，它将每一对相对特征的描述给予同一号码，并列在靠左边的同一距离处，如1，1；2，2；3，3；……如此继续逐项列出，逐级向右错开，描写行越来越短，直到出现科、属或种。

这种检索表的优点是将相对性状特征都排列在同样距离，一目了然，便于应用。不足之处是当种类多时，所列项目也多，左边空白大，太浪费篇幅。

下面以锦葵科分属检索表为例加以说明：

1.果实为分果，成熟时与中轴分离。
 2.子房每室有一枚胚珠；苞片1～7枚。
  3.苞片1～3枚，离生……………………………………………锦葵属*Malva*
  3.苞片6～7枚，基部连合……………………………………蜀葵属*Avthaea*

2.子房每室有胚珠1~2枚或更多，不具苞片……………………………苘麻属*Abutilon*

1.果实为蒴果，由2枚以上心皮组成。

4.花柱分裂明显且长，种子肾形，无毛。

5.结果时萼宿存……………………………………………………………木槿属*Hibiscus*

5.结果时萼脱落………………………………………………………秋葵属*Abelmoschus*

4.花柱分裂不明显，且较短；种子卵形，有毛……………………棉花属*Gossypium*

2. 平行检索表

平行检索表是把每一对相对特征的描述并列在相邻的两行里，每一条后面注明继续向下查的性状号码或植物名称；其优点是排列整齐、美观，缺点是不如等距式检索表那么一目了然。仍以上例说明。

1.果实为分果，成熟时与中轴分离……………………………………………………2

1.果实为蒴果，由2枚以上心皮组成………………………………………………4

2.子房每室有一枚胚珠；苞片1～7枚………………………………………………3

2.子房每室有胚珠1～2枚或更多，不具苞片…………………………苘麻属*Abutilon*

3.苞片1～3枚，离生………………………………………………………锦葵属*Malva*

3.苞片6～7枚，基部连合……………………………………………蜀葵属*Avthaea*

4.花柱分裂明显且长，种子肾形，无毛……………………………………………5

4.花柱分裂不明显，且较短；种子卵形，有毛…………………棉花属*Gossypium*

5.结果时萼宿存……………………………………………………………木槿属*Hibiscus*

5.结果时萼脱落………………………………………………………秋葵属*Abelmoschus*

思考练习题

1. 裸子植物门可划分为哪几个纲?
2. 双子叶植物与单子叶植物有什么区别?
3. 什么是系统分类法?
4. 什么是种?
5. 分类学上的各级分类单位包括哪些?
6. 什么是亚种、变种、变型、品种?
7. 什么是人为分类方法?
8. 什么是植物学名?
9. 什么是双名法?
10. 什么是植物检索表?
11. 植物检索表常用的表达方式有哪两种?

第三章　重要园林植物科

第一节　蕨类植物门

蕨类植物是原始的维管植物，在植物进化史上第一次出现了维管束。根、茎、叶三大营养器官分化完成。生活史中有发达的孢子体世代，同时，配子体世代虽简化但营独立生活。蕨类植物多能耐阴或很耐阴，具有极高的光合作用效率。

地球上生存的蕨类约有12 000种，分布于世界各地，但其中的绝大多数分布在热带、亚热带地区。中国约有2 600种，多分布在西南地区和长江流域以南。

一、卷柏科（Selaginellaceae）

草本。茎直立、匍匐或上部斜升，基部或全部具根托；茎多分枝，分枝互生或二歧。叶小型时二形；茎腹面的二列较小，指向前，背面的二列较大，指向外。孢子叶集生于枝顶，排成孢子叶穗（见图4—20）。

图4—20　卷柏科的重要特征

二、木贼科（Equisetaceae）

根状茎长而横走，节上有根。气生茎圆柱形，有节，节上有具齿的鞘，节间中空，外面有纵行的沟、脊、气孔线和硅质的疣状突起。孢子叶穗松球果形，生于枝顶（见图4—21）。

三、海金沙科（Lygodiaceae）

缠绕植物。根状茎长而横走。叶轴无限生长，长可达数米。羽片1～2回二叉掌状或1～3回羽状，不育羽片生于叶轴下部，能育羽片位于上部，在边缘生有孢子囊穗，伸出叶边之外（见图4—22）。

图4—21　木贼科的重要特征

图4—22　海金沙科的重要特征

四、桫椤科（Cyatheaceae）

树形，高可达20 m，通常不分枝。茎基部被不定根包裹，顶端被覆鳞片。叶顶生，大形，二回羽状，或为一回羽状，长达3～5 m。孢子囊群着生于叶背，囊托大，梨形或球状隆起；囊群盖圆球形、杯形或浅碟形（见图4—23）。

五、凤尾蕨科（Pteridaceae）

根状茎短而直立，少有长而横走，疏生鳞片。叶簇生型或近二型，一回羽状或二回羽状，偶有单叶或三叉分枝。孢子囊群呈线形，沿叶缘着生，通常为连续的汇生囊群；囊群盖仅有一层，线形，膜质，向内开口（见图4—24）。

图4—23　桫椤科的重要特征

图4—24　凤尾蕨科的重要特征

六、铁线蕨科（Adiantaceae）

根状茎短而直立，或长而横走，被鳞片。鳞片披针形，棕褐色，质厚，全缘。叶簇生或二列散生；叶柄褐棕色、栗褐色或黑褐色，有光泽，坚硬如铁丝；叶片1～3回羽状，极少为单叶。孢子囊群沿叶脉着生，有盖，圆形、肾形、圆肾形、长圆形或半月形（见图4—25）。

图4—25　铁线蕨科的重要特征

七、鳞毛蕨科（Dryopteridaceae）

根状茎粗短而直立，偶有横卧，密被鳞片。鳞片大，红棕色或褐色，有时黑色。叶簇生，叶柄基部密被与根状茎同样的鳞片；叶片1～4回羽状或羽裂，偶单一；羽轴、小羽轴及主脉下面通常被鳞片或纤维状鳞毛。孢子囊群圆形，背生或顶生于小脉上；囊群盖圆肾形（见图4—26）。

八、肾蕨科（Nephrolepidaceae）

土生或附生。不定根可形成块根，具繁殖作用。根状茎短而直立，或细长而攀附，疏被鳞片。鳞片棕色，盾状贴生。叶簇生或疏生；叶片一回羽状。孢子囊群圆形，靠近叶边，或在叶边以内生于小脉顶端；囊群盖圆肾形（见图4—27）。

图4—26　鳞毛蕨科的重要特征

图4—27　肾蕨科的重要特征

九、水龙骨科（Polypodiaceae）

附生，很少土生。根状茎横走，少有斜升，被盾状着生的鳞片。叶疏生、近生或远生，一型或二型；叶柄基部常有关节与根状茎相连；叶片单一或一回羽状。孢子囊群呈圆形、长圆形或线形，或有时布满叶片下面；无囊群盖（见图4—28）。

十、槲蕨科（Drynariaceae）

附生。根状茎肉质、粗壮、横走，密被鳞片。鳞片褐棕色，大而狭长，盾状着生。叶近生或疏生；叶片深羽裂或为羽状，二型或一型；一型叶的基部扩大呈阔耳形，枯黄色，以聚积腐殖质，向上的裂片为正常的绿色，具营养和繁殖功能；二型叶则分绿色兼司营养和繁殖的正常叶和枯黄色干膜质的积聚腐殖质的积聚叶。孢子囊群无盖（见图4—29）。

图4—28　水龙骨科的重要特征

图4—29　槲蕨科的重要特征

十一、满江红科（Azollaceae）

漂浮水生。根状茎纤细而曲折，向两侧交替分枝，枝上有2行并列的互生叶，下面有悬垂于水中的须根。叶片分裂成上下两个裂片，上裂片绿色，浮于水面并覆盖住根状茎，下裂片膜质状，沉没于水中。孢子果二型，成对着生于根状茎分枝基部的下裂片上；大孢子果卵形，果内只有1个大孢子囊，囊内只有1个大孢子；小孢子果圆球形，果内有多数小孢子囊，每囊内有32～64个小孢子（见图4—30）。

图4—30　满江红科的重要特征

第二节　裸子植物门

乔木或灌木，稀为木质藤本；次生木质部具管胞，稀具导管，韧皮部中仅有筛胞，没有筛管和伴胞。叶多为针形、条形或鳞形等。球花单性，雌雄同株或异株；雌配子体仍有颈卵器。胚珠裸露，不包于子房内。种子的胚具有1至多数子叶。

裸子植物现存12科71属近700余种。我国有11科41属238种47变种。

一、苏铁科（Cycadaceae）

常绿木本。茎多不分枝；髓部大，树皮有黏液道。有鳞叶与营养叶，相互成环状着生；鳞叶小，密被褐色毡毛，营养叶大，深裂成羽状集生茎顶。孢子叶球单性异株，小孢子叶球单生茎顶，直立；大孢子叶生于茎顶的羽状叶与鳞状叶之间，扁平，密生绒毛，上部多羽状分裂，下部呈柄状，两侧有胚珠2～8枚。种子核果状（见图4—31）。

图4—31　苏铁科的重要特征

二、银杏科（Ginkgoaceae）

落叶乔木，树干通直。分长短枝，扇形叶在长枝上螺旋状散生，短枝上簇生，叶脉二叉状。雌雄异株，雄球花呈葇荑花序状，雌球花有长梗。种子核果状，胚乳丰富，子叶2，发芽时不出土（见图4—32）。仅有1属1种。

三、松科（Pinaceae）

乔木，稀灌木。通常具树脂，树皮呈鳞片状开裂，大枝近轮生。叶互生或簇生，针形或线形。孢子叶球单性同株，小孢子叶具有2个小孢子囊，小孢子多数有气囊，大孢子叶球的苞鳞和珠鳞常能分离，珠鳞发达，近轴面基部有2枚胚珠。种子常有翅（见图4—33）。

图4—32 银杏科的重要特征

图4—33 松科的重要特征

四、杉科（Taxodiaceae）

乔木。树干端直，树皮富含纤维，大枝轮生或近轮生。叶一型或二型，后者叶常与小枝一起脱落；披针形、钻形、线形或鳞形。孢子叶球单性同株，小孢子囊及胚珠常为2～9个。苞鳞小，与珠鳞合生。种鳞常作盾状或覆瓦状排列。种子两侧具窄翅或下部具翅（见图4—34）。

图4—34 杉科的重要特征

五、柏科（Cuerssaceae）

乔木或灌木。叶对生或轮生，鳞片状或刺形。孢子叶球单性同株或异株；小孢子囊常多于2个，胚珠也常多于2个。种鳞盾形，木质或肉质，交互对生或轮生。种子两侧具窄翅或无翅，或上部有一长一短的翅（见图4—35）。

图4—35　柏科的重要特征

六、罗汉松科（Podocarpaceae）

常绿乔木或灌木。有树脂细胞，无树脂道。单叶互生，稀对生，针状、鳞片状或阔长椭圆形。孢子叶球单性异株，稀同株。小孢子叶球大多数单生，或稀聚生成葇荑花序状；大孢子叶球的多数大孢子叶特化为苞片，仅顶端之苞腋着生1胚珠，胚珠多为囊状或杯状套被包围。种子核果状，苞片与轴多愈合发育成肉质种托，子叶2枚（见图4—36）。

图4—36　罗汉松科的重要特征

第三节 被子植物门

乔木、灌木、草本或藤本；木质部常具导管和管胞，韧皮部具筛管和伴胞。单叶或复叶，网状脉或平行脉，叶形多宽阔。具典型的花，雌蕊由心皮连接而成，胚珠着生在子房里面，子房发育为果实，胚珠经开花受精发育为种子；种子具子叶2或1枚。

全世界约有250 000种，分别隶属424科。我国约有277科2 600余属30 000种，其中木本植物约有8 000种。

本门下辖二个纲，即双子叶植物纲和单子叶植物纲。

一、双子叶植物纲

乔木、灌木或草本。根为直根系，茎内维管束呈环状排列，有形成层，木本植物茎具加粗生长。叶具网状脉。花通常为4～5基数。胚具2枚子叶。

全世界有355科，约200 000种。我国约有228科，20 000多种。其中木本植物约有7 000种。

1. 木兰科（Magnoliaceae）

木本。茎多具环状托叶痕。单叶，互生，多为全缘。花两性，稀单性；多萼瓣不分；雄蕊和雌蕊均多数，分离，且螺旋状排列于柱状花托上；花药长，花丝短。聚合蓇葖果，稀为聚合翅果（见图4—37）。

图4—37 木兰科的重要特征

2. 蜡梅科（Calycanthaceae）

落叶或常绿灌木。单叶对生。花两性，芳香，花托壶状，花萼瓣化，花被片呈螺旋状排列。聚合瘦果包在肉质坛形的果托内（见图4—38）。

图4—38　蜡梅科的重要特征

3. 樟科（Lauraceae）

常绿或落叶木本，具油细胞。单叶互生，偶对生，常革质，羽状脉或三出脉。花两性，少数单性。花药瓣裂。浆果或核果（见图4—39）。

图4—39　樟科的重要特征

4. 睡莲科（Nymphaeaceae）

水生草本，常具地下茎。叶盾形或心形，有长柄；花两性，萼片4～6，离生；花瓣多数，下位或周位；雄蕊多数；心皮多个藏于肥大花托中或结合成多室子房；胚珠1至多个，果为坚果、浆果或蓇葖果（见图4—40）。

5. 毛茛科（Ranunculaceae）

草本，少数木质。叶互生或基生，稀对生，叶分裂或为复叶。花两性，兼单性。雄蕊和雌蕊均常为多数，离生，螺旋排列于花托上。聚合蓇葖果、聚合瘦果，少为蒴果或浆果（见图4—41）。

6．小檗科（Berberidaceae）

草本或灌木；植物体常具刺。单叶或复叶，互生。花两性，单生或成总状花序；雄蕊与花瓣同数而对生；花药瓣裂或纵裂。蒴果或浆果（见图4—42）。

图4—40　睡莲科的重要特征

图4—41　毛茛科的重要特征

图4—42　小檗科的重要特征

7. 罂粟科（Papaveraceae）

草本或灌木，有汁液。叶互生，稀对生或轮生。花多单生，萼片2或3；花瓣4～6或8～12，2轮；雄蕊多数，分离；子房上位，侧膜胎座。蒴果孔裂或瓣裂（见图4—43）。

8. 悬铃木科（Platanaceae）

落叶大乔木。单叶互生，叶片呈掌状浅裂，具锯齿，托叶大，抱茎。花单性，雌雄同株，排成密集的头状花序，花被缺。聚合坚果，冬季宿存，悬挂于枝上（见图4—44）。

图4—43　罂粟科的重要特征

图4—44　悬铃木科的重要特征

9. 金缕梅科（Hamamelidaceae）

常绿或落叶，乔木或灌木，枝、叶常有星状毛。单叶互生，稀对生，具掌状脉或羽状脉，多数有托叶。花两性或单性同株；子房下位，稀上位。蒴果（见图4—45）。

图4—45　金缕梅科的重要特征

10. 榆科（Ulmaceae）

木本。单叶互生，在枝上排成二列状，叶基常偏斜，托叶早落。花小，两性或单性，雌雄同株，单生，簇生或形成短聚伞花序，总状花序；花单被，萼片状，4～8裂，宿存；子房上位。翅果、坚果或核果（见图4—46）。

图4—46　榆科的重要特征

11. 胡桃科（Juglandaceae）

木本，茎具片状髓。奇数羽状复叶。花单性，至少雄花排成葇荑花序。核果或翅果（见图4—47）。

图4—47　胡桃科的重要特征

12. 杨柳科（Salicaceae）

木本。单叶互生。花单性，雌雄异株，葇荑花序，无花被，具蜜腺或花盘，侧膜胎座。蒴果，种子基部具丝状毛（见图4—48）。

13. 杨梅科（Myricaceae）

常绿或落叶，乔木或灌木。单叶互生。葇荑花序；花单性同株或异株；无花被；雄蕊4～8；雌蕊2心皮合成，子房上位1室，胚珠1。核果（见图4—49）。

图4—48　杨柳科的重要特征

图4—49　杨梅科的重要特征

14. 山毛榉科（壳斗科）（Fagaceae）

木本，常绿或落叶。单叶互生，羽状脉；花单性同株，单被花，花小；雄花常排成葇荑花序；雌花1～3朵生于总苞内，子房下位。总苞在果熟时木质化称为壳斗，苞片的分离部分呈鳞片状、刺状或为瘤状突起；每壳斗具坚果1～3枚（见图4—50）。

图4—50　山毛榉科的重要特征

15. 仙人掌科（Cactaceae）

肉质多年生植物，茎通常肥厚，含叶绿素。茎扁平、球形、圆柱形或多棱柱形等，具叶退化而成的刺或刺毛。花单生或簇生，大而美丽；花被结合或分离；雄蕊多数，子房下位，侧膜胎座，胚珠多数。浆果具刺毛，多汁可食（见图4—51）。

图4—51 仙人掌科的重要特征

16. 藜科（Chenopodiaceae）

草本或稀为木本，植株常具泡状粉。单叶互生，稀对生，稀退化为鳞片状；无托叶。花小，单被，雄蕊与花萼同数且对生。基底胎座，胞果（见图4—52）。

17. 马齿苋科（Portulacaceae）

肉质草本或亚灌木，单叶互生或对生；全缘；托叶干膜质，有时柔毛状或缺。两性花，花萼2，常早萎，花瓣4～5，雄蕊通常10，基生胎座，蒴果盖裂或2～3瓣裂（见图4—53）。

图4—52 藜科的重要特征

图4—53 马齿苋科的重要特征

18. 石竹科（Caryophyllaceae）

多为草本，茎节常膨大。单叶对生，基部常连合；托叶干膜质，或缺。花两性，辐射对称，单生或二歧聚伞花序，花萼4～5裂，分离或连合成管状，花瓣与萼片同数，常有爪；雄蕊5～10，或1或2，亦有为3的；花药2室，纵裂；子房上位，1室，特立中央胎座；花柱离生或连合，胚珠多数至1个；蒴果顶端齿裂或瓣裂（见图4—54）。

19. 山茶科（Theaceae）

常绿木本。单叶互生，无托叶。花两性或单性而异株；苞片1至多枚；萼片5至多数；花瓣5或5以上；雄蕊多数，多轮，生于花瓣上。子房上位，中轴胎座。蒴果，核果状或浆果（见图4—55）。

图4—54　石竹科的重要特征

图4—55　山茶科的重要特征

20. 藤黄科（Clusiaceae）

灌木或乔木，有黄色或白色胶液。单叶对生，全缘，叶柄短。花单性或两性，整齐；萼片、花瓣通常2～6；雄蕊常多数，花丝分离或基部连合；子房上位，胚珠多数。浆果、核果或蒴果（见图4—56）。

图4—56　藤黄科的重要特征

21. 杜英科（Elaeoccarpaceae）

木本。单叶互生或对生，有托叶。花常两性，排成总状或圆锥花序；萼5或4，瓣与

萼同数或缺，顶端常撕裂状；雄蕊多数，花药顶孔开裂，子房多室到2室，每室胚珠多数到2个；核果、浆果或蒴果（见图4—57）。

22. 梧桐科（Sterculiaceae）

植物体常被星状毛。单叶互生。花两性或单性，常整齐，聚伞或圆锥花序；花萼3～5裂，花瓣5或无，子房上位。蒴果或蓇葖果（见图4—58）。

图4—57　杜英科的重要特征

图4—58　梧桐科的重要特征

23. 锦葵科（Malvaceae）

草本或木本，通常具星状毛，茎皮纤维发达，多具黏液腔。常为掌状叶，互生，托叶早落。花两性，萼片3～5，常有副萼；花瓣5；单体雄蕊，花药一室；中轴胎座。蒴果、分果或浆果（见图4—59）。

图4—59　锦葵科的重要特征

24. 堇菜科（Violaceae）

草本或木本，单叶互生或基生，稀对生，有托叶；花两性，少单性或杂性，辐射对称或两侧对称，单生或排成圆锥花序；萼片5，常宿存；花瓣5，等大或最下方一枚较大而基部有距；雄蕊5；子房上位，3心皮1室，侧膜胎座，花柱单生；胚珠多数至1个。蒴果或浆果，蒴果常3瓣裂（见图4—60）。

图4—60 堇菜科的重要特征

25. 秋海棠科（Begoniaceae）

一年生或多年生肉质草本或木本。常具根状茎或块茎；节明显，直立，匍匐或攀缘状。单叶互生，稀对生，叶基常严重歪斜，托叶早落。单性花，雌雄同株，常组成腋生2歧聚伞花序；雄花花被2~5或缺，雄蕊多数，花药2室顶孔开裂；雌花花被2~5，子房下位至半下位，中轴胎座。蒴果或浆果（见图4—61）。

26. 十字花科（Cruciferae）

图4—61 秋海棠科的重要特征　　图4—62 十字花科的重要特征

一年生至多年生草本，少数木本。基生叶旋叠，茎生叶互生，少数对生，无托叶。花两性，辐射对称，常排成总状花序；萼片4；花瓣4，十字排列，基部常见爪状；花托上有密腺，常与萼片对生；雄蕊6枚，4长2短，分离或结合成对；子房上位，由2心皮组成，1室，有2个侧膜胎座，柱头2，胚珠多数。长角果或短角果，2瓣开裂，少数不开裂（见图4—62）。

27. 杜鹃花科（Ericaceae）

常绿或落叶灌木，稀乔木；单叶互生，无托叶。花两性，辐射对称或稍两侧对称；萼宿存常5裂；花瓣合生，4～5裂；雄蕊与花冠裂片同数或为其2倍，分离，着生于花盘上，花药2室，常顶孔开裂；心皮常5，合生，子房上位，中轴胎座；蒴果，稀核果或浆果（见图4—63）。

28. 报春花科（Primulaceae）

草本，稀为小灌木。单叶互生、对生、轮生或基生，无托叶。花两性，辐射对称，具苞片，排成总状或伞形花序，稀单生；花萼常5裂，宿存，花冠合生成管状、辐状或高脚碟状，通常5裂；雄蕊与花冠裂片同数而对生；子房上位，稀半下位，1室，特立中央胎座，胚珠多数。蒴果（见图4—64）。

图4—63　杜鹃花科的重要特征

图4—64　报春花科的重要特征

29. 景天科（Crassulaceae）

一年生或多年生草木，稀为半灌木，茎、叶常肉质肥厚。叶互生，无托叶。花两性，稀单性，辐射对称；花各部常为4或5数或为其倍数；子房上位，胚珠少数至多数，侧膜胎座。果实为蓇葖果，稀为蒴果（见图4—65）。

30. 虎耳草科（Saxifragaceae）

草本，灌木或小乔木。单叶对生或互生；常无托叶。花两性，整齐；稀单性，不整齐；萼片、花瓣都为4～5；雄蕊与花瓣同数对生，或为其倍数；胚珠多数。蒴果、浆果或蓇葖果（见图4—66）。

图4—65　景天科的重要特征

图4—66　虎耳草科的重要特征

31. 蔷薇科（Rosaceae）

木本或草本。叶互生，具托叶或无。两性花，具杯形、盘形或壶形花托，周位花，雄蕊多数；子房上位或下位。果实为蓇葖果、瘦果、核果、稀为蒴果。

本科有124属3 300余种，我国有51属1 000种。本科根据心皮的离合、胚珠的数目、子房的位置、心皮的数目和果实的形态分为绣线菊亚科（见图4—67）、蔷薇亚科（见图4—68）、苹果亚科（见图4—69）和李亚科（见图4—70）4个亚科。

分亚科检索表：

1.蓇葖果，稀蒴果；心皮1～5（～12）枚，离生或基部连合，每心皮有胚珠多数至2；叶有或无托叶……………………………………　Ⅰ.绣线菊亚科Spiraeoideae

1.果实不开裂；心皮（1～）2～5枚或多数；叶有托叶

　2.子房下位或半下位，稀上位，心皮（1～）2～5枚，多与杯状花托内壁连合，每室有胚珠1或2个；梨果或浆果状，稀小核果状……………………………………………………………………………………　Ⅲ.苹果亚科Maliodeae

　2.子房上位，稀下位，心皮1至多数；瘦果或核果

　　3.常为复叶，极稀单叶；心皮多数，离生于突出的花托上或壶形的花托内，每心皮有胚珠1或2；聚合瘦果或小核果；萼片宿存，极稀脱落……………………………………………………………………　Ⅱ.蔷薇亚科Rosoideae

　　3.单叶；心皮1枚，稀2～5，生于凹陷的花托上，但不与花托愈合，胚珠1或2；核果，萼片常脱落………………………………Ⅳ.李亚科Pruniodeae

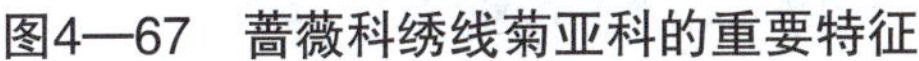

图4—67　蔷薇科绣线菊亚科的重要特征

图4—68　蔷薇科蔷薇亚科的重要特征

图4—69　蔷薇科苹果亚科的重要特征

图4—70　蔷薇科李亚科的重要特征

32. 豆科（Leguminosae）

木本或草本，单叶或复叶，常具叶枕和托叶；花两性，辐射对称到两侧对称；萼片5，分离或连合；花瓣5，离生；雄蕊多数至定数，分离或合生成2体；子房上位，心皮1个；荚果（见图4—71）。

本科约有650属18 000种，我国有172属1 485种。根据花的对称程度、雄蕊数量及连合程度分为三个亚科。

分亚科检索表：

1.花辐射对称，花瓣呈镊合状排列，通常在基部以上连合，雄蕊多数或有定数……
……………………………………………………　Ⅰ.含羞草亚科Mimosoideae

1.花两侧对称，花瓣呈覆瓦状排列；雄蕊5～10枚。

2.花冠不呈蝶形，最上方1枚花瓣在最内面与其他各瓣相近似，呈向上覆瓦状

排列；花丝通常分离…………………………………… Ⅱ.苏木亚科Caesalpinioideae

2.花冠蝶形，旗瓣在最外面，翼瓣在内面，龙骨瓣在最内面，雄蕊通常合生成二体…………………………………………………… Ⅲ.蝶形花亚科Papilionoideae

（1）含羞草亚科

木本，稀为草本。叶1或2回羽状复叶。花辐射对称，排成穗状或头状花序；萼片5，或3～6，常合生；花瓣镊合状排列，分离或连成短筒；雄蕊多数；子房上位，胚珠多数（见图4—72）。

图4—71　豆科植物的荚果

图4—72　豆科含羞草亚科的花

（2）苏木亚科

木本。1或2回羽状复叶，或为单叶。花梢两侧对称，排成总状、穗状或聚伞花序，花瓣上升覆瓦状排列（见图4—73）。

图4—73　豆科苏木亚科的花

（3）蝶形花亚科

草本、木本或藤本。叶为单叶、3出复叶或一至多回羽状复叶，有托叶和小托叶。花

两侧对称，蝶形；花萼5裂，具萼管；花瓣为下降覆瓦状排列，最上1枚为旗瓣，侧面2枚为翼瓣，最下2枚常连合叫龙骨瓣（见图4—74）。

33. 千屈菜科（Lythraceae）

草本、灌木或乔木。单叶对生，稀轮生或互生，全缘。花两性，通常辐射对称，稀两侧对称，单生、簇生或排成花序顶生或腋生；花萼钟状或管状，有时有距，通常3～6裂；花瓣与萼片同数或缺；雄蕊通常为花瓣的1～2倍；子房上位，2～6室，中轴胎座。蒴果（见图4—75）。

图4—74　豆科蝶形花亚科的花

图4—75　千屈菜科的重要特征

34. 石榴科（Punicaceae）

落叶灌木或小乔木。小枝先端常成刺尖，有短枝。单叶对生或簇生。花两性，萼筒肉质，端5～8裂，宿存；花瓣5～8；雄蕊多数；子房下位，多室而分两层，上层为侧膜胎座，下层为中轴胎座。浆果，外果皮革质。种子多数，外种皮肉质多汁，内种皮木质（见图4—76）。

图4—76　石榴科的重要特征

35. 山茱萸科（Cornaceae）

乔木或灌木。单叶，对生或互生；羽状脉的侧脉多弧形向前；无托叶。花两性，稀单性，聚伞、伞形、伞房、头状或圆锥花序，萼4～5齿裂或不裂，花瓣4～5，雄蕊常与花瓣同数互生，花盘内生；子房下位。核果或浆果状核果（见图4—77）。

36. 卫矛科（Celastraceae）

木本。单叶对生或互生；托叶小，早落或无。聚伞花序；花小，淡绿色；雄蕊位于花盘之上或其边缘在花盘下方；子房上位，子房常被花盘围绕或陷入其中，每室2个胚珠；种子常具肉质、鲜艳的假种皮。蒴果、核果、浆果或翅果（见图4—78）。

图4—77　山茱萸科的重要特征

图4—78　卫矛科的重要特征

37. 冬青科（Aquifoliaceae）

乔木或灌木，多常绿。单叶，互生，托叶小或缺。花单性异株，稀两性或杂性；聚伞花序或簇生于叶腋；花萼和花冠均4～8裂；雄蕊与花瓣同数而互生；子房上位。核果，含2～8个分核，每一分核有1个种子（见图4—79）。

图4—79　冬青科的重要特征

38. 黄杨科（Buxaceae）

常绿灌木、小乔木或草本。单叶，无托叶。花序总状、穗状或簇生；花单性；萼片4～12或无；无花瓣；雄蕊4、6；子房上位。蒴果或核果状浆果（见图4—80）。

图4—80　黄杨科的重要特征

39. 大戟科（Euphorbiaceae）

草本或木本；常有乳汁。单叶，稀为复叶，互生或对生；有托叶，基部常具腺体。花序各式；花单性，单被花，萼片3～5，雄蕊1～多数，子房上位，中轴胎座。蒴果，或为核果或浆果（见图4—81）。

图4—81　大戟科的重要特征

40. 葡萄科（Vitaceae）

小乔木或灌木，无卷须；藤本，具茎卷须，卷须与叶对生。单叶或复叶，互生稀对生；托叶小，早落。花序与叶对生；花两性或单性，子房二室，中轴胎座，柱头头状或盘状。浆果（见图4—82）。

图4—82　葡萄科的重要特征

41. 槭树科（Aceraceae）

木本，多数为落叶。单叶或复叶，对生，无托叶。花两性或单性，雄花和两性花同株或雌雄异株；花辐射对称，排成伞房、总状或圆锥花序；萼片4或5，花瓣4或5，或缺；子房上位。果为扁平的翅果，翅来自外果皮延展（见图4—83）。

42. 芸香科（Rutaceae）

木本或草本；常有刺；有挥发性芳香油。复叶稀单叶互生，稀对生；有透明油腺点；无托叶。花两性，常整齐。子房上位。蓇葖果、蒴果、浆果或柑果，稀翅果（见图4—84）。

图4—83　槭树科的重要特征

图4—84　芸香科的重要特征

43. 酢浆草科（Oxalidaceae）

草本，偶灌木。复叶基出或互生。花两性，整齐，单生或成伞形花序；萼5裂；花瓣5片旋转排列；雄蕊10枚，有时5枚不育；子房上位5室，中轴胎座，花柱5裂。蒴果或肉质浆果（见图4—85）。

44. 牻牛儿苗科（Geraniaceae）

草本或亚灌木，常具挥发油。叶互生或对生，具托叶。花两性；萼片5；花瓣5；雄蕊10或5，外轮对瓣，常具退化雄蕊；心皮5，合生，子房上位，5室，中轴胎座，每室1～2胚珠。蒴果具长喙，成熟后分裂为5个分果（见图4—86）。

图4—85　酢浆草科的重要特征

图4—86　牻牛儿苗科的重要特征

45. 凤仙花科（Balsaminaceae）

肉质多汁草本。叶互生或对生，单叶，无托叶。花不整齐，萼3～5片，最下面1枚延伸成距；花瓣5枚，上面1枚直立凹陷；雄蕊5枚；子房上位，5室，每室胚珠多数，中轴胎座。肉质蒴果，很少为浆果（见图4—87）。

46. 五加科（Araliaceae）

木本，有些种类是攀缘藤本或多年生草本，常有刺。掌状或羽状复叶，互生，叶柄基部抱茎，托叶边缘膜质、舌状，或成附属物。花小，两性或单性，伞形花序或头状花序；花萼小，与子房连生，或几乎不存在；花瓣5～10，分离，稀连合成帽状；雄蕊与花瓣同数，互生，或为花瓣的2倍，花盘生于子房顶部；子房下位。浆果或核果（见图4—88）。

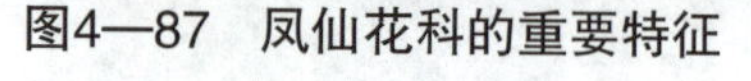
图4—87　凤仙花科的重要特征

图4—88　五加科的重要特征

47. 夹竹桃科（Apocyanceae）

木本，藤本或草本，有乳汁或水液。单叶，对生或轮生，稀互生，全缘，无托叶。花两性，辐射对称，单生或多朵排成聚伞花序或圆锥花序；花冠合瓣；子房上位。浆果、核果、蒴果（见图4—89）。

48. 茄科（Solanaceae）

草本或灌木，直立或攀缘状。单叶互生，有时具大小不等的双生叶。花两性，辐射对称；花萼4～6裂；花冠合瓣，常为辐射状5裂；雄蕊5，子房上位。浆果或蒴果（见图4—90）。

图4—89　夹竹桃科的重要特征

图4—90　茄科的重要特征

49. 旋花科（Convolvulaceae）

草本或木本，常为藤本，有时有乳汁。单叶互生，稀复叶，无托叶。花两性，辐射对称，单生或排成聚伞花序，有苞片；萼片5，分离，常宿存；花冠钟状或漏斗状，5浅裂，开花前旋转状排列；雄蕊5，着生于花冠基部，与花冠裂片互生；子房上位，常为环

状呈分裂的花盘所包围，1～4室，每室有胚珠1或2个，花柱顶生，柱头2。蒴果或浆果（见图4—91）。

50. 唇形科（Labiatae）

草本或灌木，常含芳香性挥发油。茎四棱形。叶对生或轮生，常有腺点和香气。花排成轮伞花序，两性，两侧对称，稀近辐射对称；花萼合生，唇形，常5齿裂，宿存；花冠合瓣，二唇形，上唇2裂，下唇3裂；雄蕊4，二强；子房上位。果由4个小坚果组成，称4分果（见图4—92）。

图4—91　旋花科的重要特征

图4—92　唇形科的重要特征

51. 木犀科（Oleaceae）

直立木本或藤本。单叶，三出复叶或羽状复叶，对生，很少互生；无托叶。花两性或单性，排成圆锥、聚伞或丛生花序；萼常4裂；花冠合瓣，4裂；雄蕊通常2枚；子房上位。核果、浆果、蒴果或翅果（见图4—93）。

图4—93　木犀科的重要特征

52. 玄参科（Scrophulariaceae）

多草本，稀木本。单叶对生，较少互生或轮生；无托叶。花序总状、穗状或聚伞状，常组成圆锥花序；花两性，唇形花冠，雄蕊多为二强，子房2室，中轴胎座，胚珠多数。蒴果，少有浆果状（见图4—94）。

图4—94　玄参科的重要特征

53. 茜草科（Rubiaceae）

木本、草本或藤本。单叶，对生或轮生，常全缘；托叶2，位于叶柄间或叶柄内，分离或合生成鞘状，明显而常宿存，稀脱落。花两性，辐射对称；花冠合瓣；子房下位。蒴果、核果或浆果（见图4—95）。

图4—95　茜草科的重要特征

54. 忍冬科（Caprifoliaceae）

木本。单叶或复叶对生，常无托叶。聚伞花序；花两性，辐射对称至两侧对称，4～5数；花萼5～4裂；花冠联合，有时呈二唇形；雄蕊和花冠裂片同数且互生，生于花冠上；子房下位，常3室，每室常1胚珠。浆果、核果或蒴果（见图4—96）。

图4—96 忍冬科的重要特征

55. 菊科（Asteraceae）

草本、灌木或藤本。叶互生，稀对生或轮生。花两性或单性，头状花序单生或数个至多数排列成总状、聚伞状、伞房状或圆锥状；头状花序外有总苞片1至多层；在头状花序中的花有同型的，即全部为管状花或舌状花，或为异型的，即外围为舌状花，中央为管状花。组成花序的花，萼片变态为冠毛状、刺状或鳞片状；花冠合瓣，管状、舌状、二唇形、假舌状或漏斗状不一，4或5裂；雄蕊4或5；子房下位。瘦果（见图4—97）。

图4—97 菊科的重要特征

本科约有1 100属22 000种，广布于全世界。我国有180余属2 000多种。根据植物体有无乳汁和花序的小花成分分为两个亚科：

（1）管状花亚科（Tubiflorae）。植物体无乳汁，头状花序具同形（管状花）或异形（盘花管状、缘花舌状）的小花。

（2）舌状花亚科（Liguliflorae）。植物体有乳汁，头状花序仅具同形的舌状花。

二、单子叶植物纲

草本、灌木，稀为乔木，多为须根系；茎内维管束散生，无形成层，一般无增粗生长。叶具平行脉。花各部通常为3基数。种子的胚常具1子叶。

69科，约5万种。我国有约47科、4 100余种，其中有木本植物约200种。

1. 棕榈科（Palmae）

乔木、灌木或木质藤本，茎不分枝。叶常绿，互生，大型掌状裂叶或羽状复叶，集生于茎干顶部，叶柄基部膨大成纤维状鞘。肉穗花序大型，多分枝，呈圆锥状，具苞片1至数枚；花小，淡绿色，两性或单性。浆果、核果或坚果（见图4—98）。

2. 天南星科（Araceae）

草本或木质藤本，常具块根或根茎；植物体多含汁液。叶基生或茎生，茎生叶互生，单叶或复叶，全缘或各式分裂；叶柄基部或中下部鞘状。花两性或单性，同株或异株，花被小或缺；肉穗花序，具佛焰苞，顶端常延伸特化为附属体；单性同株时，通常雄花位于花序上部，中部为中性花，下部为雌花；雄蕊1～6，分离或聚药；子房上位，一至多室。浆果（见图4—99）。

图4—98　棕榈科的重要特征

图4—99　天南星科的重要特征

3. 泽泻科（Alismataceae）

沼生或水生草本，常具根状茎。叶常基生；叶片常挺出水面，稀浮水或沉水；叶柄

基部扩大成鞘。花单性，雌雄同株或异株，稀两性，常轮状排列于花茎上成总状花序或圆锥花序；萼片3，宿存；花瓣3；雄蕊6；心皮多数，排列于扁平或圆锥状的花托上。聚合瘦果、稀蓇葖果或小坚果（见图4—100）。

图4—100　泽泻科的重要特征

4. 禾本科（Gramineae）

多年生草本，少1年生或木本（竹类）。茎（秆）常圆筒形，节间中空，少实心。叶在茎上2列互生，由叶鞘和叶片组成。花序以小穗（穗状花序）为单位，再排成各种花序；雄蕊3；子房上位。果通常为颖果。

禾本科是一个大科，有660属10 000种。通常在科下划分竹亚科（Bambusoideae）及禾亚科（Agrostidoideae）2个亚科。我国有225属1 200余种。

（1）竹亚科

木本；地下茎单轴型或合轴型，或这两者的中间型；秆节间通常中空；秆节隆起，具有明显的秆环和箨环及节内。秆生叶特化为秆箨，并明显分为箨鞘和箨叶两部分；箨鞘抱秆，通常厚革质，外侧常具刺毛；鞘口常具遂毛，与箨叶连接处常见有箨舌和箨耳；箨叶通常缩小而无明显的主脉，直立或反折；枝生叶具明显的中脉和小横脉，具柄，与叶鞘连接处常具关节而易脱落（见图4—101）。

（2）禾亚科

草本；秆生叶即是普通叶，具明显的中脉，叶片不具柄，也不易自叶鞘上脱落（见图4—102）。

5. 美人蕉科（Cannaceae）

多年生宿根草本，具块状的根状茎；地上茎直立。叶通常宽大，具叶柄或叶鞘。顶生穗状、总状或狭圆锥花序，具佛焰苞；花大色艳，萼3枚绿色，花瓣3枚萼片状，雄蕊6枚，5枚退化成花瓣状，1枚能育成狭瓣状，花药1室，子房下位3室，胚珠多数。蒴果具刺（见图4—103）。

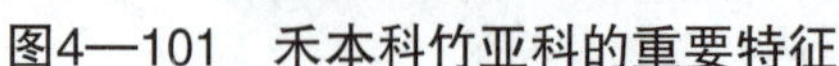

图4—101　禾本科竹亚科的重要特征

图4—102　禾本科禾亚科的重要特征

图4—103　美人蕉科的重要特征

6. 百合科（Liliaceae）

草本，具根茎、鳞茎或块茎。单叶互生，少数对生或轮生，或退化为鳞片状。花序通常为总状；花两性，辐射对称；花被6枚或少数为4枚，2轮，分离或合生；雄蕊6，花药2室，基生或丁字着生，直裂或孔裂；子房上位。蒴果或浆果（见图4—104）。

7. 石蒜科（Amaryllidaceae）

草本，具鳞茎，少数有根状茎。叶基生，少数茎生；叶片细长。花通常鲜艳，两性，辐射对称或两侧对称，单生或数朵排成顶生伞形花序，具佛焰状总苞；花被瓣状，6枚，分离或基部合生成筒，具副花冠或无；雄蕊6枚，2轮，花丝基部常连合成筒，或花丝间有鳞片；子房上位或下位，3室。蒴果，或肉质不开裂（见图4—105）。

图4—104　百合科的重要特征

图4—105　石蒜科的重要特征

8. 鸢尾科（Iridaceae）

多年生草本，有根状茎、块茎或鳞茎，叶常基生而嵌叠，叶剑形或线形，常为等面叶。花两性，色艳，常排成聚伞花序，每花具2至数枚苞片，花被2轮6枚，雄蕊3枚，子房下位，稀上位，3室，中轴胎座，柱头3裂常花瓣状。蒴果（见图4—106）。

9. 兰科（Orchidaceae）

陆生、附生或腐生草本，亚灌木或极少数为攀缘藤本；陆生及腐生的类型具须根、根茎、或块茎，附生的类型具有肥厚根被的气生根。茎直立，悬垂或攀缘，通常在基部或全部膨大为1节或多节的假鳞茎。叶通常互生，极少为对生或轮生。花葶顶生或腋生，单花或各式花序；花通常两性，极少为单性，两侧对称，常因子房呈180度角扭转、弯曲而使唇瓣位于下方；花被片6枚，2轮，外轮3枚为萼片，花瓣状，离生或部分合生；中央1枚中萼片有时凹陷而与花瓣靠合成盔，2枚侧萼片略歪斜，而有时合为1合萼片或贴生于蕊柱脚上形成萼囊；内轮3枚花被片，两侧的两枚为花瓣，中央1枚特化为唇瓣；雄蕊与雌蕊合生成合蕊柱，合蕊柱半圆柱形，面向唇瓣；雄蕊1～2枚，生于蕊柱顶端背面，或2枚侧生于蕊柱两侧，花粉黏结成块，花粉块具柄；柱头极少顶生，凹陷或凸起，表面具黏液，柱头上方有喙状小凸起称蕊喙，子房下位，3心皮1室，侧膜胎座。蒴果，种子微细（见图4—107）。

图4—106　鸢尾科的重要特征

图4—107　兰科的重要特征

思考练习题

1. 蕨类植物门有什么特征?
2. 卷柏科有什么特征?
3. 裸子植物门有什么特征?
4. 松科有什么特征?
5. 被子植物门有什么特征?
6. 木兰科有什么特征?